地球物理反演概论

邵广周　马见青　李庆春　编著

人民交通出版社股份有限公司
北　京

内 容 提 要

本书主要介绍常见地球物理反演方法的基本概念、基本原理和实现方法，共分 6 章。第 1 章介绍地球物理反演问题的目的、任务和一些基本概念。第 2 章和第 3 章介绍线性反演问题的长度法原理和广义逆理论。第 4 章介绍线性反演问题的迭代算法。第 5 章介绍非线性反演问题的梯度优化算法。第 6 章介绍非线性反演问题全局优化算法中的基本遗传算法、机器学习与人工神经网络算法。附录给出了采用第 3章、第 4 章和第 5 章所给出的反演方法求解一个简单的地震层析问题的程序代码，便于读者理解算法蕴含的数学思想和实现步骤，并进一步拓展到实际地球物理反演问题的求解中。

本书适合地球物理学、勘查技术与工程及相关专业高年级本科生使用，也可供地球探测与信息技术和地球物理学专业的研究生以及其他从事地球物理相关工作的科技人员和研究人员使用。

图书在版编目(CIP)数据

地球物理反演概论 / 邵广周，马见青，李庆春编著 .
—北京 ：人民交通出版社股份有限公司，2021. 8
ISBN 978-7-114-17516-9

Ⅰ. ①地… Ⅱ. ①邵… ②马… ③李… Ⅲ. ①地球物理反演—高等学校—教材 Ⅳ. ①P31

中国版本图书馆 CIP 数据核字(2021)第 144450 号

Diqiu Wuli Fanyan Gailun

书　　名：地球物理反演概论
著 作 者：邵广周　马见青　李庆春
责任编辑：朱明周
责任校对：孙国靖　扈　婕
责任印制：张　凯
出版发行：人民交通出版社股份有限公司
地　　址：(100011)北京市朝阳区安定门外外馆斜街 3 号
网　　址：http://www.ccpcl.com.cn
销售电话：(010)59757973
总 经 销：人民交通出版社股份有限公司发行部
经　　销：各地新华书店
印　　刷：北京武英文博科技有限公司
开　　本：787×1092　1/16
印　　张：11
字　　数：245 千
版　　次：2021 年 8 月　第 1 版
印　　次：2021 年 8 月　第 1 次印刷
书　　号：ISBN 978-7-114-17516-9
定　　价：32. 00 元

前　　言

反演是自然科学中的一个关键问题，贯穿于整个科学实践中。无论是了解事物遵循的物理规律，还是探测地球的内部结构，或探寻宇宙的本质，都需要采集相关数据并从中提取所需要的信息。这一过程实际上属于反演问题的求解，如医学层析成像、图像增强、曲线拟合、因子分析、卫星导航、利用干涉法测绘宇宙射电源、利用 X 射线衍射分析分子结构等。地球物理反演则是通过在地面、地下、空间甚至海洋上（借助地震仪、重力仪、地电仪、测井仪及地磁仪）观测到的由天然源或人工源激发并在地球内部传播的物理场数据进行分析计算，来推断地球内部介质的地震波速度、密度、电导率等参数的分布，从而得到地球内部介质分布的二维或三维结构图像。

由于地球物理数据总是受到噪声的干扰，并且只能在有限的观测点上获得，这使得地球物理数据的反演变得非常复杂。另一方面，反问题对应的数学模型通常也很复杂，同时又是对真实地球物理现象的简化，给反问题的求解带来更大困难。因此，地球物理反问题面临的主要问题是解的存在性、非唯一性和稳定性。对应的求解方法可分为线性反演方法和非线性反演方法。

本书主要介绍常见地球物理反演方法的基本概念、基本原理和实现方法，共分 6 章。第 1 章介绍地球物理反演问题的目的、任务和一些基本概念。第 2 章和第 3 章介绍线性反演问题的长度法原理和广义逆理论。第 4 章介绍线性反问题的迭代算法。第 5 章介绍非线性反问题的梯度优化算法。第 6 章介绍非线性反问题全局优化算法中的基本遗传算法、机器学习与人工神经网络算法。附录给出了采用第 3 章、第 4 章和第 5 章所给出的反演方法求解一个简单的地震层析问题对应的程序代码，便于读者理解算法蕴含的数学思想和实现步骤，并进一步拓展到实际地球物理反问题的求解中。与本教材相配套的长安大学“地球物理反演概论”课程已在智慧树平台正式上线[1]，全部多媒体教案和实验大纲在线共享，

[1] 网址：https://coursehome.zhihuishu.com/courseHome/1000000484

面向社会开放,可扫描左侧二维码访问。

本书适合地球物理学和勘查技术与工程及相关专业高年级本科生使用,也可供地球探测与信息技术和地球物理学专业的研究生以及其他从事地球物理相关工作的科技人员和研究人员使用。

本书第1章由李庆春编写,第2章、第4章、第5章和第6章第2节由邵广周编写,第3章、第6章第1节、附录由马见青编写,附录程序代码由李兴旺调试。全书由邵广周统稿。本书出版过程中得到了长安大学教材建设基金的大力资助。人民交通出版社股份有限公司的编辑也为本书的出版付出了辛勤的努力,在此一并表示感谢。

由于编者的水平有限,本书还会存在不妥甚至错误之处,敬请广大读者批评指正。

邵广周　马见青　李庆春

2021年8月

目 录

第1章　绪　　论

地球物理学是通过定量的物理方法(如:地震弹性波、重力、地磁、地电、地热和放射能等方法)研究地球以及寻找地球内部矿藏资源的一门综合性学科。它利用物理学的原理和方法,对地球的各种物理场分布及其变化进行观测,探索地球本体及近地空间的介质结构、物质组成、形成和演化,研究与其相关的各种自然现象及其变化规律。在此基础上,为探测地球内部结构与构造、寻找能源、资源和环境监测等提供理论、方法和技术,为灾害预报提供重要依据。可见,利用地球物理学的原理和方法可以从地球物理场的观测数据中获取地球的各种模型参数。从数学角度讲,这类由数据获得模型的问题属于反演问题。因此,反演问题(又称"反问题")在地球物理学研究中占有非常重要的地位。

§1.1　正、反演问题的概述

1.正、反演问题中的几个概念

1)正演

从数学角度:已知自变量 x,求函数 $y=f(x)$ 的值。

已知函数 $f(x)$,求其变换 $F=L(f(x))$。

已知一个地球物理模型,求其响应函数。

这类问题被称为正问题。

根据某种物理或数学模型,用一组给定的模型参数来预测数据的(数学)过程,称为正演。可用图1.1-1表示。

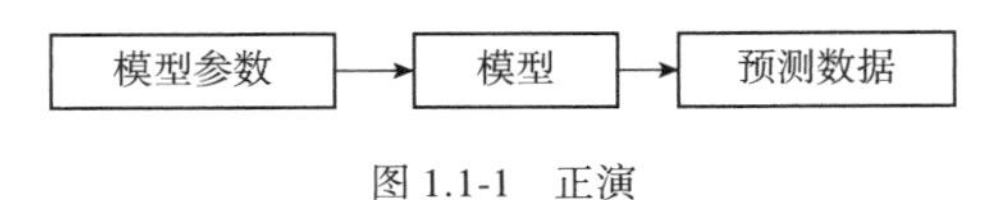

图1.1-1　正演

例如,设 M 层介质模型参数——厚度 h_i 和速度 v_i 已给定,计算地震波通过介质的垂直双程旅行时间 t 的过程即为正演过程。t 由式(1.1-1)给出:

$$t = 2\sum_{i=1}^{M} \frac{h_i}{v_i} \tag{1.1-1}$$

基于一个地震波如何传播的(数学)模型,得到了预测数据(旅行时间),就构成了一个正演问题。假设由于某种原因,每一层的厚度都是已知的(如通过钻孔),那么只有 M 个速度可视为模型参数。所选择的每一组模型参数对应着一个特定的旅行时间。

2) 反演

根据一组观测数据预测(或估计)一组假定模型的模型参数值的(数学)过程,称为反演。可用图 1.1-2 表示。

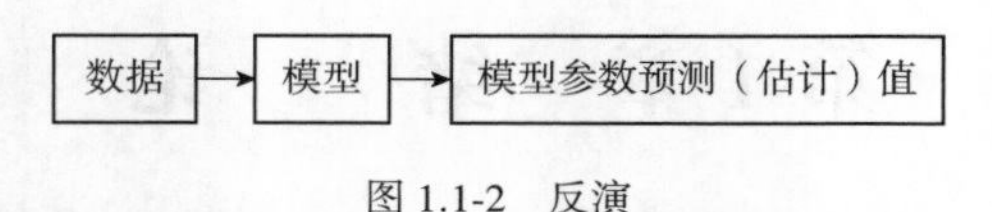

图 1.1-2　反演

例如,可以反过来利用上例的旅行时间来确定层速度。需要注意的是,该过程需要事先知道将旅行时间与层厚和速度信息联系起来的(数学)模型。

3) 模型

模型指的是模型参数(以及其他辅助信息,如上例中的层厚信息)与数据之间的函数(数学)关系,它可以是线性的或非线性的。在数学上,也称模型为泛函算子。

显然,无论是正演问题还是反演问题,都必须首先确定数据与模型参数之间的函数关系。这样才能使地球物理工作者既可根据给定的模型参数计算相应的观测数据(实现正演),也可以根据观测数据求取地球物理模型参数(实现反演)。多数情况下,求解反演问题都需要正演问题已解决。也就是说,正演是反演的前提和条件。

4) 模型参数

模型参数是反演问题试图估计的数值量或未知量。模型参数的选择通常取决于问题,而且往往是任意的。例如,在前面提到地震波旅行时间问题中,层速度被看作模型参数,而层厚度并没有被看作模型参数。当然在上例中,也可以将地层的慢度 s_i 看作模型参数,这里,

$$s_i = 1/ v_i \tag{1.1-2}$$

旅行时间 t 是层速度的非线性函数,却是层慢度的线性函数。显然,求解线性反问题比求解非线性反问题容易得多。另一方面,如果数据包含任何噪声,对于线性和非线性问题可能会得到不同的速度估计值。因此,模型参数的选择虽然有很大的自由度,但也会影响到问题的解的估计值。

5) 数据

数据是为了约束某个感兴趣的问题的解而进行的观测或测量。例如上例中的旅行时间 t 就是所谓的数据。

2.反演理论的目的和任务

反演理论是一套根据观测数据进行推演并获取有关物理世界知识的数学技术组合,其主要目的是提供模型参数的估计值。

反演理论的作用是提供关于进入模型的未知参数的信息,而不是提供模型本身。特别注意,反演理论面临的问题不只是为我们提供一组模型参数估计值。地球物理反问题不像数学上的求逆(解要么存在,要么不存在),往往存在许多可能的近似解。反演理论通常可以为我们提供一种方法来评估给定模型的正确性或区分几种可能的模型。因此,反演理论的主要任务是研究如何根据观测数据获取模型参数的相关数学理论和方法,同时对所得到的“答案”是否合理、有效、可接受等进行评估。反演理论可以帮助回答如下几个方面的问题:

①反问题之间的根本相似性是什么?

②如何估计模型参数?

③模型参数估计值中的误差有多少来自测量值的误差?

④给定一个特定的实验设计就能真正确定某一组模型参数吗?

这些问题强调了反问题存在多种答案和用来评价这些答案“优度”的准则,反演理论的研究课题都涉及识别何时某些准则比其他的准则更适用,以及尽量发现并避免可能出现的失误。

3.反演理论的研究内容

围绕反演理论的目的和任务,著名的反演理论的先驱者 R.Park 将反演问题的研究内容归纳为如下四个方面:

①解的存在性:即给定一组观测数据后,是否一定存在一个能拟合观测数据的解(或模型)。

②模型构制:若解存在,如何构制问题的数学物理模型使得反问题的解能迅速而准确地确定。

③解的非唯一性:如果能够拟合观测数据的解存在,它是否唯一。

④解的评价:若解是非唯一的,如何才能从非唯一解中获取真实解的信息。

任何一个反演问题都必须从上述四个方面进行研究,或者必须解决上述四个问题。

4.反演问题的分类

对于反演问题,如果从不同的角度出发会得到不同的分类。地球物理反演问题常见的分类有如下几种:

①按模型(泛函算子)的性质,可分为线性反演(观测数据与地球物理模型参数之间存在线性关系)和非线性反演(数据与模型参数之间存在非线性关系)。

②按反演时是否需要迭代,可分为间接反演(需要迭代)和直接反演。

③按应用领域,可分为地震反演、重力反演、电阻率反演等。

5.地球物理反演问题举例

1)地震层析成像问题

地震层析成像问题是一个典型的地球物理反演问题。为便于理解反演问题的实质,此处仅以一个非常简单的井间层析成像问题为例进行说明。如图 1.1-3所示,设研究区域被剖分为 3×3 单位长度的均匀块体(如网格尺寸为 1km),块体的慢度(模型参数)用 s 表示,带箭头的虚线表示地震波的射线路径,t 表示地震波走时(数据)。当每个单元格的慢度为已知时,可根据相应射线的长度计算每条射线的理论走时 t。此时,数据与模型参数之间的函数关系可由公式(1.1-3)表示。

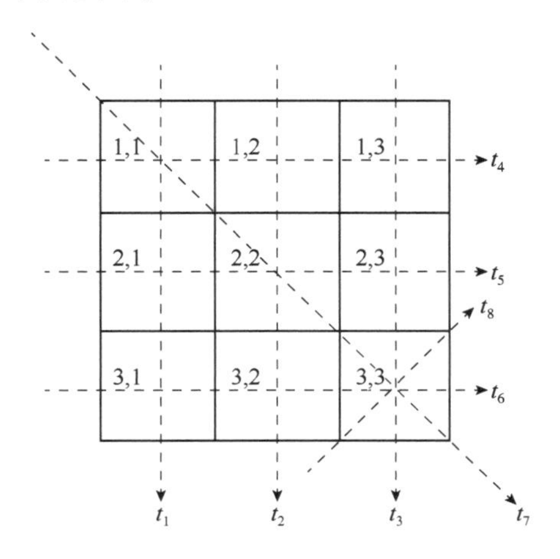

图 1.1-3 地震层析成像问题射线路径示意图

$$
\begin{aligned}
t_1 &= s_{11}\cdot l + s_{12}\cdot 0 + s_{13}\cdot 0 + s_{21}\cdot l + s_{22}\cdot 0 + s_{23}\cdot 0 + s_{31}\cdot l + s_{32}\cdot 0 + s_{33}\cdot 0 \\
t_2 &= s_{11}\cdot 0 + s_{12}\cdot l + s_{13}\cdot 0 + s_{21}\cdot 0 + s_{22}\cdot l + s_{23}\cdot 0 + s_{31}\cdot 0 + s_{32}\cdot l + s_{33}\cdot 0 \\
&\vdots \\
t_7 &= s_{11}\cdot \sqrt{2}l + s_{12}\cdot 0 + s_{13}\cdot 0 + s_{21}\cdot 0 + s_{22}\cdot \sqrt{2}l + s_{23}\cdot 0 + s_{31}\cdot 0 + s_{32}\cdot 0 + s_{33}\cdot \sqrt{2}l \\
t_8 &= s_{11}\cdot 0 + s_{12}\cdot 0 + s_{13}\cdot 0 + s_{21}\cdot 0 + s_{22}\cdot 0 + s_{23}\cdot 0 + s_{31}\cdot 0 + s_{32}\cdot 0 + s_{33}\cdot \sqrt{2}l
\end{aligned}
\tag{1.1-3}
$$

其中，l 为单元格长度（$l=1$）。上式可写成矩阵形式：

$$
\begin{bmatrix}
1 & 0 & 0 & 1 & 0 & 0 & 1 & 0 & 0 \\
0 & 1 & 0 & 0 & 1 & 0 & 0 & 1 & 0 \\
0 & 0 & 1 & 0 & 0 & 1 & 0 & 0 & 1 \\
1 & 1 & 1 & 0 & 0 & 0 & 0 & 0 & 0 \\
0 & 0 & 0 & 1 & 1 & 1 & 0 & 0 & 0 \\
0 & 0 & 0 & 0 & 0 & 0 & 1 & 1 & 1 \\
\sqrt{2} & 0 & 0 & 0 & \sqrt{2} & 0 & 0 & 0 & \sqrt{2} \\
0 & 0 & 0 & 0 & 0 & 0 & 0 & 0 & \sqrt{2}
\end{bmatrix}
\begin{bmatrix} s_{11} \\ s_{12} \\ s_{13} \\ s_{21} \\ s_{22} \\ s_{23} \\ s_{31} \\ s_{32} \\ s_{33} \end{bmatrix}
=
\begin{bmatrix} t_1 \\ t_2 \\ t_3 \\ t_4 \\ t_5 \\ t_6 \\ t_7 \\ t_8 \end{bmatrix}
\tag{1.1-4}
$$

式（1.1-4）也可写成如下形式：

$$\boldsymbol{Gm}=\boldsymbol{d} \tag{1.1-5}$$

其中，$\boldsymbol{m}$ 代表模型参数（慢度）向量；$\boldsymbol{d}$ 表示数据向量；矩阵 $\boldsymbol{G}$ 表示数据与模型参数之间的函数关系，也被称为核函数矩阵，矩阵元素的值正好是射线穿过相应单元格的长度。矩阵的每一行代表一条射线。如果将每个单元格的慢度作为未知数，数据 $\boldsymbol{d}$ 为观测数据，式（1.1-5）就是一个典型的线性反演问题。如果考虑更复杂的情况，由于慢度变化较大，引起射线路径弯曲时，该问题就变为一个非线性问题。此时，沿该射线的地震波走时可按如下线积分计算：

$$t=\int_l s(x(l))\,\mathrm{d}l \tag{1.1-6}$$

其中，$s(x)$ 表示坐标为 x 处的慢度；l 为射线路径。

值得注意的是，方程组（1.1-4）中有 8 个方程、9 个未知数 s_{ij}，矩阵 $\boldsymbol{G}$ 显然是非满秩的。此外，方程组中还明显地存在冗余信息，如慢度 s_{33} 可以完全由 t_8 确定，但它又参与了 t_3、t_6 和 t_7 的运算。因此矩阵 $\boldsymbol{G}$ 的秩实际为 7，该问题该如何求解呢？反演理论可帮助我们回答这个问题。

2）绝对重力仪重力加速度测定

绝对重力仪是探测地球重力场信息的重要工具。精确的重力值对大地测量、地球物理和精密计量具有十分重要的意义。经典绝对重力仪的测量原理是在高真空条件下测量物体在竖直方向自由运动所经历的时间和距离，根据牛顿第二定律计算重力值。测量时，物体的运动轨迹满足如下数学模型：

$$y(t) = m_1 + m_2 t - \frac{1}{2} m_3 t^2 \tag{1.1-7}$$

其中，$y(t)$ 表示物体在 t 时刻的高度；m_1 为物体的初始高度；m_2 为物体的初始速度；m_3 为重力加速度。

显然，如果将 m_1、m_2 和 m_3 看作模型参数，将 y 看作观测数据，将 t 看作描述实验几何关系的辅助信息，则式(1.1-7)是一个典型的反演(参数估计)问题。由于该模型在(t, y)平面内是一个二次函数，在数学上，也可看作是一个曲线拟合问题，如图1.1-4所示。

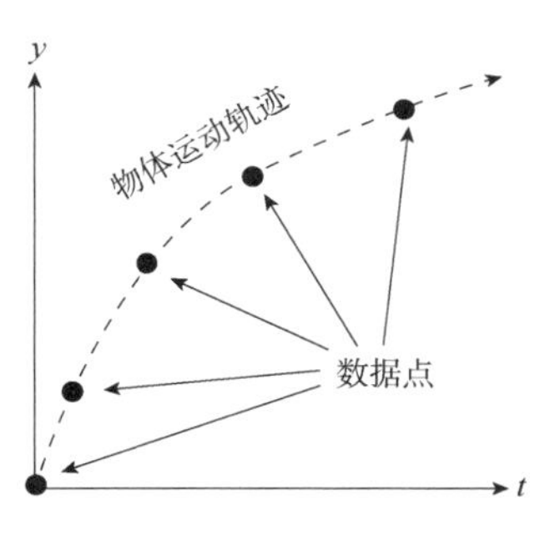

图 1.1-4 曲线拟合问题示意图

对于在一系列 t_i 时刻测量物体所处的位置 y_i，假设 t_i 可以精确测量，将这一系列观测数据(设有 N 个)代入式(1.1-7)则可得到一个 N 行 3 列的方程组，如式(1.1-8)所示：

$$\begin{bmatrix} 1 & t_1 & -\frac{1}{2}t_1^2 \\ 1 & t_2 & -\frac{1}{2}t_2^2 \\ 1 & t_3 & -\frac{1}{2}t_3^2 \\ \vdots & \vdots & \vdots \\ 1 & t_N & -\frac{1}{2}t_N^2 \end{bmatrix} \begin{bmatrix} m_1 \\ m_2 \\ m_3 \end{bmatrix} = \begin{bmatrix} y_1 \\ y_2 \\ y_3 \\ \vdots \\ y_N \end{bmatrix} \tag{1.1-8}$$

虽然其数学模型是二次函数，但对于模型参数 m_j 来讲，式(1.1-8)是一个线性方程组。因此，求解模型参数 $\boldsymbol{m} = [m_1 \quad m_2 \quad m_3]^{\mathrm{T}}$ 就是一个线性反演问题。

如果观测数据的个数大于模型参数的个数，即方程的个数大于未知数的个数，方程组(1.1-8)就是一个矛盾方程组，我们无法找到一个能够确切满足每一个方程的模型参数 $\boldsymbol{m}$。也就是说，能够使所有观测数据点 (t_i, y_i) 都落在其上的曲线是不存在的。这种情况在实际中经常出现，比如观测数据中存在误差或采用的正演模型本身就是进行了一定简化的近似模型。对于这类问题，反演理论仍然可以告诉我们如何求解在近似满足或“最佳拟合”观测数据意义下的模型参数。

§1.2 地球物理反演问题的描述

1.地球物理反演问题的陈述方式

在地球物理学中，各种经典场形式上都满足下列偏微分方程(组)：

$$Lu = \begin{cases} 0 & \text{在源外} \\ g(x) & \text{在源内} \end{cases} \tag{1.2-1}$$

其中，$g(x)$ 是源函数，L 是刻画场函数在空间变化规律的微分算子（通常为二阶），对于不同的场，L 代表不同的算子。

①对于重力、磁力和电场，L 为 Laplace 算子：

$$L = \frac{\partial^2}{\partial x^2} + \frac{\partial^2}{\partial y^2} + \frac{\partial^2}{\partial z^2} \equiv \Delta \tag{1.2-2}$$

以重力场为例，在质量分布区域以外引力势满足拉普拉斯方程；在质量分布区域以内引力势满足泊松方程，如式（1.2-3）所示：

$$\begin{cases} \dfrac{\partial^2 \boldsymbol{U}}{\partial x^2} + \dfrac{\partial^2 \boldsymbol{U}}{\partial y^2} + \dfrac{\partial^2 \boldsymbol{U}}{\partial z^2} = 0 & \text{质量分布区域外} \\ \dfrac{\partial^2 \boldsymbol{U}}{\partial x^2} + \dfrac{\partial^2 \boldsymbol{U}}{\partial y^2} + \dfrac{\partial^2 \boldsymbol{U}}{\partial z^2} = -4\pi \mathrm{k}\rho & \text{质量分布区域内} \end{cases} \tag{1.2-3}$$

其中，$\boldsymbol{U}$ 为引力位（势）；x、y、z 为空间坐标；k 为万有引力常数；ρ 为介质密度。当已知介质密度 ρ 时，就可以根据边界条件对泊松方程和拉普拉斯方程求解，确定出场的势，这属于正演问题。反之，当我们知道了引力场的势 $\boldsymbol{U}$ 及其梯度时，就可以根据泊松方程来确定场中某点的体质量密度 $\rho = -\dfrac{1}{4\pi k}\Delta \boldsymbol{U}$，这属于反演问题。可见，介质的参数（密度）位于泊松方程的右端（源项）。

②对于电磁场，在均匀各向同性介质下，L 为 Helmholtz 算子：

$$L = \Delta + k^2, \quad k^2 = \frac{\omega^2 \mu \varepsilon}{\mathrm{c}^2} + i\frac{4\pi\omega\mu\gamma}{\mathrm{c}^2} \tag{1.2-4}$$

其中，k、μ、γ、ε、ω、c 分别为波数、介质的导磁率、导电率、介电常数、场的角频率、光在真空中的传播速度。

在这种理想介质中，电磁场是一个谐变场，电磁波的传播满足赫姆霍兹（Helmholtz）方程，即：

$$\begin{cases} \dfrac{\partial^2 \boldsymbol{E}}{\partial x^2} + \dfrac{\partial^2 \boldsymbol{E}}{\partial y^2} + \dfrac{\partial^2 \boldsymbol{E}}{\partial z^2} + k^2 \boldsymbol{E} = 0 \\ \dfrac{\partial^2 \boldsymbol{H}}{\partial x^2} + \dfrac{\partial^2 \boldsymbol{H}}{\partial y^2} + \dfrac{\partial^2 \boldsymbol{H}}{\partial z^2} + k^2 \boldsymbol{H} = 0 \end{cases} \tag{1.2-5}$$

其中，$\boldsymbol{E}$ 表示电场强度矢量；$\boldsymbol{H}$ 表示磁场强度矢量。可见，介质的参数 k 体现在方程的系数中。

③对于弹性波场，在均匀、各向同性且完全弹性介质下，L 为波动算子：

$$L = \Delta - \frac{1}{v^2}\frac{\partial^2 \boldsymbol{U}}{\partial t^2} \tag{1.2-6}$$

其中，$v = \sqrt{\dfrac{\lambda + 2\mu}{\rho}}$ 为纵波速度；ρ 为介质密度；λ、μ 为拉梅常数。

以纵波的波动方程为例：

$$\frac{\partial^2 \boldsymbol{U}}{\partial x^2} + \frac{\partial^2 \boldsymbol{U}}{\partial y^2} + \frac{\partial^2 \boldsymbol{U}}{\partial z^2} = \frac{1}{v^2}\frac{\partial^2 \boldsymbol{U}}{\partial t^2} \tag{1.2-7}$$

其中,$\boldsymbol{U}$ 表示波场位移矢量。同样,介质的参数 v 体现在方程的系数中。

综上所述,地球物理正、反演问题实质上可化为微分方程的正、反演问题。微分方程是描述物理过程和系统状态的主要工具,给出一个系统在某个时刻的状态和边界条件,就可以用微分方程计算出系统中表示状态的参量随时间和空间的变化。这种由"原因"推得"结果"的过程称为微分方程的正问题;反之,由"结果"反推"原因",即已知部分微分方程的解反求方程中的某些未知成分,称为微分方程的反问题。其中的某些未知成分指的是微分方程中算子的系数、源项、边界条件或边界几何形状,以及初始条件或前一时刻系统的状态。相应地,微分方程的反问题可分为待定微分算子中未知数的反问题、待定源项反问题、待定初始条件反问题、待定边界条件或边界形状反问题等。

因此,地球物理反演问题按照其微分方程的形式,可陈述为:

①给定场方程解的部分信息,求推算方程的右端或定解域的形状。

②给定场方程解的部分信息,求重建方程的系数。

2.地球物理反演理论的主要观点

反演理论是由众多不同领域、不同背景的科学家和数学家发展起来的。尽管他们各自的理论结果有很强的相似性,但从表面上看,往往各有不同。

在模型构制时,对于如何处理观测数据和模型参数,出现了三种不同的观点和方法:

①第一种观点是概率论观点,也是反演理论中最早出现的观点,它把观测数据和模型参数(既可是离散模型,也可是能用有限个参数表征的连续模型)都看成随机变量,来确定它们所遵循的概率密度函数。概率论观点非常自然地引入了误差分析和解的可信度检验。

②第二种观点从具有确定性、避免使用概率的物理科学发展而来,它把观测数据视为随机变量,把模型参数看成是一些确定的值。反演的任务是求取这些模型参数的估计值及其误差,而不是处理概率密度函数本身。然而,人们所说的估计值通常不过是一个概率密度函数的期望值。与第一种观点相比,其差别不过是强调哪一个而已。本书所涉及的问题以第二种观点为主。

③第三种观点考虑模型参数本质是连续函数的情况,它将观测数据看作随机变量,将模型参数看作连续函数,显式地处理连续函数(如 Backus-Gilbert 反演方法)。而前两种观点则是将连续函数用有限个离散参数来近似。

3.反问题的数学描述

由于在大多数反问题中,数据只是一组数值,因此用向量表示数据非常方便。例如,如果在一个特定的实验中进行了 N 次测量,就可将这些数字看作一个 N 维向量 $\boldsymbol{d}$ 中的元素。

反演理论的目的是通过对数据进行系统分析来获得关于模型参数的信息。虽然模型参数信息可以有多种形式,但这里假定它主要是数字形式的信息。也就是通过分析数据尽可能推断出模型参数的值。模型参数的选择以能够体现所研究过程的基本特征为宜。模型参数通常用一个 M 维的向量 $\boldsymbol{m}$ 来表示。即:

$$\begin{aligned} \boldsymbol{d} &= [d_1, d_2, d_3, d_4, \cdots, d_N]^{\mathrm{T}} \\ \boldsymbol{m} &= [m_1, m_2, m_3, m_4, \cdots, m_M]^{\mathrm{T}} \end{aligned} \tag{1.2-8}$$

反问题可抽象地描述为通过某种关系将模型参数与数据联系在一起,这种关系称为模型(或理论)。通常,模型采用一个或多个公式的形式,数据和模型参数应满足这些公式。

例如,通过测量一块岩石的质量和体积来确定它的密度时,则数据的个数 $N=2$(质量和体积分别用 d_1、d_2 表示),未知量模型参数的个数 $M=1$(密度 m_1)。此时的模型则可描述为密度乘以体积等于质量,可通过向量方程简洁地写为 $d_2 m_1 = d_1$。请注意,选择密度作为模型参数比质量或体积更有意义,因为它代表了物质的一种固有属性。数据——质量和体积很容易测量,但它们不是物质的最基本属性,它们的值因物体的大小而异,带有偶然性。

实际情况下,数据和模型参数之间的关系更加复杂。最一般的情况是数据和模型参数由一个或多个隐式方程联系起来,即:

$$\begin{aligned} f_1(\boldsymbol{d}, \boldsymbol{m}) &= \boldsymbol{0} \\ f_2(\boldsymbol{d}, \boldsymbol{m}) &= \boldsymbol{0} \\ &\vdots \\ f_L(\boldsymbol{d}, \boldsymbol{m}) &= \boldsymbol{0} \end{aligned} \quad \text{或} \quad f(\boldsymbol{d}, \boldsymbol{m}) = \boldsymbol{0} \tag{1.2-9}$$

其中,L 为方程的个数。对于上述密度测定的例子,$L=1$, $d_2 m_1 - d_1 = 0$ 就构成一个 $f_1(\boldsymbol{d}, \boldsymbol{m}) = \boldsymbol{0}$ 的等式形式。这些隐式方程可以被合在一起写成一个向量方程 $f(\boldsymbol{d}, \boldsymbol{m}) = \boldsymbol{0}$ 来表述已知测量数据和未知模型参数之间的关系。一般来说,$f(\boldsymbol{d}, \boldsymbol{m}) = \boldsymbol{0}$ 可以由数据和模型参数的任意复杂(非线性)函数组成。然而,在许多问题中它们又可表现为以下几种简单形式中的一种。

(1)隐线性形式

函数 f 对数据和模型参数都是线性的,因此可以写成矩阵方程

$$f(\boldsymbol{d}, \boldsymbol{m}) = \boldsymbol{0} = \boldsymbol{F} \begin{bmatrix} \boldsymbol{d} \\ \boldsymbol{m} \end{bmatrix} = \boldsymbol{F}\boldsymbol{x} \tag{1.2-10}$$

其中,$\boldsymbol{F}$ 是一个 $L\times(M+N)$ 的矩阵;向量 $\boldsymbol{x} = [\boldsymbol{d}^{\mathrm{T}}, \boldsymbol{m}^{\mathrm{T}}]^{\mathrm{T}}$,即 $\boldsymbol{x} = [d_1, d_2, \cdots, d_N, m_1, m_2, \cdots, m_M]^{\mathrm{T}}$。

(2)显式形式

在许多情况下,可以将数据从函数 $f(\boldsymbol{d}, \boldsymbol{m})$ 中分离出来,从而形成 $L=N$ 个对于数据为线性的方程,但对于模型参数 $\boldsymbol{m}$ 仍然是非线性的(通过向量函数 g 来表示)。即:

$$f(\boldsymbol{d}, \boldsymbol{m}) = \boldsymbol{0} = \boldsymbol{d} - g(\boldsymbol{m}) \tag{1.2-11}$$

(3)显线性形式

在显线性形式中,函数 g 也是线性的,由此得到一个 $N\times M$ 的矩阵方程(其中 $L=N$):

$$f(\boldsymbol{d}, \boldsymbol{m}) = \boldsymbol{0} = \boldsymbol{d} - \boldsymbol{G}\boldsymbol{m} \tag{1.2-12}$$

这个形式等价于式(1.2-10)中矩阵 $\boldsymbol{F}$ 的一个特例,此时

$$\boldsymbol{F} = [\boldsymbol{I}, -\boldsymbol{G}] \tag{1.2-13}$$

最简单、最容易理解的反问题是那些可以用显式线性方程 $\boldsymbol{G}\boldsymbol{m} = \boldsymbol{d}$ 来表示的反问题。在自然科学中出现的许多重要的反问题都可以用这个方程来表示。对于其他更复杂的问题,

也通常可以通过线性近似来求解。

在线性反问题 $\boldsymbol{Gm}=\boldsymbol{d}$ 中,矩阵 $\boldsymbol{G}$、模型参数 $\boldsymbol{m}$ 和数据 $\boldsymbol{d}$ 都可以用离散的数值来表示,因此这一类问题是离散反演理论的基础,其中矩阵 $\boldsymbol{G}$ 被称为数据核。在反演理论中,与离散反演理论相对应的还有积分方程反演理论和连续反演理论。在积分方程反演理论中,数据和模型参数是两个连续函数 $d(x)$ 和 $m(x)$,x 为自变量。连续反演理论介于两个极限情况(数据和模型参数全部离散或全部连续)之间,数据是离散的,但模型参数是连续函数。即:

对于离散反演理论:

$$d_i = \sum_{j=1}^{M} G_{ij}\, m_j \tag{1.2-14}$$

对于连续反演理论:

$$d_i = \int G_i(x) m(x)\,\mathrm{d}x \tag{1.2-15}$$

对于积分方程反演理论:

$$d(y) = \int G(y,x) m(x)\,\mathrm{d}x \tag{1.2-16}$$

它们之间的主要区别在于模型参数 $m(x)$ 和数据 $d(x)$ 是被看作连续函数还是被看作离散参数。反演理论中的数据 d_i 必然是离散的,因为反演理论是关于从观测数据中推演模型参数信息的,而观测数据往往具有离散性。对于连续反问题和积分方程反问题,都可以通过将模型参数 $m(x)$ 近似为一个由其上 M 个相邻点的值组成的向量,将积分看成是一个黎曼和(或通过其他积分公式),从而将其转化为离散反问题。即:

$$m = [m(x_1), m(x_2), m(x_3), \cdots, m(x_M)]^{\mathrm{T}} \tag{1.2-17}$$

4.反演问题的数学适定性

从数学角度讲,反演问题解的适定包括解的存在性、唯一性和稳定性三个方面的内容。

1)适定性

对于容许的数据 $\boldsymbol{d}$ 的每一集合,问题的解 $\boldsymbol{m}$ 存在且唯一,且连续依赖于 $\boldsymbol{d}$,则线性偏微分方程问题称为适定问题(well or properly posed problems),或称其解是适定的。否则称为不适定问题(ill or improperly posed problems)。

引起问题不适定的原因主要来自两个方面:观测数据存在误差、计算机位数有限带来的误差。

为使问题得以解决,需引入适当的附加条件,使其成为适定问题,也称为"条件适定"问题(conditionally well posed problems)。

例如:利用走时资料研究地球内部的地震波速度分布 $V(r)$ 时,把实际地球模型简化为各向同性的完全弹性的球对称的地球模型,并附加上速度随深度单调增加且 $\frac{\mathrm{d}v}{\mathrm{d}r}<\frac{v}{r}$ 的条件,此时得到的解只是近似地反映了所研究的对象,不能认为两者等同。这时解变得不唯一。于是在数学上面临的问题是在"条件适定"概念下求解不适定问题。

2)解的非唯一性

为说明解的非唯一性,现考虑零向量和零空间的概念,当线性反问题 $\boldsymbol{Gm}=\boldsymbol{d}$ 有两个截

然不同的解 $\boldsymbol{m}_1$ 和 $\boldsymbol{m}_2$，即其解是非唯一的，则有

$$\boldsymbol{G}\boldsymbol{m}_1=\boldsymbol{d},\quad \boldsymbol{G}\boldsymbol{m}_2=\boldsymbol{d} \tag{1.2-18}$$

将两方程相减，得

$$\boldsymbol{G}(\boldsymbol{m}_1-\boldsymbol{m}_2)=\boldsymbol{d} \tag{1.2-19}$$

两个不同的解之差 $\boldsymbol{m}^{\text{null}}=\boldsymbol{m}_1-\boldsymbol{m}_2$ 是非零的，而 $\boldsymbol{G}\boldsymbol{m}^{\text{null}}=\boldsymbol{0}$，称矢量 $\boldsymbol{m}^{\text{null}}$ 为零矢量（因为这些非零解与数据核的乘积为零），由零矢量组成的空间为零空间。

如果 $\boldsymbol{m}^{\text{par}}$（特解）是 $\boldsymbol{G}\boldsymbol{m}=\boldsymbol{d}$ 的一个非零解（如，最小长度解），那么对于任意非零常数 α，$\boldsymbol{m}^{\text{par}}+\alpha\boldsymbol{m}^{\text{null}}$ 也是该问题的解。若给定的线性问题有 q 个独立的零矢量（$0\leqslant q\leqslant M$），则其通解为：

$$\boldsymbol{m}^{\text{gen}}=\boldsymbol{m}^{\text{par}}+\sum_{i=1}^{q}\alpha_i\boldsymbol{m}_i^{\text{null}} \tag{1.2-20}$$

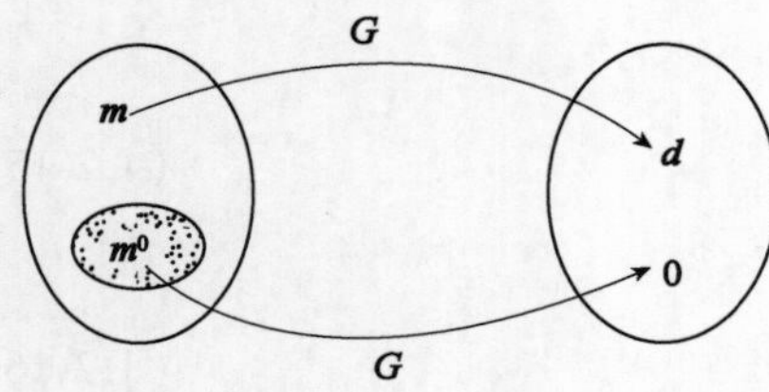

图 1.2-1　模型空间中“零向量 $\boldsymbol{m}^0$”导致解非惟一

也就是说，反演一组观测数据，就是求一个 $\boldsymbol{m}^{\text{par}}$，而 $\boldsymbol{m}^{\text{null}}$ 中的任意一个都可以加到 $\boldsymbol{m}^{\text{par}}$ 而仍然可以拟合观测数据，因而使解变得非唯一，如图 1.2-1 所示。

因此，零空间的存在，造成了反演问题具有多解性。从不同的地球物理模型产生的场具有等效性也不难理解这一点。

3) 稳定性

观测数据中往往含有误差，即测量数据 $\boldsymbol{d}_{\text{c}}$ 中包含有真实信号 $\boldsymbol{d}$ 和噪声 $\Delta\boldsymbol{d}$：

$$\boldsymbol{d}_{\text{c}}=\boldsymbol{d}+\Delta\boldsymbol{d} \tag{1.2-21}$$

导致

$$\boldsymbol{m}_{\text{c}}=\boldsymbol{m}+\Delta\boldsymbol{m} \tag{1.2-22}$$

$\Delta\boldsymbol{m}$ 的存在意味着反演问题的解不稳定，从而加剧解的非唯一性程度。

对于影响解的稳定性的因素，可从问题的性态和反演算法的数值稳定性两个方面来考察。

首先考察问题的性态，即问题是良态的还是病态的。设数据在定义域 D 上的数值是 $\boldsymbol{d}$，需要计算的数学问题为 $f(\boldsymbol{d})$，实际上只能知道数据的近似值 $\boldsymbol{d}^*$，即只能计算 $f(\boldsymbol{d}^*)$，当 $\boldsymbol{d}^*$ 接近 $\boldsymbol{d}$，且 $f(\boldsymbol{d}^*)$ 也与 $f(\boldsymbol{d})$ 接近，那么问题是良态的，即稳定的。否则，问题对数据的摄动很敏感，问题是病态的、不稳定的。这时不论用什么算法，其解总是不精确的。

其次讨论反演算法的数值稳定性。反演算法相当于定义一个新的函数 f^*，使对已知的数据 $\boldsymbol{d}$ 产生一个近似解 $f^*(\boldsymbol{d})$，当 $\boldsymbol{d}^*$ 接近 $\boldsymbol{d}$ 时，该算法使 $f(\boldsymbol{d}^*)$ 接近于 $f^*(\boldsymbol{d})$。良态问题表示该算法能使计算解（近似解）接近精确解，具有这种性质的算法是数值稳定的。反之，如果算法是不稳定的，即使问题是良态的，计算解与精确解也会相差很大。因此，实际计算时，不能仅考虑问题的性态，还需要讨论实际算法的数值稳定性。

5.反问题的分辨能力

所谓分辨能力是指对所要反演的结构细节可鉴别的尺度，与所采用模型有关，同时也受数据精度的影响。

当观测数据 d 有误差 Δd 时，有

$$d + \Delta d = \int_{\Omega} G(s,\xi) m(\xi) \mathrm{d}\xi \tag{1.2-23}$$

为讨论方便，将 Ω 看作 $(-\infty,\infty)$ ，$m(\xi)$ 为输入，$d(s)$ 为输出，则式(1.2-23)表示输出信号为输入信号的权重叠加。权重函数 $G(s,\xi)$ 称为脉冲响应函数，相当于频谱函数为 $H(s,k)$ 的空间滤波器，$m(\xi)$ 被放大或缩小，取决于 $H(s,k)$ 的特征，如图 1.2-2 所示。

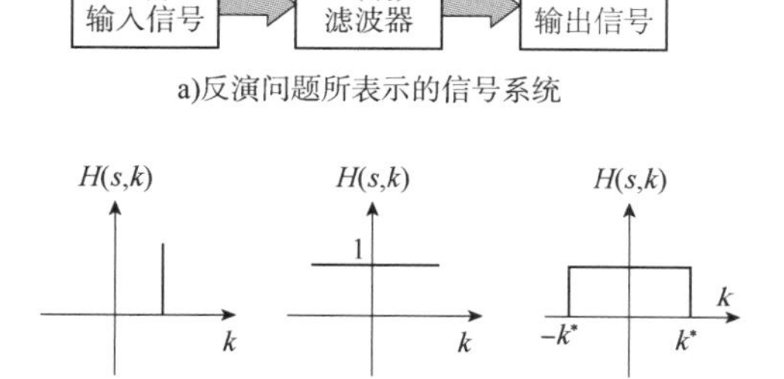

a)反演问题所表示的信号系统

b)滤波器的频谱

图 1.2-2　反演问题对应的信号系统及其滤波器频谱

当 $G(s,\xi)$ 为常数时，$H(s,k) = 2\pi\delta(k)$ ，只有 $m(\xi)$ 的“直流”成分通过，$m(\xi)$ 中任何具有空间分布特征的信号被滤掉，$d(s)$ 不包含反映 $m(\xi)$ 的空间变化的信息。

若 $G(s,\xi)$ 为 δ 函数，$H(s,k) = 1$，此时具有任意尺度的空间结构信号 $m(\xi)$ 都可无畸变地通过。这时 $d(s)$ 如实包含了 $m(\xi)$ 的空间分布信息。

实践中，$G(s,\xi)$ 为介于 1 和 δ 函数之间、带宽为 $(-k^*,k^*)$ 的有限带宽空间滤波器。当 $k > k^*$ 时，$H(s,k)$ 在 $(-k^*,k^*)$ 之外的值很小，这时给出的输出信号 d^* 有可能小于 Δd ，即使模型参数 $M(k)$ 很强，经滤波后仍然会被淹没在噪声之中。

另外，由采样定理知，滤波器 $H(s,k)$ 的最小分辨尺度为 $1/k^*$ ，即从观测数据中无法提取包含于 $m(\xi)$ 中的尺度 $L < 1/k^*$ 的空间变化信息，且数据误差 Δd 越大，对模型 $m(\xi)$ 的空间分辨能力越差。

可见，当问题的描述已定，即核函数 $G(s,\xi)$ 已定，且误差 Δd 也确定后，反演得出的解 $m(\xi)$ 的空间分辨率是有限的。

6.反演问题解的形式

对于反演问题的解，人们往往习惯于希望像求解正问题那样得到解的确切数值。但由于反演问题的不适定性，能够精确求解的反问题很少。实际上我们能够得到的解是在下面两类信息之间做出的各种折中：一类是人们确实希望得到的信息，另一类是从已知资料(数据)实际能得到的信息。不同折中方案给出反问题的不同解的形式。反问题常见的解的形式有如下几种：

(1)模型参数的估计值

最简单的一种类型的解是模型参数的估计值 $\boldsymbol{m}^{\text{est}}$ ，由一组模型参数组成，如 $\boldsymbol{m}^{\text{est}} = [1.4,2.9,\cdots,1.0]^{\mathrm{T}}$ 。估计值本身不能给出有关解的质量信息，问题有可能存在多个解。如果任选其中的一个解作为模型参数的估计值 $\boldsymbol{m}^{\text{est}}$ ，则会造成把该解当成问题的唯一解的假象。但如果给出解的适定性评价之后，此估计解是最有用的一类解。

(2)模型参数的约束值

对于衡量一个估计解的质量问题,可给定一定的界限来约束其确定性。也就是给出一些解的约束值,以此来确定估计值的可靠性。这些约束可能是确定型的,即解的真实值位于两个规定值之间,如 $1.2 \leqslant m \leqslant 1.6$;也可能是概率型的,表示解估计值以某种给定的可信度处于约束值之间,如 $\boldsymbol{m}^{\text{est}} = 1.4 \pm 0.1(95\%)$,意味着模型参数的真实值位于置信区间(1.3, 1.5)的概率为95%。当模型参数的约束值存在时,它们通常可以为正确解释反问题的解提供所需的补充信息。但在许多情况下,约束值是不存在的。

(3)模型参数的加权平均值

许多情况下,在某种意义上确定模型参数的某种组合或平均值比确定模型参数本身更容易。例如,给定 $\boldsymbol{m} = [m_1, m_2]^{\text{T}}$,结果有可能是确定 $\langle \boldsymbol{m} \rangle = 0.2m_1 + 0.8m_2$,比单个确定 m_1 或 m_2 更容易。然而人们对这样一个平均值可能没有多大兴趣,因为它可能没有物理意义。但当模型参数是某个连续函数的离散化参数时,该平均值可能会相当有用。如果只有几个相邻参数对应的权重较大,则这种平均值被称为局部化平均值。在这种情况下,平均值的含义是尽管数据不能分辨特定点处的模型参数,但它们可以分辨该点附近的模型参数的平均值。

7.反演问题解的评价

解的质量评价与求解是同等重要的问题。评价一个解的质量需要有一定的评价标准,通常可以从如下几个方面考虑:

①解估计值对资料的拟合程度。主要考查由模型参数的估计值得到的预测数据与观测数据的拟合情况。

②解估计值对真实解的逼近程度。主要考查模型参数的估计值与其真实值之间的接近程度。

③解估计值对误差的放大程度。主要考查观测数据的误差在多大程度上影响模型参数估计值的误差。

8.反演问题的局限性

在反演问题中,始终认为正演问题是已知的。目前,并非自然界中所有物理问题都已弄清机理并给出明确的数学模型。例如地球的起源问题、地震成因问题等,这些问题的正问题仍没有解决,因此其反问题还无法研究。这就是反演问题的局限性。

§1.3 反演问题算法基础回顾

在反演理论中,常常涉及矩阵运算和各种线性变换。本节将回顾一些必要的矩阵、向量运算基础和一些特殊类型的矩阵。

1.一些数学符号的意义

矩阵 $\boldsymbol{A} = [a_1, a_2, \cdots, a_n] = (\alpha_{ij})$。

$\Re^n$ 表示 n 维欧几里得空间。

$\boldsymbol{A}^{\mathrm{T}}$ 表示 $\boldsymbol{A}$ 的转置：$(\boldsymbol{AB})^{\mathrm{T}}=\boldsymbol{B}^{\mathrm{T}}\boldsymbol{A}^{\mathrm{T}}$。

$\boldsymbol{A}^{\mathrm{H}}$表示复数矩阵 $\boldsymbol{A}$ 的复共轭转置：$\boldsymbol{A}^{\mathrm{H}}=\overline{\boldsymbol{A}}^{\mathrm{T}}=\overline{\boldsymbol{A}^{\mathrm{T}}}$。

$\boldsymbol{A}^{-1}$ 表示方阵 $\boldsymbol{A}$ 的逆：$\boldsymbol{A}\boldsymbol{A}^{-1}=\boldsymbol{A}^{-1}\boldsymbol{A}=\boldsymbol{I}$；设 $\boldsymbol{A}=\boldsymbol{BCD}$，若逆存在，则 $\boldsymbol{A}^{-1}=\boldsymbol{D}^{-1}\boldsymbol{C}^{-1}\boldsymbol{B}^{-1}$。

$\det(\boldsymbol{A})$ 表示矩阵 $\boldsymbol{A}$ 的行列式 $|\boldsymbol{A}|$。

$\mathrm{rank}(A)$表示矩阵 $\boldsymbol{A}$ 的秩。

$\mathrm{tr}(\boldsymbol{A})$表示矩阵的迹：

$$\mathrm{tr}(\boldsymbol{A})=\sum_{i=1}^{M}a_{ii}$$

2.向量内积

设向量 $\boldsymbol{r}$ 和 $\boldsymbol{s}$ 为两个 M 维的列向量，则两个向量的内积可由式(1.3-1)表示

$$\boldsymbol{r}\cdot\boldsymbol{s}=\|\boldsymbol{r}\|\ \|\boldsymbol{s}\|\cos\theta=\sum_{i=1}^{M}r_i s_i=\boldsymbol{r}^{\mathrm{T}}\boldsymbol{s}=\boldsymbol{s}^{\mathrm{T}}\boldsymbol{r} \tag{1.3-1}$$

其中，$\|\boldsymbol{r}\|$、$\|\boldsymbol{s}\|$ 分别为向量 $\boldsymbol{r}$ 和 $\boldsymbol{s}$ 的长度；θ 为两个向量之间的夹角。

如果两个向量之间的内积为零，则称两向量相互正交。

3.矩阵乘法

如果 $\boldsymbol{A}$ 是一个 $N\times M$ 的矩阵(N 行，M 列)，$\boldsymbol{B}$ 是一个 $M\times L$ 的矩阵，则 $\boldsymbol{A}$ 和 $\boldsymbol{B}$ 的乘积为一个 $N\times L$ 的矩阵，即

$$\boldsymbol{C}=\boldsymbol{AB} \tag{1.3-2}$$

$\boldsymbol{C}$ 中的元素 c_{ij} 项是 $\boldsymbol{A}$ 的第 i 行和 $\boldsymbol{B}$ 的第 j 列对应向量的内积，可按式(1.3-3)计算：

$$c_{ij}=\sum_{k=1}^{M}a_{ik}b_{kj} \tag{1.3-3}$$

式(1.3-2)的一种特殊形式为一个 $N\times M$ 的矩阵 $\boldsymbol{G}$ 与一个 $M\times 1$ 的向量 $\boldsymbol{m}$ 相乘：

$$\underset{(N\times 1)}{\boldsymbol{d}}=\underset{(N\times M)}{\boldsymbol{G}}\ \underset{(M\times 1)}{\boldsymbol{m}} \tag{1.3-4}$$

则向量 $\boldsymbol{d}$ 的元素可由式(1.3-5)计算：

$$d_i=\sum_{j=1}^{M}G_{ij}m_j \tag{1.3-5}$$

如将矩阵 $\boldsymbol{G}$ 用其列向量表示，即 $\boldsymbol{G}=[\boldsymbol{g}_1,\boldsymbol{g}_2,\cdots,\boldsymbol{g}_M]$，则列向量 $\boldsymbol{d}$ 可看作 $\boldsymbol{G}$ 的列向量的加权和，加权因子是向量 $\boldsymbol{m}$ 中的元素，即：

$$\boldsymbol{d}=\boldsymbol{Gm}=[\boldsymbol{g}_1,\boldsymbol{g}_2,\cdots,\boldsymbol{g}_M]\begin{bmatrix}\boldsymbol{m}_1\\\boldsymbol{m}_2\\\vdots\\\boldsymbol{m}_M\end{bmatrix}=\boldsymbol{m}_1\boldsymbol{g}_1+\boldsymbol{m}_2\boldsymbol{g}_2+\cdots+\boldsymbol{m}_M\boldsymbol{g}_M \tag{1.3-6}$$

矩阵乘法满足结合律，即

$$(\boldsymbol{AB})\boldsymbol{C}=\boldsymbol{A}(\boldsymbol{BC}) \tag{1.3-7}$$

但通常不满足交换律,即

$$\boldsymbol{AB}\neq\boldsymbol{BA} \tag{1.3-8}$$

事实上,如果 $\boldsymbol{AB}$ 存在,那么 $\boldsymbol{BA}$ 只有在 $\boldsymbol{A}$ 和 $\boldsymbol{B}$ 是方阵的情况下才存在。

4.几种特殊的方阵

①若 $\boldsymbol{A}=\boldsymbol{A}^{\mathrm{T}}$,则 $\boldsymbol{A}$ 为对称矩阵。

②若 $\boldsymbol{A}=\boldsymbol{A}^{\mathrm{H}}$,则 $\boldsymbol{A}$ 为埃米尔特(Hermitian)矩阵。

③若 $\boldsymbol{Q}^{\mathrm{T}}\boldsymbol{Q}=\boldsymbol{Q}\boldsymbol{Q}^{\mathrm{T}}=\boldsymbol{I}$,则称 $\boldsymbol{Q}$ 为正交矩阵,$\boldsymbol{Q}^{-1}=\boldsymbol{Q}^{\mathrm{T}}$。

④若 $\boldsymbol{Q}^{\mathrm{H}}\boldsymbol{Q}=\boldsymbol{Q}\boldsymbol{Q}^{\mathrm{H}}=\boldsymbol{I}$,则称 $\boldsymbol{Q}$ 为酉矩阵,$\boldsymbol{Q}^{-1}=\boldsymbol{Q}^{\mathrm{H}}$。

5.矩阵的特征值和特征向量

设 $\boldsymbol{A}$ 是一个 N 阶方阵,如果存在一个数 λ,以及一个非零 N 维列向量 $\boldsymbol{X}_0$,使得

$$\boldsymbol{A}\boldsymbol{X}_0=\lambda\boldsymbol{X}_0 \tag{1.3-9}$$

成立,则称 λ 为矩阵 $\boldsymbol{A}$ 的特征值,而称列向量 $\boldsymbol{X}_0$ 为矩阵 $\boldsymbol{A}$ 的属于 λ 的特征向量。

6.矩阵和向量空间

矩阵的列或行都可被看作向量,如一个 $N\times M$ 的矩阵 $\boldsymbol{A}$ 的每一列可看作是一个 N 维空间中的向量,而每一行可看作是一个 M 维空间中的向量。对于线性方程组 $\boldsymbol{Gm}=\boldsymbol{d}$,其中 $\boldsymbol{G}$ 是 $N\times M$ 的矩阵,$\boldsymbol{m}$ 是 $M\times 1$ 的向量,$\boldsymbol{d}$ 是 $N\times 1$ 的向量,显然模型参数向量 $\boldsymbol{m}$ 在 M 维空间中(沿 $\boldsymbol{G}$ 的行),而数据向量 $\boldsymbol{d}$ 在 N 维空间中(沿 $\boldsymbol{G}$ 的列)。这里我们称由 M 个线性无关的 $M\times 1$ 向量集构成的空间为模型空间,而称由 N 个线性无关的 $N\times 1$ 向量集构成的空间为数据空间。

7.向量和矩阵的范数

1)范数定义

范数是一个非负数,是向量或矩阵模的一种简单表示。范数的概念来源于一个数的绝对值,该数的绝对值满足以下规则:

① $|\alpha|\geqslant 0$, $|\alpha|=0$ 当且仅当 $\alpha=0$。

② $|\alpha\beta|=|\alpha||\beta|$。

③ $|\alpha+\beta|\leqslant|\alpha|+|\beta|$。

2)向量的范数

推广到向量的范数,同样具有如下三个性质:

① $\|\boldsymbol{V}\|\geqslant 0$, $\|\boldsymbol{V}\|=0$ 当且仅当 $\boldsymbol{V}=\boldsymbol{0}$(零元素构成)。

② $\|\alpha\boldsymbol{V}\|=|\alpha|\cdot\|\boldsymbol{V}\|$。

③ $\|\boldsymbol{U}+\boldsymbol{V}\|\leqslant\|\boldsymbol{U}\|+\|\boldsymbol{V}\|$。

设向量 $X = (\alpha_1, \alpha_2, \cdots, \alpha_n)^{\mathrm{T}}$：

①范数一：

$$\| X \|_1 = \sum_{i=1}^{n} |\alpha_i| \tag{1.3-10}$$

②范数二：

$$\| X \|_2 = \left(\sum_{i=1}^{n} |\alpha_i|^2 \right)^{\frac{1}{2}} = \left(X^{\mathrm{T}} X \right)^{\frac{1}{2}} \tag{1.3-11}$$

对于 $\rho = 1, 2, 3, \cdots$，有

$$\| X \|_{\rho} = \left(\sum_{i=1}^{n} |\alpha_i|^{\rho} \right)^{\frac{1}{\rho}} \tag{1.3-12}$$

③无穷范数：$\rho = \infty$，则规定

$$\| X \|_{\infty} = \max_{1 \leqslant i \leqslant n} |\alpha_i| \tag{1.3-13}$$

3）矩阵的范数

常用的有两种：F 范数和从属范数。

① $\boldsymbol{F}$ 范数：

$$\| A \|_F = \left(\sum_{i,j} |\alpha_{ij}|^F \right)^{\frac{1}{F}} \tag{1.3-14}$$

实际应用中 $F=2$ 的情况应用最多，即 $\| A \|_2 = \left(\sum_{i,j} |\alpha_{ij}|^2 \right)^{\frac{1}{2}}$。

②从属范数：科学和工程问题中，矩阵 A 经常与一个向量 X 一起运算，构成一个新向量 AX，那么新向量 AX 的模比原向量 X 的模大多少必定与矩阵 A 的范数有关，于是引入了从属于某一向量 X 的矩阵范数的概念。

定义矩阵 A 从属于向量 X 的范数 ρ 为

$$\| A \|_{\rho} = \max_{X \neq 0} \frac{\| AX \|_{\rho}}{\| X \|_{\rho}} = \max_{X \neq 0} \left\| \frac{AX}{\| X \|_{\rho}} \right\|_{\rho} = \max_{\| Y \|_{\rho} = 1} \| AY \|_{\rho} \tag{1.3-15}$$

矩阵范数满足以下性质：

① $\| A \| \geqslant 0$，$\| A \| = 0$ 当且仅当 $A = 0$（零元素构成）。

② $\| \alpha A \| = |\alpha| \cdot \| A \|$。

③ $\| A + B \| \leqslant \| A \| + \| B \|$。

④ $\| AB \| \leqslant \| A \| \cdot \| B \|$。

4）范数计算

设 $A = [a_1, a_2, \cdots, a_n]$：

对于从属范数有，

$$\| A \|_1 = \max_{\| X \|_1 = 1} \| AX \|_1 = \max_{j = 1, 2, \cdots, n} \| a_j \| \tag{1.3-16}$$

对于 F 范数二的平方，有

$$\|A\|_F^2=\sum_i\sum_j|\alpha_{ij}|^2=\sum_j\|a_j\|_2^2=\mathrm{tr}(A^{\mathrm{H}}A) \tag{1.3-17}$$

在上述范数二计算中，可用正交阵 Q 把一个对称矩阵 A 变为对角矩阵 $Q^{-1}AQ$ 来计算。但前提是该正交变换不改变矩阵的范数，下面给出证明：

设 Q 为酉阵，$Q^{\mathrm{H}}Q=QQ^{\mathrm{H}}=I$，由从属范数的定义知，矩阵 A 及其正交变换对应的范数分别为：

$$\|A\|_2=\max_{X\neq 0}\frac{\|AX\|_2}{\|X\|_2} \tag{1.3-18}$$

$$\|QA\|_2=\max_{X\neq 0}\frac{\|QAX\|_2}{\|X\|_2} \tag{1.3-19}$$

由于

$$\|QAX\|_2^2=(QAX)^{\mathrm{H}}(QAX)=X^{\mathrm{H}}A^{\mathrm{H}}AX=\|AX\|_2^2 \tag{1.3-20}$$

则有

$$\|QA\|_2=\max_{X\neq 0}\frac{\|AX\|_2}{\|X\|_2}=\|A\|_2 \tag{1.3-21}$$

说明正交变换不改变矩阵的范数。

8.线性方程组的扰动分析

对于方程组 $AX=b$，如果系数矩阵 A 带有微小误差 ΔA 或数据 b 带有微小误差 Δb，这时求得的解 $\tilde{X}=X+\Delta X$ 也带有误差。通过分析 $(A+\Delta A)(X+\Delta X)=b$ 和 $A(X+\Delta X)=b+\Delta b$ 来推测 ΔA 及 Δb 在多大程度上影响解 $\tilde{X}$ 的问题，叫作扰动分析。

在线性方程组中，如果某些系数或数据的微小变化会导致解的明显变化，则称此方程组为病态方程组，否则为良态方程组。由克莱姆法则知，病态方程组的系数矩阵 A 比较接近奇异，即 $\det(A)$ 与最大系数 $|\alpha_{ij}|$ 的比值非常小，而逆矩阵 A^{-1} 中的元素与解相比却非常大。

例如，

$$\begin{cases}2\alpha_1+6.00001\alpha_2=8.00001\\2\alpha_1+6\alpha_2=8\end{cases} \tag{1.3-22}$$

此时方程组的解 $\alpha_1=\alpha_2=1$，如果第一式的右边变为8.00002，则解变为 $\alpha_1=-2$，$\alpha_2=2$。显然，该方程组为病态方程组。

对于一般的方程组 $AX=b$，如何定量判断是否为病态？现分别考查数据和系数矩阵的微小变化会导致解的明显变化情况：

设数据 b 有微小变化，解 X 的变化为 ΔX，有

$$A(X+\Delta X)=b+\Delta b \tag{1.3-23}$$

$$\Delta X=A^{-1}\Delta b \tag{1.3-24}$$

根据从属范数的性质，有

$$\|\Delta X\|\leqslant\|A^{-1}\|\cdot\|\Delta b\| \tag{1.3-25}$$

由于 $AX=b$，有

$$\|\boldsymbol{b}\| \leqslant \|\boldsymbol{A}\| \cdot \|\boldsymbol{X}\| \tag{1.3-26}$$

即

$$\frac{\|\Delta \boldsymbol{X}\|}{\|\boldsymbol{A}\| \cdot \|\boldsymbol{X}\|} \leqslant \frac{\|\boldsymbol{A}^{-1}\|}{\|\boldsymbol{b}\|}\|\Delta \boldsymbol{b}\| \tag{1.3-27}$$

因此,

$$\frac{\|\Delta \boldsymbol{X}\|}{\|\boldsymbol{X}\|} \leqslant \|\boldsymbol{A}\| \cdot \|\boldsymbol{A}^{-1}\| \frac{\|\Delta \boldsymbol{b}\|}{\|\boldsymbol{b}\|} = \mathrm{cond}(\boldsymbol{A}) \frac{\|\Delta \boldsymbol{b}\|}{\|\boldsymbol{b}\|} \tag{1.3-28}$$

其中,cond($\boldsymbol{A}$)为矩阵 $\boldsymbol{A}$ 对方程解的条件数。显然 cond($\boldsymbol{A}$)很小时,方程组对 $\boldsymbol{b}$ 的扰动是良态,反之为病态。

同理,当 $\boldsymbol{A}$ 带有误差 $\Delta\boldsymbol{A}$ 时,有

$$(\boldsymbol{A} + \Delta \boldsymbol{A})(\boldsymbol{X} + \Delta \boldsymbol{X}) = b \tag{1.3-29}$$

$$\Delta \boldsymbol{X} = -\boldsymbol{A}^{-1} \Delta \boldsymbol{A}(\boldsymbol{X} + \Delta \boldsymbol{X}) \tag{1.3-30}$$

因此,

$$\|\Delta \boldsymbol{X}\| \leqslant \|\boldsymbol{A}^{-1}\| \cdot \|\Delta \boldsymbol{A}\| \cdot \|\boldsymbol{X} + \Delta \boldsymbol{X}\| \tag{1.3-31}$$

$$\frac{\|\Delta \boldsymbol{X}\|}{\|\boldsymbol{X} + \Delta \boldsymbol{X}\|} \leqslant \mathrm{cond}(\boldsymbol{A}) \frac{\|\Delta \boldsymbol{A}\|}{\|\boldsymbol{A}\|} \tag{1.3-32}$$

因此,条件数是判断系数矩阵是否接近奇异的一种定量表示。

由式(1.3-17)可知,矩阵 $\boldsymbol{A}$ 的条件数实际上也可以通过矩阵 $\boldsymbol{A}^{\mathrm{T}}\boldsymbol{A}$ 的最大特征值和最小特征值之比的绝对值 $\left|\frac{\lambda_{\max}}{\lambda_{\min}}\right|$ 来计算。通常情况下,当方程的条件数大于 10^4 时,方程的解会变得不稳定。

习 题

1.什么是地球物理正、反问题?反演理论的任务和目的是什么?

2.什么是地球物理模型、泛函算子?

3.地球物理反演理论的主要内容有哪些?

(同题:地球物理反演理论必须要解决的四大问题是什么?)

4.简述地球物理正、反演过程。

5.地球物理反演的陈述方式有哪些?

6.求解地球物理反演问题时有哪些不同的观点和方法?

7.“零空间”指什么?“零空间”的存在会导致反演出现什么结果?(建议在文字叙述的基础上画示意图表示。)

8.引起地球物理反演多解性的主要原因有哪些?

9.什么是地球物理问题的适定性?引起不适定的原因有哪些?有哪些解决不适定问题的办法?

10.对反演问题得到的解进行评价时,可以从哪些方面衡量?

11.举例说明在科学实践中的反演实例。

第 2 章　线性反演理论及方法

§2.1　线性反演理论的一般论述

线性反演理论是地球物理反演中应用最广泛、研究最成熟的反演方法。本节将从理论上进一步论述线性反问题中解的存在性、模型构制、非唯一性等问题。为使问题便于理解而又不失一般性,仅以一维问题为例进行说明,读者可进一步推广到多维空间的反问题中。

在连续介质条件下,由式(1.2-16)知,反问题满足的一维积分方程如下:

$$d(x) = \int_a^b G(x,\xi)\,m(\xi)\,\mathrm{d}\xi \tag{2.1-1}$$

其中,模型参数 $m(\xi) \in L_2[a,b]$。在观测数据数目有限的情况下,式(2.1-1)可写为:

$$d_j = d(x_j) = \langle G(x,\xi), m(\xi)\rangle = \langle \boldsymbol{G}_j, \boldsymbol{m}\rangle \quad (j = 1,2,\cdots,N) \tag{2.1-2}$$

其中,$\langle \boldsymbol{G}_j, \boldsymbol{m}\rangle$ 表示内积。

在讨论线性反演理论若干问题之前,先对观测数据和核函数做如下假设:

① $d_j, j = 1,2,\cdots,N$ 是没有误差的精确数据。

② $\boldsymbol{G}_j, j = 1,2,\cdots,N$ 是线性无关的。

设式(2.1-2)满足上述假设条件,现用这组线性无关的核函数 G_j 构造一组正交函数,有

$$\boldsymbol{\psi}_k = \sum_{j=1}^{N} \boldsymbol{\alpha}_{kj}\boldsymbol{G}_j \quad (k = 1,2,\cdots,N) \tag{2.1-3}$$

其中,α_{kj} 为不同时为零的常数。由于 $\boldsymbol{\psi}_k$ 为一组正交函数,有

$$\langle \boldsymbol{\psi}_k, \boldsymbol{\psi}_l\rangle = \delta_{kl} \tag{2.1-4}$$

这里,

$$\delta_{kl} = \begin{cases} 1 & k = l \\ 0 & k \neq l \end{cases} \tag{2.1-5}$$

且有,

$$\sum_{j=1}^{N} \alpha_{kj}^2 = 1 \quad (k = 1,2,\cdots,N) \tag{2.1-6}$$

可见 $\boldsymbol{\psi}_k(k = 1,2,\cdots,N)$,以及 $\boldsymbol{G}_j(j = 1,2,\cdots,N)$ 是无限维 Hilbert 空间中的 N 维向量,也是 N 维空间中的向量。

第二步,再以 α_{kj} 为系数对观测数据 d_j 做一线性组合,并令其为 E_k,则有

$$E_k = \sum_{j=1}^{N} \alpha_{kj}\boldsymbol{d}_j = \sum_{j=1}^{N} \alpha_{kj}\langle \boldsymbol{G}_\mathrm{j}, \boldsymbol{m}\rangle = \langle \sum_{j=1}^{N} \alpha_{kj}\boldsymbol{G}_\mathrm{j}, \boldsymbol{m}\rangle = \langle \boldsymbol{\psi}_k, \boldsymbol{m}\rangle \tag{2.1-7}$$

可见 E_k 是 $\boldsymbol{m}$ 在正交基 $\boldsymbol{\psi}_k$ 轴上的投影。

第三步,由于在区间[0,∞]上的任何函数 $\boldsymbol{m}$ 都可表示为级数,因此将 $\boldsymbol{m}$ 展成级数形式,有

$$\boldsymbol{m}=\sum_{k=1}^{\infty}\beta_k\boldsymbol{\varphi}_k \tag{2.1-8}$$

这里 $\boldsymbol{\varphi}_k$ 可视为 Hilbert 空间的任意坐标基,可正交,也可不正交。将其分成正交和非正交两部分,并取

$$\begin{cases}\boldsymbol{\varphi}_k=\boldsymbol{\psi}_k & k=1,2,\cdots,N\\ \boldsymbol{\varphi}_k=\text{其他任意坐标基} & k>N\end{cases} \tag{2.1-9}$$

则式(2.1-8)变为

$$\boldsymbol{m}=\sum_{k=1}^{N}\beta_k\boldsymbol{\psi}_k+\sum_{k=N+1}^{\infty}\beta_k\boldsymbol{\varphi}_k \tag{2.1-10}$$

考虑到 $\boldsymbol{\psi}_k$ 的正交性,可以证明 $\beta_k=E_k$,因为

$$\begin{aligned}E_k=\langle\boldsymbol{\psi}_k,\boldsymbol{m}\rangle&=\langle\boldsymbol{\psi}_k,\sum_{l=1}^{N}\beta_l\boldsymbol{\varphi}_l+\sum_{l=N+1}^{\infty}\beta_l\boldsymbol{\varphi}_l\rangle\\&=\sum_{l=1}^{N}\beta_l\boldsymbol{\psi}_k\boldsymbol{\varphi}_l+\sum_{l=N+1}^{\infty}\beta_l\boldsymbol{\psi}_k\boldsymbol{\varphi}_l\\&=\beta_k+0=\beta_k\end{aligned} \tag{2.1-11}$$

所以将 $\beta_k=E_k$ 代入式(2.1-10)得

$$\begin{aligned}\boldsymbol{m}&=\sum_{k=1}^{N}E_k\boldsymbol{\psi}_k+\sum_{k=N+1}^{\infty}\beta_k\boldsymbol{\varphi}_k\\&=\sum_{k=1}^{N}E_k\boldsymbol{\psi}_k+\boldsymbol{m}^0\end{aligned} \tag{2.1-12}$$

至此,我们在 Hilbert 空间中找到一组解 $\boldsymbol{m}$,该解由两部分组成:第一部分 $\sum_{k=1}^{N}E_k\boldsymbol{\psi}_k$ 由正交基 $\boldsymbol{\psi}_k$ 构成,它在正交基 $\boldsymbol{\psi}_k$ 轴上的投影不为零,第二部分 $\sum_{k=N+1}^{\infty}\beta_k\boldsymbol{\varphi}_k$ 由 Hilbert 空间其他任意非正交坐标基构成,它在 N 维正交基 $\boldsymbol{\psi}_k$ 轴上的投影为零,则对于模型 $\boldsymbol{m}$,可视为零向量 $\boldsymbol{m}^0$。

如果该解能够拟合观测数据 $\boldsymbol{d}$,说明反问题的解是存在的。现对该解是否能够拟合观测数据进行验证,即验证该解是否满足式(2.1-2)。将式(2.1-12)代入式(2.1-2)得:

$$\begin{aligned}\langle\boldsymbol{G}_j,\boldsymbol{m}\rangle&=\langle\boldsymbol{G}_j,\sum_{k=1}^{N}E_k\boldsymbol{\psi}_k+\boldsymbol{m}^0\rangle\\&=\langle\boldsymbol{G}_j,\sum_{k=1}^{N}E_k\boldsymbol{\psi}_k+\sum_{k=N+1}^{\infty}\beta_k\boldsymbol{\varphi}_k\rangle\\&=\langle\boldsymbol{G}_j,\sum_{k=1}^{N}E_k\boldsymbol{\psi}_k\rangle+\langle\boldsymbol{G}_j,\sum_{k=N+1}^{\infty}\beta_k\boldsymbol{\varphi}_k\rangle\end{aligned} \tag{2.1-13}$$

将式(2.1-7)和式(2.1-3)代入上式得

$$\begin{aligned}\langle\boldsymbol{G}_j,\boldsymbol{m}\rangle&=\langle\boldsymbol{G}_j,\sum_{k=1}^{N}\sum_{l=1}^{N}\alpha_{kl}d_l\sum_{i=1}^{N}\alpha_{ki}\boldsymbol{G}_i\rangle+\sum_{k=N+1}^{\infty}\beta_k\langle\boldsymbol{G}_j,\boldsymbol{\varphi}_k\rangle\\&=\sum_{k=1}^{N}\sum_{l=1}^{N}\alpha_{kl}d_l\sum_{i=1}^{N}\alpha_{ki}\langle\boldsymbol{G}_j,\boldsymbol{G}_i\rangle+0\\&=\sum_{k=1}^{N}\sum_{l=1}^{N}\alpha_{kl}d_l\alpha_{kj}\end{aligned}$$

$$
\begin{aligned}
&= \sum_{k=1}^{N} \alpha_{kj}^2 d_j \\
&= d_j
\end{aligned}
\tag{2.1-14}
$$

由此可见式(2.1-12)满足式(2.1-2)。

通过上述推导可得出如下几个重要结论：

①给定一组观测数据 $d_j(j = 1,2,\cdots,N)$，总能找到一个模型 $m(\xi)$ 能够拟合该观测数据，即 $d_j = \langle \boldsymbol{G}_j, \boldsymbol{m} \rangle$，因此反问题的解是存在的。

②根据观测数据所构制的模型 $\boldsymbol{m}$ 始终由两部分组成：

$$
\begin{cases}
\sum_{k=1}^{N} E_k \boldsymbol{\psi}_k & \text{取决于观测数据} d_j = \langle G_j, m \rangle \\
\boldsymbol{m}^0 = \sum_{k=N+1}^{\infty} \beta_k \boldsymbol{\varphi}_k & \text{与数据无关}
\end{cases}
$$

由式(2.1-13)可知，模型的构制过程本质上就是对线性无关的核函数 $\boldsymbol{G}_j$ 实行正交变换，求得新的正交坐标基 $\boldsymbol{\psi}_k$ 并在该正交坐标基上进行投影的过程。

③式(2.1-13)表明，反演问题的解是非唯一的。因为解由两部分组成，第一部分可看作特解，第二部分可看作零向量。解的非唯一性是由第二部分零向量 $\boldsymbol{m}^0$ 决定的，在特解上加上任何零向量所得到的模型都可以拟合观测数据，所以解是非唯一的。

④在所有能拟合观测数据的模型中，L_2 范数最小的模型可以拟合观测数据而又不受零空间的影响。

因为：

$$
\begin{aligned}
\| \boldsymbol{m} \|_2^2 &= \| \sum_{k=1}^{N} E_k \boldsymbol{\psi}_k + \boldsymbol{m}^0 \|_2^2 \\
&\leqslant \| \sum_{k=1}^{N} E_k \boldsymbol{\psi}_k \|_2^2 + \| \boldsymbol{m}^0 \|_2^2 \\
&= \langle \sum_{k=1}^{N} E_k \boldsymbol{\psi}_k, \sum_{l=1}^{N} E_l \boldsymbol{\psi}_l \rangle + \langle \boldsymbol{m}^0, \boldsymbol{m}^0 \rangle \\
&= \sum_{k=1}^{N} E_k^2 + 0
\end{aligned}
$$

由此可见，在所有能拟合观测数据的模型中，$\boldsymbol{m} = \sum_{k=1}^{N} E_k \boldsymbol{\psi}_k$ 的 L_2 范数最小，称该模型为“最小模型”或“最简单模型”。

⑤根据观测数据可直接求得反演问题的唯一解——最小模型。最小模型是核函数的线性组合，而模型的构制过程实际上是寻找正交坐标基 $\boldsymbol{\psi}_k$ 的过程。因此，在反演问题的求解中，最小模型可以作为一种非常有用的先验信息对解进行约束。

§2.2 求解线性反演问题的长度法

求解线性反问题 $\boldsymbol{Gm} = \boldsymbol{d}$ 的最简单方法是以测量由模型参数估计值 $\boldsymbol{m}^{\mathrm{est}}$ 所“预测的数据”

$\boldsymbol{d}^{\text{pre}} = \boldsymbol{G}\,\boldsymbol{m}^{\text{est}}$ 与实际观测数据 $\boldsymbol{d}^{\text{obs}}$ 之间的距离(即误差向量的长度)为基础,寻找能够最佳拟合观测数据的模型参数;或以测量模型参数向量的长度为基础,寻找反问题对应的最小模型。

以直线拟合反问题为例,给定的数据点如图 2.2-1 所示,显然观测数据点并不在同一条直线上。我们只能设法寻找能够最佳拟合观测数据的那条直线。

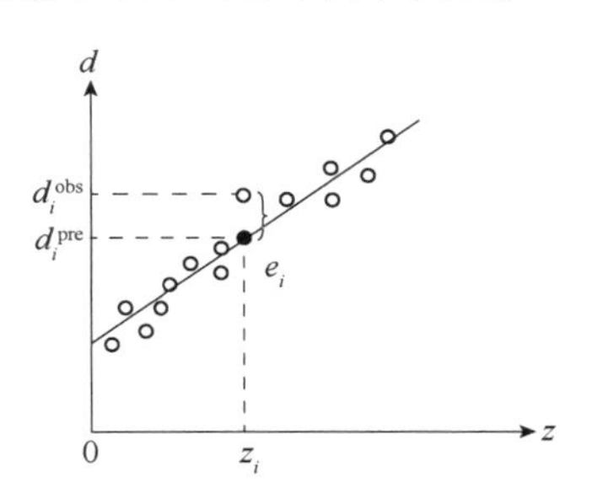

图 2.2-1 数据点(z, d)的直线拟合问题示意图

设拟合后直线上的点满足如下直线方程:

$$d_i = m_1 + m_2 z_i \tag{2.2-1}$$

其中,z_i 为辅助参数;m_1、m_2 分别是直线的截距和斜率,也是反问题待求的模型参数。较为理想的情况是,位于该直线上的预测数据 d_i^{pre} 应尽可能与观测数据 d_i^{obs} 接近,设其预测误差 $e_i = d_i^{\text{obs}} - d_i^{\text{pre}}$,因此,最佳的拟合直线只能是总误差最小的那一条。

令总误差 E 是各单个误差 e_i 的平方和,即

$$E = \sum_{i=1}^{N} e_i^2 = \boldsymbol{e}^{\text{T}}\boldsymbol{e} \tag{2.2-2}$$

总误差 E 正好是矢量 $\boldsymbol{e}\,(e_1, e_2, \cdots, e_N)$ 的欧几里得长度的平方。

这种通过使预测误差的某种特定长度——欧几里得长度取极小来求取模型参数的反演方法称为最小二乘法。

请注意,欧几里得长度并不是衡量矢量大小或长度的唯一方法,测量矢量的长度可以有不同的度量,如矢量的各种范数:

L_p 范数:

$$\|\boldsymbol{e}\|_p = \left(\sum_{i=1}^{N} |e_i|^p\right)^{\frac{1}{p}}$$

L_∞ 无穷范数:

$$\|\boldsymbol{e}\|_\infty = \lim_{p\to\infty} \|\boldsymbol{e}\|_p = \max_{1\leqslant i\leqslant n} |e_i| \tag{2.2-3}$$

范数阶数 p 越高,矢量 $\boldsymbol{e}$ 的最大元素所加的权重也越大;在极限情况 $p\to\infty$时,只有最大的元素才有非零权重。这一点非常容易证明:

设 $A = \max\limits_{1\leqslant i\leqslant n} |e_i|$,由范数的定义知,

$$L_\infty = \lim_{p\to\infty}\left(\sum_{i=1}^{N} |e_i|^p\right)^{\frac{1}{p}} = \lim_{p\to\infty}\left[A\left(\sum_{i=1}^{N}\left|\frac{e_i}{A}\right|^p\right)^{\frac{1}{p}}\right] \tag{2.2-4}$$

因为 $\left|\dfrac{e_i}{A}\right| \leqslant 1$,故有

$$\sum_{i=1}^{N}\left|\frac{e_i}{A}\right|^p \leqslant N \tag{2.2-5}$$

则

$$\lim_{p\to\infty}\left[A\left(\sum_{i=1}^{N}\left|\frac{e_i}{A}\right|^p\right)^{\frac{1}{p}}\right] \leqslant \lim_{p\to\infty} A\,(N)^{\frac{1}{p}} = A \tag{2.2-6}$$

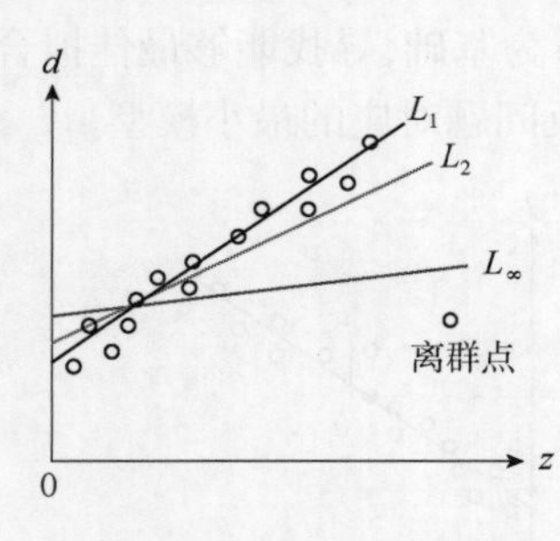

图 2.2-2　分别采用 L_1、L_2 和 L_∞ 范数对应的直线拟合结果

所以，$L_\infty = A$，表示此时是用具有最大绝对值的元素作为长度的度量。

在实际问题中，基于不同范数的反演方法经常会得到不同的答案，如图 2.2-2 所示。选择哪种范数来量化长度更合适，要视对远离平均趋势的观测数据（离群点）的加权方式而定。如果数据非常精确，则离群点是重要信息，较大的预测误差应优先加权，此时应选用高阶范数（如图 2.2-2 中 L_∞ 范数）。如果数据广泛分布在平均趋势周围，个别较大的预测误差变得没有意义，此时应选用低阶范数（如图 2.2-2 中 L_1 范数），因为低阶范数对不同大小的误差给予了更为均等的权重。

现采用 L_2 范数对上述直线拟合问题进行求解（最小二乘法），考虑误差矢量的 L_2 范数的平方：

$$E = \boldsymbol{e}^{\mathrm{T}}\boldsymbol{e} = \sum_{i=1}^{N} (d_i - m_1 - m_2 z_i)^2 \tag{2.2-7}$$

式(2.2-7)是以模型参数 m_1、m_2 为变量的函数，我们的目标是寻求能够使其取极小的模型参数 m_1 和 m_2，因此函数 $E(m_1, m_2)$ 也称为反问题的目标函数。在函数的极小值点处满足如下条件：

$$\begin{cases} \dfrac{\partial E}{\partial m_1} = 2N m_1 + 2 m_2 \sum\limits_{i=1}^{N} z_i - 2\sum\limits_{i=1}^{N} d_i = 0 \\ \dfrac{\partial E}{\partial m_2} = 2 m_1 \sum\limits_{i=1}^{N} z_i + 2 m_2 \sum\limits_{i=1}^{N} z_i^2 - 2\sum\limits_{i=1}^{N} d_i z_i = 0 \end{cases} \tag{2.2-8}$$

写成矩阵形式

$$\begin{bmatrix} N & \sum z_i \\ \sum z_i & \sum z_i^2 \end{bmatrix} \begin{bmatrix} m_1 \\ m_2 \end{bmatrix} = \begin{bmatrix} \sum d_i \\ \sum d_i z_i \end{bmatrix} \tag{2.2-9}$$

若左边系数矩阵存在逆矩阵，则

$$\begin{bmatrix} m_1 \\ m_2 \end{bmatrix} = \begin{bmatrix} N & \sum z_i \\ \sum z_i & \sum z_i^2 \end{bmatrix}^{-1} \begin{bmatrix} \sum d_i \\ \sum d_i z_i \end{bmatrix} \tag{2.2-10}$$

综上所述，利用长度法求解线性反问题 $\boldsymbol{Gm} = \boldsymbol{d}$ 的步骤如下：

①选用某一矢量（如误差矢量、模型参数矢量或二者的线性组合）的长度建立目标函数。

②目标函数对模型参数变量求偏导数，并令偏导数等于零，得到一个以模型参数为未知变量的线性方程组。

③求解上述线性方程组即可得到使目标函数取极小的模型参数，从而得到反问题的解。

§2.3　线性反问题的 L_2 范数极小解

长度法可直接应用到一般的线性反问题中去。对于线性反问题 $\boldsymbol{d} = \boldsymbol{Gm}$，其中，

$\boldsymbol{d}=[d_1,d_2,\cdots,d_N]^{\mathrm{T}}$ 为观测数据，$\boldsymbol{m}=[m_1,m_2,\cdots,m_M]^{\mathrm{T}}$ 为模型参数，数据核 $\boldsymbol{G}$ 是 $N\times M$ 阶矩阵，$r=\mathrm{rank}(\boldsymbol{G})$ 是矩阵的秩。根据 N、M 以及 r 的关系，由线性代数知识，可将线性方程组分为如下四种类型：

①当 $r=N=M$ 时，方程提供了确定模型参数的“不多不少”的信息，可用通常解线性方程组的方法确定模型参数，称为适定问题。反问题能够找到使预测误差为零的唯一解。

②当 $r>M=N$ 时，观测数据的个数多于未知模型参数的个数，方程中包含了过多的信息（即冗余信息），我们无法找到一个能够精确拟合所有观测数据的确切解，称为超定问题。反问题只能通过最小二乘法选择一个“最佳”近似解。

③当 $r=N<M$ 时，未知模型参数的个数多于观测数据的个数，方程不能提供足够的信息来唯一确定所有的模型参数，称为纯欠定问题。反问题存在无穷多个使预测误差为零的解，通常通过求其最简单模型（最小模型）来排除零向量的影响，得到反问题的最小长度解。

④当 $r<\min(N,M)$ 时，即观测数据虽足够多，但仍不足以提供所求模型参数的独立信息，未知的模型参数可分为两部分，即超定部分和欠定部分。因此该类问题称为混定问题。

因此，根据长度法的原理，在求解超定问题时，可采用预测误差矢量的 L_2 范数极小为准则求解反问题的最小二乘解。对于纯欠定问题，可采用模型参数矢量的 L_2 范数极小为准则求取反问题的最小长度解。对于混定问题，可采用预测误差和模型参数的线性组合矢量的 L_2 范数极小为准则求取反问题的阻尼最小二乘解。所有这些方法都被称为长度法，但“长度”的定义不同，解的含义也不同。

1.超定问题的最小二乘解

对于超定问题，选用预测误差的长度建立目标函数。此时预测误差矢量 $\boldsymbol{e}=\boldsymbol{d}-\boldsymbol{Gm}$，总误差为：

$$\begin{aligned}E&=\boldsymbol{e}^{\mathrm{T}}\boldsymbol{e}=(\boldsymbol{d}-\boldsymbol{Gm})^{\mathrm{T}}(\boldsymbol{d}-\boldsymbol{Gm})\\&=\sum_{i=1}^{N}\left[d_i-\sum_{j=1}^{M}G_{ij}m_j\right]\left[d_i-\sum_{k=1}^{M}G_{ik}m_k\right]\\&=\sum_{j=1}^{M}\sum_{k=1}^{M}m_jm_k\sum_{i=1}^{N}G_{ij}G_{ik}-2\sum_{j=1}^{M}m_j\sum_{i=1}^{N}G_{ij}d_i+\sum_{i=1}^{N}d_id_i\end{aligned}\tag{2.3-1}$$

并有，

$$\frac{\partial E}{\partial m}=\sum_{k=1}^{M}m_k\sum_{i=1}^{N}G_{iq}G_{ik}-\sum_{i=1}^{N}G_{iq}d_i=0\tag{2.3-2}$$

写成矩阵形式：

$$\boldsymbol{G}^{\mathrm{T}}\boldsymbol{Gm}-\boldsymbol{G}^{\mathrm{T}}\boldsymbol{d}=\boldsymbol{0}\tag{2.3-3}$$

其中，$\boldsymbol{G}^{\mathrm{T}}\boldsymbol{G}$ 是 $M\times M$ 阶方阵，若 $(\boldsymbol{G}^{\mathrm{T}}\boldsymbol{G})^{-1}$ 存在，就可得反问题的最小二乘解为：

$$\boldsymbol{m}^{\mathrm{est}}=(\boldsymbol{G}^{\mathrm{T}}\boldsymbol{G})^{-1}\boldsymbol{G}^{\mathrm{T}}\boldsymbol{d}\tag{2.3-4}$$

当然我们还可以从线性矩阵的角度出发进行推导：

$$
\begin{aligned}
E = \boldsymbol{e}^{\mathrm{T}}\boldsymbol{e} &= (\boldsymbol{d} - \boldsymbol{Gm})^{\mathrm{T}}(\boldsymbol{d} - \boldsymbol{Gm}) \\
&= (\boldsymbol{d}^{\mathrm{T}} - \boldsymbol{m}^{\mathrm{T}}\boldsymbol{G}^{\mathrm{T}})(\boldsymbol{d} - \boldsymbol{Gm}) \\
&= \boldsymbol{d}^{\mathrm{T}}\boldsymbol{d} - \boldsymbol{d}^{\mathrm{T}}\boldsymbol{Gm} - \boldsymbol{m}^{\mathrm{T}}\boldsymbol{G}^{\mathrm{T}}\boldsymbol{d} + \boldsymbol{m}^{\mathrm{T}}\boldsymbol{G}^{\mathrm{T}}\boldsymbol{Gm}
\end{aligned} \tag{2.3-5}
$$

令 $\dfrac{\partial E}{\partial \boldsymbol{m}^{\mathrm{T}}} = \boldsymbol{0}$，

$$
\begin{aligned}
\frac{\partial E}{\partial \boldsymbol{m}^{\mathrm{T}}} &= \frac{\partial}{\partial \boldsymbol{m}^{\mathrm{T}}}(\boldsymbol{d}^{\mathrm{T}}\boldsymbol{d} - \boldsymbol{d}^{\mathrm{T}}\boldsymbol{Gm} - \boldsymbol{m}^{\mathrm{T}}\boldsymbol{G}^{\mathrm{T}}\boldsymbol{d} + \boldsymbol{m}^{\mathrm{T}}\boldsymbol{G}^{\mathrm{T}}\boldsymbol{Gm}) \\
&= -\boldsymbol{G}^{\mathrm{T}}\boldsymbol{d} - \boldsymbol{G}^{\mathrm{T}}\boldsymbol{d} + \boldsymbol{G}^{\mathrm{T}}\boldsymbol{Gm} + \boldsymbol{G}^{\mathrm{T}}\boldsymbol{Gm} \\
&= -2\boldsymbol{G}^{\mathrm{T}}\boldsymbol{d} + 2\boldsymbol{G}^{\mathrm{T}}\boldsymbol{Gm} \\
&= \boldsymbol{0}
\end{aligned} \tag{2.3-6}
$$

即

$$
\boldsymbol{G}^{\mathrm{T}}\boldsymbol{Gm} = \boldsymbol{G}^{\mathrm{T}}\boldsymbol{d} \tag{2.3-7}
$$

同样，可推得反问题的最小二乘解为：

$$
\boldsymbol{m}^{\mathrm{est}} = (\boldsymbol{G}^{\mathrm{T}}\boldsymbol{G})^{-1}\boldsymbol{G}^{\mathrm{T}}\boldsymbol{d} \tag{2.3-8}
$$

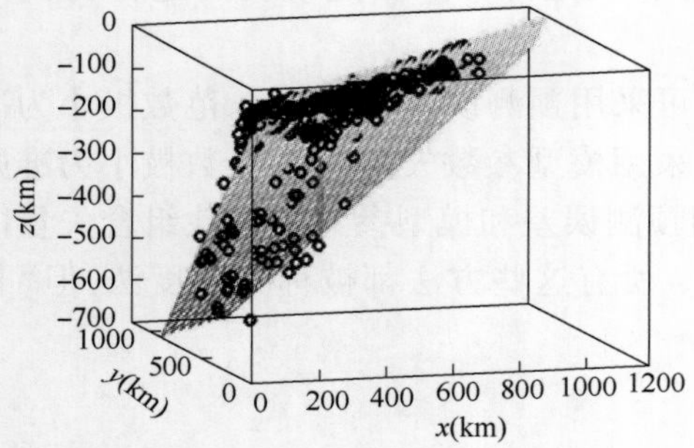

图 2.3-1　西太平洋千岛俯冲带的地震(圆圈)，x 轴为北方向，y 轴为东方向，震源大致分布在一个倾斜平面上(引自 Menk，2012)

我们来看一个利用地震震源位置数据点的平面拟合来检测地质断层面的例子，如图 2.3-1所示。

要拟合一个平面，需要 x 和 y 两个辅助变量，平面的模型为：

$$
d_i = m_1 + m_2 x_i + m_3 y_i \tag{2.3-9}
$$

因此，线性反问题 $\boldsymbol{d} = \boldsymbol{Gm}$ 具有如下形式：

$$
\boldsymbol{d} = \begin{bmatrix} d_1 \\ d_2 \\ \vdots \\ d_N \end{bmatrix} = \begin{bmatrix} 1 & x_1 & y_1 \\ 1 & x_2 & y_2 \\ \vdots & \vdots & \vdots \\ 1 & x_N & y_N \end{bmatrix} \begin{bmatrix} m_1 \\ m_2 \\ m_3 \end{bmatrix} = \boldsymbol{Gm} \tag{2.3-10}
$$

因此，有

$$
\begin{aligned}
\boldsymbol{G}^{\mathrm{T}}\boldsymbol{G} &= \begin{bmatrix} 1 & 1 & \cdots & 1 \\ x_1 & x_2 & \cdots & x_N \\ y_1 & y_2 & \cdots & y_N \end{bmatrix} \begin{bmatrix} 1 & x_1 & y_1 \\ 1 & x_2 & y_2 \\ \vdots & \vdots & \vdots \\ 1 & x_N & y_N \end{bmatrix} \\
&= \begin{bmatrix} N & \sum_{i=1}^{N} x_i & \sum_{i=1}^{N} y_i \\ \sum_{i=1}^{N} x_i & \sum_{i=1}^{N} x_i^2 & \sum_{i=1}^{N} x_i y_i \\ \sum_{i=1}^{N} y_i & \sum_{i=1}^{N} x_i y_i & \sum_{i=1}^{N} y_i^2 \end{bmatrix}
\end{aligned} \tag{2.3-11}
$$

和

$$G^{\mathrm{T}}d = \begin{bmatrix} 1 & 1 & \cdots & 1 \\ x_1 & x_2 & \cdots & x_N \\ y_1 & y_2 & \cdots & y_N \end{bmatrix} \begin{bmatrix} d_1 \\ d_2 \\ \vdots \\ d_N \end{bmatrix} = \begin{bmatrix} \sum_{i=1}^{N} d_i \\ \sum_{i=1}^{N} x_i y_i \\ \sum_{i=1}^{N} y_i d_i \end{bmatrix} \tag{2.3-12}$$

最终,反问题的最小二乘解为:

$$\begin{aligned} m^{\mathrm{est}} &= (G^{\mathrm{T}}G)^{-1} G^{\mathrm{T}}d \\ &= \begin{bmatrix} N & \sum_{i=1}^{N} x_i & \sum_{i=1}^{N} y_i \\ \sum_{i=1}^{N} x_i & \sum_{i=1}^{N} x_i^2 & \sum_{i=1}^{N} x_i y_i \\ \sum_{i=1}^{N} y_i & \sum_{i=1}^{N} x_i y_i & \sum_{i=1}^{N} y_i^2 \end{bmatrix}^{-1} \begin{bmatrix} \sum_{i=1}^{N} d_i \\ \sum_{i=1}^{N} x_i y_i \\ \sum_{i=1}^{N} y_i d_i \end{bmatrix} \end{aligned} \tag{2.3-13}$$

2.纯欠定问题的最小长度解

对于纯欠定问题,方程的信息不足,反问题有无限多个使误差为零的解,为克服不适定性,找出唯一解,必须给问题附加一些模型中未包含的信息,以约束所容许的解,此附加信息称为先验信息(priori information)或称先验条件。它不依赖于实际数据,其种类和附加的形式多种多样,因此所得解也千差万别。为求反问题的唯一解,先验条件的正确性、合理性至关重要。

以解的欧几里得长度 $L = m^{\mathrm{T}}m = \sum_{i=1}^{M} m_i^2$ 作为解的度量,在解长度取极小的条件下得到反问题的最小模型就是我们所期望的一种先验信息。解的长度越小被认为解越简单。因此,解的简单性可作为一种先验信息对解进行约束,称为第一类先验假设(紧约束)。

此时的反问题可以这样提出:求在 $e = d - Gm = 0$ 的约束下使 $L = m^{\mathrm{T}}m = \sum_{i=1}^{M} m_i^2$ 取极小的解估计值 m^{est}。对于这样的条件极值问题,可用拉格朗日乘子法将其转化为无条件极值问题来求解。

建立目标函数:

$$\Phi = L + \sum_{i=1}^{N} \lambda_i e_i = \sum_{i=1}^{M} m_i^2 + \sum_{i=1}^{N} \lambda_i \left(d_i - \sum_{j=1}^{M} G_{ij} m_j \right) \tag{2.3-14}$$

其中,λ_i 是拉格朗日乘子,记为 $\lambda = (\lambda_1, \lambda_2, \cdots, \lambda_N)^{\mathrm{T}}$。则,$\Phi(m)$ 也可写成:

$$\Phi(m) = m^{\mathrm{T}}m + \lambda^{\mathrm{T}}e = m^{\mathrm{T}}m + \lambda^{\mathrm{T}}(d - Gm) \tag{2.3-15}$$

使函数 $\Phi(m)$ 对模型参数取极小,有

$$\frac{\partial \Phi(\boldsymbol{m})}{\partial \boldsymbol{m}^{\mathrm{T}}}=2\boldsymbol{m}-\boldsymbol{G}^{\mathrm{T}}\boldsymbol{\lambda}=\boldsymbol{0} \tag{2.3-16}$$

即

$$\boldsymbol{m}=\boldsymbol{G}^{\mathrm{T}}\frac{\boldsymbol{\lambda}}{2} \tag{2.3-17}$$

将上式代回约束方程 $\boldsymbol{d}=\boldsymbol{Gm}=\boldsymbol{G}(\boldsymbol{G}^{\mathrm{T}}\boldsymbol{\lambda}/2)$ 得：

$$\boldsymbol{\lambda}=2(\boldsymbol{G}\boldsymbol{G}^{\mathrm{T}})^{-1}\boldsymbol{d} \tag{2.3-18}$$

再将式(2.3-18)代入式(2.3-17)，最后得反问题的最小长度解为：

$$\boldsymbol{m}^{\mathrm{est}}=\boldsymbol{G}^{\mathrm{T}}(\boldsymbol{G}\boldsymbol{G}^{\mathrm{T}})^{-1}\boldsymbol{d} \tag{2.3-19}$$

3.混定问题的阻尼最小二乘解

在实践中出现的大多数反问题既不是完全超定的，也不是完全欠定的。如图2.3-2所示，在射线层析成像问题中，同一个单元格可能有多条射线通过，对于该单元格来说明显是超定的。但有些单元格可能完全没有射线经过，这些单元就是纯欠定的。同样，也可能存在某些单元格有多条射线路径长度相同，即平均辨识度相同，但对于单个单元格无法独立分辨。

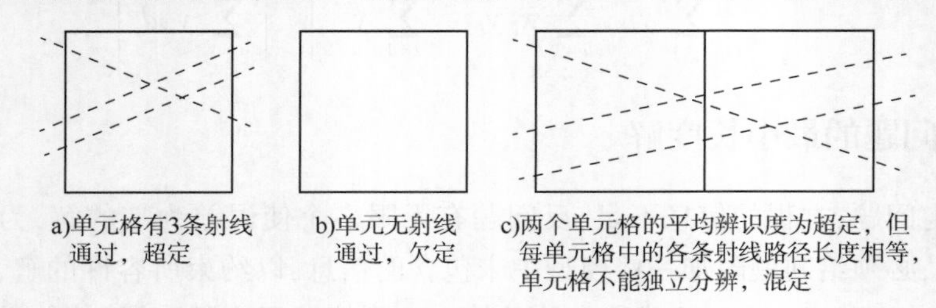

a)单元格有3条射线通过，超定
b)单元无射线通过，欠定
c)两个单元格的平均辨识度为超定，但每单元格中的各条射线路径长度相等，单元格不能独立分辨，混定

图2.3-2　层析成像问题中射线路径示意图

理想情况下，混定问题较好的解法是将未知的模型参数分为超定与欠定两组，分别在最小二乘及最小长度的准则下求解。这种划分方法较为费时，这会在后面有关数据核 $\boldsymbol{G}$ 的奇异值分解中有所体现。

此处，暂不划分 $\boldsymbol{m}$，而是假设目标函数是预测误差和解长度的线性组合，以组合函数的 L_2 范数极小为准则求解。即

$$\Phi(\boldsymbol{m})=E+\varepsilon^2L=\boldsymbol{e}^{\mathrm{T}}\boldsymbol{e}+\varepsilon^2\boldsymbol{m}^{\mathrm{T}}\boldsymbol{m} \tag{2.3-20}$$

其中，ε^2 为加权因子，或称阻尼因子。用 ε^2 来确定预测误差和解长度的相对重要性。则

$$\begin{aligned}\Phi(\boldsymbol{m})&=(\boldsymbol{Gm}-\boldsymbol{d})^{\mathrm{T}}(\boldsymbol{Gm}-\boldsymbol{d})+\varepsilon^2\boldsymbol{m}^{\mathrm{T}}\boldsymbol{m}\\&=\boldsymbol{m}^{\mathrm{T}}\boldsymbol{G}^{\mathrm{T}}\boldsymbol{Gm}-2\boldsymbol{m}^{\mathrm{T}}\boldsymbol{G}^{\mathrm{T}}\boldsymbol{d}+\boldsymbol{d}^{\mathrm{T}}\boldsymbol{d}+\varepsilon^2\boldsymbol{m}^{\mathrm{T}}\boldsymbol{m}\end{aligned} \tag{2.3-21}$$

令

$$\frac{\partial \Phi(\boldsymbol{m})}{\partial \boldsymbol{m}^{\mathrm{T}}}=\boldsymbol{0} \tag{2.3-22}$$

即

$$2\boldsymbol{G}^{\mathrm{T}}\boldsymbol{Gm}-2\boldsymbol{G}^{\mathrm{T}}\boldsymbol{d}+2\varepsilon^2\boldsymbol{m}=\boldsymbol{0} \tag{2.3-23}$$

最后得反问题的阻尼最小二乘解为：

$$\boldsymbol{m}^{\mathrm{est}}=(\boldsymbol{G}^{\mathrm{T}}\boldsymbol{G}+\varepsilon^2\boldsymbol{I})^{-1}\boldsymbol{G}^{\mathrm{T}}\boldsymbol{d} \tag{2.3-24}$$

阻尼因子的大小决定了求解反问题时对超定部分和欠定部分的重视程度。如果 ε 过大,求解中将更注重最小化解的欠定部分,无法兼顾解的超定部分。因此,得到的解无法非常好地逼近真实的模型参数。如果将 ε 设为零,预测误差虽然被最小化了,但不能为挑选欠定的模型参数提供一个先验信息,导致问题可能存在多个解。

当 ε^2 足够大时,$\boldsymbol{m}^{\mathrm{est}}=\dfrac{1}{\varepsilon^2}\boldsymbol{G}^{\mathrm{T}}\boldsymbol{d}$,意味着 $\boldsymbol{G}^{\mathrm{T}}\boldsymbol{G}\to\boldsymbol{0}$,对预测误差 $E=\boldsymbol{e}^{\mathrm{T}}\boldsymbol{e}$ 作 $\dfrac{\partial E}{\partial \boldsymbol{m}^{\mathrm{T}}}=2\boldsymbol{G}^{\mathrm{T}}\boldsymbol{G}\boldsymbol{m}-2\boldsymbol{G}^{\mathrm{T}}\boldsymbol{d}\approx-2\boldsymbol{G}^{\mathrm{T}}\boldsymbol{d}=\nabla E$,即 $\boldsymbol{m}^{\mathrm{est}}=-\dfrac{1}{2\varepsilon^2}\nabla E$,表示解收敛于总误差的梯度方向。调节 ε^2 的大小,本质上是校正解 $\boldsymbol{m}^{\mathrm{est}}$ 的收敛方向。

因此,阻尼因子的选取不能过小,也不能过大,只能在保证预测误差和解向量的长度都能差不多被最小化的情况下,寻找一个折中的 ε。实际中,常采用试错法来确定,如 L 曲线法。如图 2.3-3 所示,对于不同的阻尼因子,构造一个模型参数向量长度与预测误差向量长度的对数-对数图。最佳的阻尼因子对应于曲线上曲率最大的点。

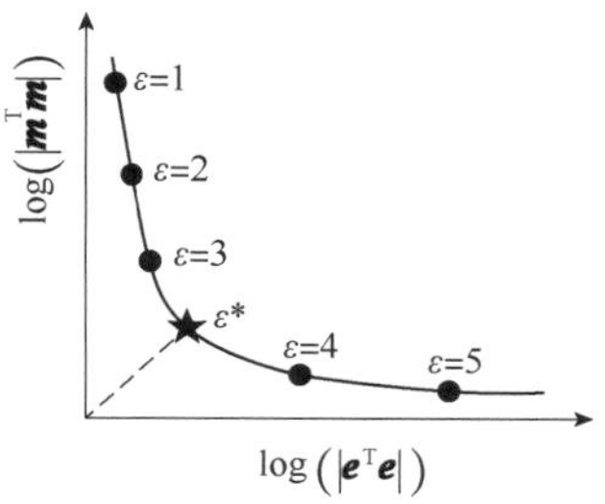

图 2.3-3 L 曲线法确定折衷阻尼因子 ε 示意图

另一方面,按矩阵的正交分解,$\boldsymbol{m}^{\mathrm{est}}=(\boldsymbol{G}^{\mathrm{T}}\boldsymbol{G}+\varepsilon^2\boldsymbol{I})^{-1}\boldsymbol{G}^{\mathrm{T}}\boldsymbol{d}$ 中,$\boldsymbol{G}^{\mathrm{T}}\boldsymbol{G}+\varepsilon^2\boldsymbol{I}$ 可写成:

$$\boldsymbol{G}^{\mathrm{T}}\boldsymbol{G}+\varepsilon^2\boldsymbol{I}=\boldsymbol{R}\boldsymbol{\Lambda}\boldsymbol{R}^{\mathrm{T}}+\varepsilon^2\boldsymbol{I}=\boldsymbol{R}\boldsymbol{\Lambda}'\boldsymbol{R}^{\mathrm{T}} \tag{2.3-25}$$

其中,$\boldsymbol{R}$ 为 $\boldsymbol{G}^{\mathrm{T}}\boldsymbol{G}$ 的特征向量组成的特征向量矩阵,满足 $\boldsymbol{R}^{\mathrm{T}}\boldsymbol{R}=\boldsymbol{R}\boldsymbol{R}^{\mathrm{T}}=\boldsymbol{I}$,相应的特征值矩阵:

$$\boldsymbol{\Lambda}=\begin{bmatrix}\lambda_1 & & & 0\\ & \lambda_2 & & \\ & & \ddots & \\ 0 & & & \lambda_N\end{bmatrix} \tag{2.3-26}$$

其中,λ_i 为 $\boldsymbol{G}^{\mathrm{T}}\boldsymbol{G}$ 的第 i 个特征值,同理有:

$$\boldsymbol{\Lambda}'=\begin{bmatrix}\lambda_1+\varepsilon^2 & & & 0\\ & \lambda_2+\varepsilon^2 & & \\ & & \ddots & \\ 0 & & & \lambda_N+\varepsilon^2\end{bmatrix} \tag{2.3-27}$$

当 λ_i 很小或 $\lambda_i=0$ 时,$\boldsymbol{G}^{\mathrm{T}}\boldsymbol{G}$ 奇异,$\boldsymbol{\Lambda}'$ 的对角线上加了 $\varepsilon^2>0$,大大改善了 $\boldsymbol{G}^{\mathrm{T}}\boldsymbol{G}+\varepsilon^2\boldsymbol{I}$ 的求逆条件。故 ε^2 的作用是阻止了解的欠定性,保证了解的稳定性。阻尼最小二乘法又称为 Levenberg-Marquardt(L-M)法。

§2.4 先验信息的应用与长度的加权度量

毫无疑问,在求解反问题之前,如果我们事先知道一些关于模型参数或观测数据的相关信息,在求解过程中就可利用这些信息对反问题的解进行约束,从而得到与真实值最逼近的近似解。这些事先知道信息称为“先验信息”。本节将介绍一些常用的先验信息以及如何将它们应用到反问题求解中。

1.关于模型参数的先验信息

如前面提到的解的简单性就是一种关于模型参数的先验信息,这种先验信息属于第一类先验假设,也称为“紧约束”。

很多情况下 $L=\boldsymbol{m}^{\mathrm{T}}\boldsymbol{m}$ 并不是衡量解的简单性的一种最好的选择。比如,在反演海水的密度波动时,人们可能不想寻找一个最接近零意义上的最小解,而是寻找最接近某个其他值意义上的最小解,例如海水的平均密度。显然,此时长度 L 可推广为:

$$L=(\boldsymbol{m}-\langle\boldsymbol{m}\rangle)^{\mathrm{T}}(\boldsymbol{m}-\langle\boldsymbol{m}\rangle) \tag{2.4-1}$$

其中,$\langle\boldsymbol{m}\rangle$ 是模型参数的一个先验信息(在本例中,是海水的已知典型值)。

有时候,仅用狭义的长度($L=\boldsymbol{m}^{\mathrm{T}}\boldsymbol{m}$)来衡量解的简单性也不一定合适。例如,当模型参数代表离散化的连续函数(如介质密度)时,人们希望这些参数只随位置缓慢变化。此时,一个比较平坦或者比较光滑的解可能被认为是简单的。这种“平坦性(flatness)”常常可以通过某种广义长度来衡量。例如,一个空间连续函数的平坦度可以用其一阶导数的范数(陡峭度)来量化。对于离散的模型参数,特别是当它们按自然顺序离散化时,可把相邻模型参数之间的差作为一阶导数的近似。

定义矢量 $\boldsymbol{m}$ 的陡峭度(steepness)$\boldsymbol{H}$ 为:

$$\boldsymbol{H}=\frac{1}{\Delta x}\begin{bmatrix} m_2-m_1 \\ m_3-m_2 \\ \vdots \\ m_M-m_{M-1} \end{bmatrix}=\begin{bmatrix} -1 & 1 & & & \\ & -1 & 1 & & \\ & & \ddots & \ddots & \\ & & & -1 & 1 \end{bmatrix}\begin{bmatrix} m_1 \\ m_2 \\ \vdots \\ m_M \end{bmatrix}=\boldsymbol{Dm} \tag{2.4-2}$$

其中,$\boldsymbol{D}$ 称为陡峭度矩阵。

有时也可以用其他矩阵与模型参数向量相乘来表示解的简单性。如解的平滑性(smoothness)可以用表示二阶导数的粗糙度(roughness)矩阵来定量表示。在一阶导数离散化的基础上再作差值,即矢量 $\boldsymbol{m}$ 的粗糙度 $\boldsymbol{J}$(roughness)为:

$$\boldsymbol{J}=\frac{1}{(\Delta x)^2}\begin{bmatrix} (m_3-m_2)-(m_2-m_1) \\ (m_4-m_3)-(m_3-m_2) \\ \vdots \\ \vdots \end{bmatrix}=\frac{1}{(\Delta x)^2}\begin{bmatrix} m_1-2m_2+m_3 \\ m_2-2m_3+m_4 \\ \vdots \\ \vdots \end{bmatrix}$$

$$=\begin{bmatrix} 1 & -2 & 1 & & & \\ & 1 & -2 & 1 & & \\ & & \ddots & \ddots & \ddots & \\ & & & 1 & -2 & 1 \end{bmatrix}\begin{bmatrix} m_1 \\ m_2 \\ \vdots \\ m_M \end{bmatrix}=\boldsymbol{Dm} \tag{2.4-3}$$

这里,$\boldsymbol{D}$ 被称为粗糙度矩阵。

则解的总陡峭度或总粗糙度正好是长度:

$$L = \boldsymbol{H}^{\mathrm{T}}\boldsymbol{H} = (\boldsymbol{Dm})^{\mathrm{T}}(\boldsymbol{Dm}) = \boldsymbol{m}^{\mathrm{T}}(\boldsymbol{D}^{\mathrm{T}}\boldsymbol{D})\boldsymbol{m} = \boldsymbol{m}^{\mathrm{T}}\boldsymbol{W}_{\mathrm{m}}\boldsymbol{m} \tag{2.4-4}$$

矩阵 $\boldsymbol{W}_{\mathrm{m}} = \boldsymbol{D}^{\mathrm{T}}\boldsymbol{D}$ 可看作计算向量 $\boldsymbol{m}$ 长度的加权因子。

因此,解的简单性度量可用如下广义长度来表示:

$$L = (\boldsymbol{m} - \langle \boldsymbol{m} \rangle)^{\mathrm{T}} \boldsymbol{W}_{\mathrm{m}} (\boldsymbol{m} - \langle \boldsymbol{m} \rangle) \tag{2.4-5}$$

通过适当地选择先验模型向量 $\langle \boldsymbol{m} \rangle$ 和加权矩阵 $\boldsymbol{W}_{\mathrm{m}}$,我们就可以对各种类型的简单性进行度量,它们在形式上都表现为对长度的加权。

2.关于观测数据的先验信息

对于观测数据,人们可能会事先知道哪些数据的观测精度比其他数据的观测精度更高。这些关于数据的先验信息在形式上也同样表现为对预测误差矢量长度的加权。人们总希望精度高的观测值对应的预测误差 e_i 比精度低的观测值在总误差 E 中具有更大的权重。其加权形式可定义为:

$$E = \boldsymbol{e}^{\mathrm{T}} \boldsymbol{W}_{\mathrm{e}} \boldsymbol{e} \tag{2.4-6}$$

其中,矩阵 $\boldsymbol{W}_{\mathrm{e}}$定义了每个误差分量对总预测误差的相对贡献。通常我们将权值矩阵选定为对角阵。例如,如果观测数据总数 $N=5$,且第 3 个观测值的精度是其他观测值的 2 倍,对应的权值矩阵可选择为:

$$\boldsymbol{W}_e = \begin{bmatrix} 1 & 0 & 0 & 0 & 0 \\ 0 & 1 & 0 & 0 & 0 \\ 0 & 0 & 2 & 0 & 0 \\ 0 & 0 & 0 & 1 & 0 \\ 0 & 0 & 0 & 0 & 1 \end{bmatrix} \tag{2.4-7}$$

式(2.4-6)也可称为广义预测误差长度或加权预测误差长度。

3.先验信息在反问题求解中的应用

由以上讨论可知,先验信息表现为对预测误差或解长度的某种加权。因此,在求解反问题时可把加权后的长度作为目标函数,求解过程与之前完全相同,只是涉及的代数运算表达式在形式上比较复杂而已。

1) 加权最小二乘解

如果线性反问题 $\boldsymbol{Gm} = \boldsymbol{d}$ 是完全超定的,我们可以通过最小化广义预测误差 $E = \boldsymbol{e}^{\mathrm{T}} \boldsymbol{W}_{\mathrm{e}} \boldsymbol{e}$ 进行求解,求解过程与之前类似。

建立目标函数:

$$E = \boldsymbol{e}^{\mathrm{T}} \boldsymbol{W}_{\mathrm{e}} \boldsymbol{e} = (\boldsymbol{Gm} - \boldsymbol{d})^{\mathrm{T}} \boldsymbol{W}_{\mathrm{e}} (\boldsymbol{Gm} - \boldsymbol{d}) \tag{2.4-8}$$

令

$$\frac{\partial E}{\partial \boldsymbol{m}^{\mathrm{T}}} = 2\boldsymbol{G}^{\mathrm{T}} \boldsymbol{W}_{\mathrm{e}} \boldsymbol{Gm} - 2\boldsymbol{G}^{\mathrm{T}} \boldsymbol{W}_{\mathrm{e}} \boldsymbol{d} = \boldsymbol{0} \tag{2.4-9}$$

推导得

$$\boldsymbol{m}^{\mathrm{est}} = (\boldsymbol{G}^{\mathrm{T}} \boldsymbol{W}_{\mathrm{e}} \boldsymbol{G})^{-1} \boldsymbol{G}^{\mathrm{T}} \boldsymbol{W}_{\mathrm{e}} \boldsymbol{d} \tag{2.4-10}$$

由此得到的解称为加权最小二乘解。

2) 加权最小长度解

如果线性反问题 $\boldsymbol{Gm}=\boldsymbol{d}$ 是完全欠定的，我们可以通过选择由广义长度 $L=(\boldsymbol{m}-\langle\boldsymbol{m}\rangle)^{\mathrm{T}}\boldsymbol{W}_{\mathrm{m}}(\boldsymbol{m}-\langle\boldsymbol{m}\rangle)$ 定义的简单性来估计模型参数。

用拉格朗日乘子法建立目标函数：

$$\begin{aligned}\Phi(\boldsymbol{m})&=L+\boldsymbol{\lambda}^{\mathrm{T}}\boldsymbol{e}=(\boldsymbol{m}-\langle\boldsymbol{m}\rangle)^{\mathrm{T}}\boldsymbol{W}_{\mathrm{m}}(\boldsymbol{m}-\langle\boldsymbol{m}\rangle)+\boldsymbol{\lambda}^{\mathrm{T}}(\boldsymbol{d}-\boldsymbol{Gm})\\&=\boldsymbol{m}^{\mathrm{T}}\boldsymbol{W}_{\mathrm{m}}\boldsymbol{m}-\boldsymbol{m}^{\mathrm{T}}\boldsymbol{W}_{\mathrm{m}}\langle\boldsymbol{m}\rangle-\langle\boldsymbol{m}\rangle\boldsymbol{W}_{\mathrm{m}}\boldsymbol{m}+\langle\boldsymbol{m}\rangle\boldsymbol{W}_{\mathrm{m}}\langle\boldsymbol{m}\rangle+\boldsymbol{\lambda}^{\mathrm{T}}\boldsymbol{d}-\boldsymbol{\lambda}^{\mathrm{T}}\boldsymbol{Gm}\end{aligned} \tag{2.4-11}$$

令 $\dfrac{\partial\Phi}{\partial\boldsymbol{m}^{\mathrm{T}}}=\boldsymbol{0}$，即

$$\frac{\partial\Phi}{\partial\boldsymbol{m}^{\mathrm{T}}}=2\boldsymbol{W}_{\mathrm{m}}\boldsymbol{m}-2\boldsymbol{W}_{\mathrm{m}}\langle\boldsymbol{m}\rangle-\boldsymbol{G}^{\mathrm{T}}\boldsymbol{\lambda}=\boldsymbol{0} \tag{2.4-12}$$

整理得

$$\boldsymbol{m}=\frac{1}{2}\boldsymbol{W}_{\mathrm{m}}^{-1}\boldsymbol{G}^{\mathrm{T}}\boldsymbol{\lambda}+\langle\boldsymbol{m}\rangle \tag{2.4-13}$$

代入约束方程 $\boldsymbol{d}-\boldsymbol{Gm}=0$，得

$$\boldsymbol{\lambda}=2(\boldsymbol{G}\boldsymbol{W}_{\mathrm{m}}^{-1}\boldsymbol{G}^{\mathrm{T}})^{-1}(\boldsymbol{d}-\langle\boldsymbol{m}\rangle) \tag{2.4-14}$$

代入式(2.4-13)得，

$$\boldsymbol{m}^{\mathrm{est}}=\langle\boldsymbol{m}\rangle+\boldsymbol{W}_{\mathrm{m}}^{-1}\boldsymbol{G}^{\mathrm{T}}(\boldsymbol{G}\boldsymbol{W}_{\mathrm{m}}^{-1}\boldsymbol{G}^{\mathrm{T}})^{-1}(\boldsymbol{d}-\langle\boldsymbol{m}\rangle) \tag{2.4-15}$$

由此得到的解称为加权最小长度解。

3) 加权阻尼最小二乘解

如果线性反问题 $\boldsymbol{Gm}=\boldsymbol{d}$ 是略微欠定的，它可通过最小化广义预测误差和广义解长度的线性组合来求解。

建立目标函数：

$$\begin{aligned}\Phi(\boldsymbol{m})&=E+\varepsilon^2L=\boldsymbol{e}^{\mathrm{T}}\boldsymbol{W}_{\mathrm{e}}\boldsymbol{e}+\varepsilon^2(\boldsymbol{m}-\langle\boldsymbol{m}\rangle)^{\mathrm{T}}\boldsymbol{W}_{\mathrm{m}}(\boldsymbol{m}-\langle\boldsymbol{m}\rangle)\\&=[\boldsymbol{G}(\boldsymbol{m}-\langle\boldsymbol{m}\rangle)-(\boldsymbol{d}-\langle\boldsymbol{m}\rangle)]^{\mathrm{T}}\boldsymbol{W}_{\mathrm{e}}[\boldsymbol{G}(\boldsymbol{m}-\langle\boldsymbol{m}\rangle)-(\boldsymbol{d}-\langle\boldsymbol{m}\rangle)]\\&\quad+\varepsilon^2(\boldsymbol{m}-\langle\boldsymbol{m}\rangle)^{\mathrm{T}}\boldsymbol{W}_{\mathrm{m}}(\boldsymbol{m}-\langle\boldsymbol{m}\rangle)\\&=(\boldsymbol{m}-\langle\boldsymbol{m}\rangle)^{\mathrm{T}}\boldsymbol{G}^{\mathrm{T}}\boldsymbol{W}_{\mathrm{e}}\boldsymbol{G}(\boldsymbol{m}-\langle\boldsymbol{m}\rangle)-2(\boldsymbol{m}-\langle\boldsymbol{m}\rangle)^{\mathrm{T}}\boldsymbol{G}^{\mathrm{T}}\boldsymbol{W}_{\mathrm{e}}(\boldsymbol{d}-\langle\boldsymbol{m}\rangle)\\&\quad+(\boldsymbol{d}-\langle\boldsymbol{m}\rangle)^{\mathrm{T}}(\boldsymbol{d}-\langle\boldsymbol{m}\rangle)+\varepsilon^2(\boldsymbol{m}-\langle\boldsymbol{m}\rangle)^{\mathrm{T}}\boldsymbol{W}_{\mathrm{m}}(\boldsymbol{m}-\langle\boldsymbol{m}\rangle)\end{aligned} \tag{2.4-16}$$

令 $\dfrac{\partial\Phi}{\partial(\boldsymbol{m}-\langle\boldsymbol{m}\rangle)^{\mathrm{T}}}=\boldsymbol{0}$，即

$$\frac{\partial\Phi}{\partial(\boldsymbol{m}-\langle\boldsymbol{m}\rangle)^{\mathrm{T}}}=2\boldsymbol{G}^{\mathrm{T}}\boldsymbol{W}_{\mathrm{e}}\boldsymbol{G}(\boldsymbol{m}-\langle\boldsymbol{m}\rangle)-2\boldsymbol{G}^{\mathrm{T}}\boldsymbol{W}_{\mathrm{e}}(\boldsymbol{d}-\langle\boldsymbol{m}\rangle)+2\varepsilon^2\boldsymbol{W}_{\mathrm{m}}(\boldsymbol{m}-\langle\boldsymbol{m}\rangle)=\boldsymbol{0} \tag{2.4-17}$$

整理得

$$(\boldsymbol{G}^{\mathrm{T}}\boldsymbol{W}_{\mathrm{e}}\boldsymbol{G}+\varepsilon^2\boldsymbol{W}_{\mathrm{m}})(\boldsymbol{m}-\langle\boldsymbol{m}\rangle)=\boldsymbol{G}^{\mathrm{T}}\boldsymbol{W}_{\mathrm{e}}(\boldsymbol{d}-\boldsymbol{G}\langle\boldsymbol{m}\rangle)$$

故

$$\boldsymbol{m}^{\mathrm{est}}=\langle\boldsymbol{m}\rangle+(\boldsymbol{G}^{\mathrm{T}}\boldsymbol{W}_{\mathrm{e}}\boldsymbol{G}+\varepsilon^{2}\boldsymbol{W}_{\mathrm{m}})^{-1}\boldsymbol{G}^{\mathrm{T}}\boldsymbol{W}_{\mathrm{e}}(\boldsymbol{d}-\boldsymbol{G}\langle\boldsymbol{m}\rangle) \tag{2.4-18}$$

由此得到的解称为加权阻尼最小二乘解。

由此可见,根据先验信息的不同,在模型构制时,既可对误差加权,也可对模型参数加权,加权后的模型虽都可拟合观测数据,但解的形式却千差万别。加权实际上是一种先验信息的应用,是根据对模型的了解而加的一种限制或约束,可认为是正则化的一种手段。

4.其他类型先验信息的应用

在地球物理反演中还经常遇到一种类型的先验信息,即模型参数的某一函数等于一个常数。这类约束是一类线性限制条件。例如,第 j 个模型参数的值已通过钻井信息获知,即 $m_j=h_1$,也可写成:

$$\boldsymbol{Fm}=[0\ \cdots\ 1\ \cdots\ 0]\begin{bmatrix}m_1\\ \vdots\\ m_j\\ \vdots\\ m_M\end{bmatrix}=h_1=\boldsymbol{h} \tag{2.4-19}$$

利用拉格朗日乘子法,我们可以很容易将这种等式约束包含在反问题的求解中。即在满足 P 个约束方程 $\boldsymbol{Fm}-\boldsymbol{h}=\boldsymbol{0}$ 的条件下,最小化预测误差 $E=\boldsymbol{e}^{\mathrm{T}}\boldsymbol{e}$。建立目标函数:

$$\Phi(\boldsymbol{m})=\boldsymbol{e}^{\mathrm{T}}\boldsymbol{e}+2\boldsymbol{\lambda}^{\mathrm{T}}(\boldsymbol{Fm}-\boldsymbol{h})=(\boldsymbol{Gm}-\boldsymbol{d})^{\mathrm{T}}(\boldsymbol{Gm}-\boldsymbol{d})+2\boldsymbol{\lambda}^{\mathrm{T}}(\boldsymbol{Fm}-\boldsymbol{h}) \tag{2.4-20}$$

令

$$\begin{cases}\dfrac{\partial\Phi}{\partial\boldsymbol{m}^{\mathrm{T}}}=2\boldsymbol{G}^{\mathrm{T}}\boldsymbol{Gm}+2\boldsymbol{F}^{\mathrm{T}}\boldsymbol{\lambda}-2\boldsymbol{G}^{\mathrm{T}}\boldsymbol{d}=\boldsymbol{0}\\ \dfrac{\partial\Phi}{\partial\boldsymbol{\lambda}^{\mathrm{T}}}=2(\boldsymbol{Fm}-\boldsymbol{h})=\boldsymbol{0}\end{cases} \tag{2.4-21}$$

进一步推得,

$$\begin{cases}\boldsymbol{G}^{\mathrm{T}}\boldsymbol{Gm}+\boldsymbol{F}^{\mathrm{T}}\boldsymbol{\lambda}=\boldsymbol{G}^{\mathrm{T}}\boldsymbol{d}\\ \boldsymbol{Fm}=\boldsymbol{h}\end{cases} \tag{2.4-22}$$

写成矩阵形式:

$$\begin{pmatrix}\boldsymbol{G}^{\mathrm{T}}\boldsymbol{G} & \boldsymbol{F}^{\mathrm{T}}\\ \boldsymbol{F} & \boldsymbol{0}\end{pmatrix}\begin{pmatrix}\boldsymbol{m}\\ \boldsymbol{\lambda}\end{pmatrix}=\begin{pmatrix}\boldsymbol{G}^{\mathrm{T}}\boldsymbol{d}\\ \boldsymbol{h}\end{pmatrix} \tag{2.4-23}$$

直接解这 $M+P$ 个线性方程,求得 P 个与约束有关的 $\boldsymbol{\lambda}$ 和 M 个模型参数。最终得

$$\begin{pmatrix}\boldsymbol{m}\\ \boldsymbol{\lambda}\end{pmatrix}=\begin{pmatrix}\boldsymbol{G}^{\mathrm{T}}\boldsymbol{G} & \boldsymbol{F}^{\mathrm{T}}\\ \boldsymbol{F} & \boldsymbol{0}\end{pmatrix}^{-1}\begin{pmatrix}\boldsymbol{G}^{\mathrm{T}}\boldsymbol{d}\\ \boldsymbol{h}\end{pmatrix} \tag{2.4-24}$$

我们以图 2.2-1 所示的直线拟合问题 $d_i=m_1+m_2z_i$ 为例,进一步说明等式约束的应用。设我们已知的先验信息是直线必须通过点(z',d'),即对应的约束方程为:

$$d'=m_1+m_2z' \tag{2.4-25}$$

或写成矩阵形式

$$\boldsymbol{Fm}=[1\ \ z']\begin{bmatrix}m_1\\ m_2\end{bmatrix}=[d']=\boldsymbol{h} \tag{2.4-26}$$

由式(2.4-24)得反问题对应的解为:

$$\begin{bmatrix} m_1^{\text{est}} \\ m_2^{\text{est}} \\ \lambda_1 \end{bmatrix} = \begin{bmatrix} N & \sum\limits_{i=1}^{N} z_i & 1 \\ \sum\limits_{i=1}^{N} z_i & \sum\limits_{i=1}^{N} z_i^2 & z' \\ 1 & z' & 0 \end{bmatrix}^{-1} \begin{bmatrix} \sum\limits_{i=1}^{N} d_i \\ \sum\limits_{i=1}^{N} z_i d_i \\ d' \end{bmatrix} \tag{2.4-27}$$

本章所讨论的反问题的求解方法主要强调数据和模型参数本身。最小二乘方法以最小化预测误差长度为准则估计模型参数。最小长度法以最小化模型参数为准则估计最简单的模型参数。数据和模型参数的概念非常具体和直接,相应的求解方法也非常简单、容易理解。但这种求解方法忽略了能够反映数据和模型参数之间关系的核函数矩阵 $\boldsymbol{G}$ 的性质。因为问题的性质更多地取决于数据和模型参数之间的函数关系,而不是数据或模型参数本身。例如,在不知道数据或模型参数值,甚至不知其取值范围的情况下,就应该能够根据核函数矩阵 $\boldsymbol{G}$ 的性质衡量一个实验设计的好与坏,下一章我们将聚焦这一问题。

习　题

1.线性反演理论中模型参数的一般形式如下:

$$m(\xi) = \sum_{k=1}^{M} E_k \psi_k + m^{(0)}$$

其中,$m^{(0)} = \sum\limits_{k=M+1}^{\infty} \beta_k \varphi_k$;$E_k$ 为系数矩阵 $\boldsymbol{\alpha}$ 对观测数据 $\boldsymbol{d}$ 的线性组合;ψ_k 为一组正交函数基;$\beta_k = E_k$;φ_k 为 Hilbert 空间的任意坐标基。请给出关于线性反演理论重要结论(不少于四条)。

2.对于线性反问题 $\boldsymbol{d}_{M\times 1} = \boldsymbol{G}_{M\times N} \cdot \boldsymbol{m}_{N\times 1}$,$r$ 为 $\boldsymbol{G}$ 的秩,如何根据 r 与 M、N 的关系将线性反问题划分为适定问题、超定问题、欠定问题和混定问题?

3.简述利用长度法原理求解线性反问题 $\boldsymbol{Gm}=\boldsymbol{d}$ 的步骤。

4.试推导L_2范数极小准则下超定问题的最小二乘解、纯欠定问题的最小长度解、混定问题的阻尼最小二乘解。

5.试推导宽约束下模型参数期望不为零情况下欠定问题的“平缓度”解估计值和混定问题的“粗糙度”解估计值。

6.试述阻尼最小二乘解中阻尼系数的作用。

7.以数据预测误差或解长度的L_2范数极小为准则求解反问题的方法可称为“长度法”。假定对于某个超定问题,共在5个观测点上进行数据采集,已知第3个观测点上的数据精度是其他4个观测点上的2倍,显然求解时可采用对数据误差进行加权的形式,即加权误差 $\boldsymbol{A}=\boldsymbol{De}$,试写出加权矩阵 $\boldsymbol{D}$ 的具体形式,并由此推导出反问题对应的加权最小二乘解的具体表达式。

8.先验信息是人们事先知道的关于解的一些附加信息,它对于减少反问题的多解性非常重要。请列举你所知道的一些关于解的先验信息,并说明其在求解中最终的表现形式是什么?

第3章　广义线性反演理论与方法

在前一章中，我们推导了线性反问题 $\boldsymbol{Gm}=\boldsymbol{d}$ 的求解方法，重点考查的是解的两个性质：预测误差和解的简单性。所得的解多数与观测数据之间存在一种线性关系，即$\boldsymbol{m}^{\mathrm{est}}=\boldsymbol{Md}+\boldsymbol{v}$，其中 $\boldsymbol{M}$ 是一个矩阵，$\boldsymbol{v}$ 是一个向量，它们都独立于数据 $\boldsymbol{d}$。该方程表明，模型参数的估计值与作用在数据上的矩阵 $\boldsymbol{M}$（与数据相乘）有很大关系。

例如，当超定问题的解估计值$\boldsymbol{m}^{\mathrm{est}}=(\boldsymbol{G}^{\mathrm{T}}\boldsymbol{G})^{-1}\boldsymbol{G}^{\mathrm{T}}\boldsymbol{d}$ 中的$\boldsymbol{G}^{\mathrm{T}}\boldsymbol{G}$ 或欠定问题解估计值$\boldsymbol{m}^{\mathrm{est}}=\boldsymbol{G}^{\mathrm{T}}(\boldsymbol{G}^{\mathrm{T}}\boldsymbol{G})^{-1}\boldsymbol{d}$ 中的$\boldsymbol{G}\boldsymbol{G}^{\mathrm{T}}$接近奇异，且数值计算存在误差时，逆矩阵不存在，反问题无解。其原因与模型（核函数矩阵 $\boldsymbol{G}$）本身的设计有关，而只注重数据或模型参数的具体数值已无法解决问题。

因此，本章我们重点对算子矩阵 $\boldsymbol{M}$ 进行研究，以便更好地了解反问题的性质。由于矩阵 $\boldsymbol{M}$ 是反向求解线性问题 $\boldsymbol{Gm}=\boldsymbol{d}$，通常称之为广义逆，记为$\boldsymbol{G}^{-}$。广义逆的确切形式取决于具体的问题。超定问题的最小二乘解对应的广义逆为$\boldsymbol{G}^{-}=(\boldsymbol{G}^{\mathrm{T}}\boldsymbol{G})^{-1}\boldsymbol{G}^{\mathrm{T}}$。欠定问题的最小长度解对应的广义逆为$\boldsymbol{G}^{-}=\boldsymbol{G}^{\mathrm{T}}(\boldsymbol{G}\boldsymbol{G}^{\mathrm{T}})^{-1}$。

在某些方面，广义逆类似于普通矩阵的逆。如方阵方程 $\boldsymbol{Ax}=\boldsymbol{y}$ 的解为 $\boldsymbol{x}=\boldsymbol{A}^{-1}\boldsymbol{y}$，而反问题 $\boldsymbol{Gm}=\boldsymbol{d}$ 的解是$\boldsymbol{m}^{\mathrm{est}}=\boldsymbol{G}^{-}\boldsymbol{d}$（可能也会加上一个向量）。但二者的相似是有限的。广义逆不是通常意义上的矩阵的逆。它不是方阵，也不要求$\boldsymbol{G}^{-}\boldsymbol{G}$ 或 $\boldsymbol{G}\,\boldsymbol{G}^{-}$等于单位矩阵。这种利用广义逆求解线性反问题的方法称为广义线性反演方法（Generalized Linear Inversion ，GLI）。

§3.1　广义逆理论

1.广义逆矩阵的概念

设 $\boldsymbol{G}$ 为 $N\times M$ 阶矩阵，如果有 $M\times N$ 阶矩阵 $\boldsymbol{A}$ 满足下列 4 个 Penrose 方程：

$$①\boldsymbol{GAG}=\boldsymbol{G}\quad ②\boldsymbol{AGA}=\boldsymbol{A}\quad ③(\boldsymbol{GA})^{\mathrm{H}}=\boldsymbol{GA}\quad ④(\boldsymbol{AG})^{\mathrm{H}}=\boldsymbol{AG} \tag{3.1-1}$$

的某几个或全部，则称 $\boldsymbol{A}$ 为 $\boldsymbol{G}$ 的广义逆矩阵。若满足①则称为 g 逆，记作$\boldsymbol{G}^{-}$；若满足①②则称 $\boldsymbol{A}$ 为 $\boldsymbol{G}$ 的反射 g 逆，记作$\boldsymbol{G}_r^{-}$；若 $\boldsymbol{A}$ 满足 Penrose 方程中的 $i,j,\cdots,l$ 个方程，则称 $\boldsymbol{A}$ 为 $\boldsymbol{G}$ 的$\{i,j,\cdots,l\}$逆，记为$\boldsymbol{G}^{\{i,j,\cdots,l\}}$，特别地，称$\boldsymbol{G}^{\{1,2,3,4\}}$为 $\boldsymbol{G}$ 的"+"号逆，记为$\boldsymbol{G}^{+}$。

注意，g 逆是不唯一的；而 Moore-Penrose 逆$\boldsymbol{G}^{+}$存在且唯一。证明如下：

（1）证明 g 逆不唯一

设$\boldsymbol{G}^{-}$为 $\boldsymbol{G}$ 的一个 g 逆，令 $\boldsymbol{X}=\boldsymbol{G}^{-}+\boldsymbol{V}(\boldsymbol{I}_{N\times N}-\boldsymbol{G}\boldsymbol{G}^{-})+(\boldsymbol{I}_{M\times M}-\boldsymbol{G}^{-}\boldsymbol{G})\boldsymbol{W}$，其中，$\boldsymbol{V}$、$\boldsymbol{W}$ 为任意 $M\times N$ 阶矩阵

$$\begin{aligned} GXG &= G[G^- + V(I_{N\times N} - GG^-) + (I_{M\times M} - G^-G)W]G \\ &= GG^-G + GV(G - GG^-G) + (G - GG^-G)WG \\ &= G + GV(G - G) + (G - G)WG \\ &= G \end{aligned} \tag{3.1-2}$$

因此,上式满足式(3.1-1)中的第一个方程,说明 X 也是 G 的一个 g 逆,即 g 逆不唯一。

(2)证明 Moore-Penrose 逆G^+存在且唯一

首先证明存在性,设 rank(G)= p,若 p=0,则 G 为 $N\times M$ 的零矩阵,可以验证 $M\times N$ 阶零矩阵满足 4 个方程。若 p>0,则存在 N 阶酉矩阵 U 和 M 阶酉矩阵 V,使得 $G=U\begin{bmatrix}\Sigma & 0\\ 0 & 0\end{bmatrix}V^H$,其中 $\Sigma=\mathrm{diag}(\lambda_1,\lambda_2,\cdots,\lambda_p)$ 是 G 的非零奇异值,令 $X=V\begin{pmatrix}\Sigma^{-1} & 0\\ 0 & 0\end{pmatrix}U^H$,易证 X 满足 4 个 Penrose 方程,故 G 的 Moore-Penrose 逆(G^+)存在。当矩阵元素为实数时,矩阵 U 和 V 变为正交矩阵,共轭转置符号“H”简化为转置符号“T”。

再证明唯一性,设 X、Y 都是 G 的“+”号逆,即它们都满足式(3.1-1)中的 4 个方程,则

$$\begin{aligned} X &= XGX = X(GX)^H = X[(GYG)X]^H = X(GX)^H(GY)^H = X(GX)(GY) \\ &= XGY = XG(YGY) = (XG)^H(YG)^HY = (YGXG)^HY = (YG)^HY = YGY = Y \end{aligned} \tag{3.1-3}$$

说明G^+存在且唯一。

2.广义逆G^-的性质

广义逆G^-具有以下性质:

①G 的 g 逆的转置与 G 的转置的 g 逆是相等的,即$(G^-)^T=(G^T)^-$。

②$G[G^TG]^-G^TG=G$。

③G^-的秩不小于 G 的秩,rank(G^-)≥rank(G)。

④$GG^-G=G$,当且仅当$G^TGG^-G=G^TG$,其中G^-为 G 的 g 逆。

3.广义逆G^-在线性反问题中的应用

在地球物理反演中,所遇到的线性方程组可能是各种类型的,若方程式$G_{N\times M}m_{M\times 1}=d_{N\times 1}$有解,则称其为相容的,否则称之为不相容或矛盾的。广义逆理论把求相容线性方程组的一般解、基本解、最小范数解及求不相容线性方程组的最小二乘解、最小范数最小二乘解的理论全部概括统一起来。

1)相容线性方程组的一般解

若$G_{N\times M}m_{M\times 1}=d_{N\times 1}$是相容的,设它的一个特解为

$$m = G^-d \tag{3.1-4}$$

则它的一般解可表示为

$$m = G^-d + (I - G^-G)C \tag{3.1-5}$$

其中,G^-是矩阵 G 的任一个 g 逆;I 为 M 阶单位向量;C 是与 m 同维的任意向量。

这说明,对于一个相容线性方程组 $Gm=d$,不论系数矩阵 G 是方阵或长方阵,是满秩的还是非满秩的,都有一个统一的求解方法,其通解形式可用系数矩阵的广义逆来表示,如

式(3.1-5)。这是线性方程组理论的重要发展,今后,对于求任意相容线性方程组 $\boldsymbol{Gm}=\boldsymbol{d}$,只要求出 $\boldsymbol{G}$ 的一个 g 逆即方程组的解。

2)相容线性方程组的最小长度解

对于相容线性方程组 $\boldsymbol{Gm}=\boldsymbol{d}$,除系数矩阵 $\boldsymbol{G}$ 为满秩方阵情况有唯一解外,多数情况下属于欠定方程组,存在无穷多个解。由第 2 章知,对于这类反问题,我们希望求其对应的最小长度解,即求用广义逆表示的解 $\boldsymbol{m}^{\text{est}}=\boldsymbol{G}^{-}\boldsymbol{d}+(\boldsymbol{I}-\boldsymbol{G}^{-}\boldsymbol{G})\boldsymbol{C}$ 具有最小范数。

现考查解的长度:

$$\begin{aligned}\|\boldsymbol{m}^{\text{est}}\|_2^2 &= \|\boldsymbol{G}^{-}\boldsymbol{d}+(\boldsymbol{I}-\boldsymbol{G}^{-}\boldsymbol{G})\boldsymbol{C}\|_2^2\\ &=\langle \boldsymbol{G}^{-}\boldsymbol{d}+(\boldsymbol{I}-\boldsymbol{G}^{-}\boldsymbol{G})\boldsymbol{C},\boldsymbol{G}^{-}\boldsymbol{d}+(\boldsymbol{I}-\boldsymbol{G}^{-}\boldsymbol{G})\boldsymbol{C}\rangle\\ &=\langle \boldsymbol{G}^{-}\boldsymbol{d},\boldsymbol{G}^{-}\boldsymbol{d}\rangle+2\langle \boldsymbol{G}^{-}\boldsymbol{d},(\boldsymbol{I}-\boldsymbol{G}^{-}\boldsymbol{G})\boldsymbol{C}\rangle+\langle(\boldsymbol{I}-\boldsymbol{G}^{-}\boldsymbol{G})\boldsymbol{C}(\boldsymbol{I}-\boldsymbol{G}^{-}\boldsymbol{G})\boldsymbol{C}\rangle\end{aligned}\tag{3.1-6}$$

要使上式最小,只有使两个交叉向量的内积为零,即

$$\langle \boldsymbol{G}^{-}\boldsymbol{d},(\boldsymbol{I}-\boldsymbol{G}^{-}\boldsymbol{G})\boldsymbol{C}\rangle=0\tag{3.1-7}$$

设 $\boldsymbol{m}_0$ 为反问题的一个非零解,有

$$\boldsymbol{G}\,\boldsymbol{m}_0=\boldsymbol{d}\tag{3.1-8}$$

代入式(3.1-7)得

$$\begin{aligned}\langle \boldsymbol{G}^{-}\boldsymbol{d},(\boldsymbol{I}-\boldsymbol{G}^{-}\boldsymbol{G})\boldsymbol{C}\rangle &=\langle \boldsymbol{G}^{-}\boldsymbol{G}\,\boldsymbol{m}_0,(\boldsymbol{I}-\boldsymbol{G}^{-}\boldsymbol{G})\boldsymbol{C}\rangle\\ &=(\boldsymbol{G}^{-}\boldsymbol{G}\,\boldsymbol{m}_0)^{\mathrm{T}}(\boldsymbol{I}-\boldsymbol{G}^{-}\boldsymbol{G})\boldsymbol{C}\\ &=\boldsymbol{m}_0^{\mathrm{T}}(\boldsymbol{G}^{-}\boldsymbol{G})^{\mathrm{T}}(\boldsymbol{I}-\boldsymbol{G}^{-}\boldsymbol{G})\boldsymbol{C}\\ &=\langle \boldsymbol{m}_0,(\boldsymbol{G}^{-}\boldsymbol{G})^{\mathrm{T}}(\boldsymbol{I}-\boldsymbol{G}^{-}\boldsymbol{G})\boldsymbol{C}\rangle=0\end{aligned}\tag{3.1-9}$$

如果上式成立,只有使向量 $(\boldsymbol{G}^{-}\boldsymbol{G})^{\mathrm{T}}(\boldsymbol{I}-\boldsymbol{G}^{-}\boldsymbol{G})\boldsymbol{C}=\boldsymbol{0}$,则推出

$$(\boldsymbol{G}^{-}\boldsymbol{G})^{\mathrm{T}}=(\boldsymbol{G}^{-}\boldsymbol{G})^{\mathrm{T}}\boldsymbol{G}^{-}\boldsymbol{G}\tag{3.1-10}$$

上式两边转置得

$$\boldsymbol{G}^{-}\boldsymbol{G}=(\boldsymbol{G}^{-}\boldsymbol{G})^{\mathrm{T}}\boldsymbol{G}^{-}\boldsymbol{G}\tag{3.1-11}$$

由式(3.1-10)和式(3.1-11)得

$$(\boldsymbol{G}^{-}\boldsymbol{G})^{\mathrm{T}}=\boldsymbol{G}^{-}\boldsymbol{G}\tag{3.1-12}$$

因此,要使与 $\boldsymbol{G}^{-}$ 对应的解长度最小,$\boldsymbol{G}^{-}$ 应满足如下条件:

$$\begin{cases}\boldsymbol{G}\,\boldsymbol{G}^{-}\boldsymbol{G}=\boldsymbol{G}\\(\boldsymbol{G}^{-}\boldsymbol{G})^{\mathrm{T}}=\boldsymbol{G}^{-}\boldsymbol{G}\end{cases}\tag{3.1-13}$$

上式正好是式(3.1-1)中的第①式和第④式。满足式(3.1-13)的 $\boldsymbol{G}^{-}$ 能够使 $\boldsymbol{m}=\boldsymbol{G}^{-}\boldsymbol{d}$ 具有最小的范数,称之为最小范数 g 逆,用 $\boldsymbol{G}_{\mathrm{m}}^{-}$ 表示。显然 $\boldsymbol{G}$ 的最小范数 g 逆是用 $(\boldsymbol{G}^{-}\boldsymbol{G})^{\mathrm{T}}=\boldsymbol{G}^{-}\boldsymbol{G}$ 对 g 逆加以限制得到的。一般最小范数 g 逆不唯一,但相容方程组的最小范数解却是唯一的。现证明如下:

(1)证明最小范数 g 逆不唯一

设 $\boldsymbol{G}_{\mathrm{m}}^{-}$ 是 $\boldsymbol{G}$ 的一个最小范数 g 逆,满足式(3.1-13)。

令 $\boldsymbol{G}^{-}=\boldsymbol{G}_{\mathrm{m}}^{-}+\boldsymbol{U}(\boldsymbol{I}-\boldsymbol{G}\,\boldsymbol{G}_{\mathrm{m}}^{-})$,$\boldsymbol{U}$ 为一个适当阶数的矩阵,代入式(3.1-13)有

$$\begin{aligned}\boldsymbol{G}\,\boldsymbol{G}^{-}\boldsymbol{G}&=\boldsymbol{G}[\boldsymbol{G}_{\mathrm{m}}^{-}+\boldsymbol{U}(\boldsymbol{I}-\boldsymbol{G}\,\boldsymbol{G}_{\mathrm{m}}^{-})]\boldsymbol{G}\\ &=\boldsymbol{G}\,\boldsymbol{G}_{\mathrm{m}}^{-}\boldsymbol{G}+\boldsymbol{G}\boldsymbol{U}(\boldsymbol{G}-\boldsymbol{G}\,\boldsymbol{G}_{\mathrm{m}}^{-}\boldsymbol{G})\\ &=\boldsymbol{G}+\boldsymbol{G}\boldsymbol{U}(\boldsymbol{G}-\boldsymbol{G})=\boldsymbol{G}\end{aligned}\tag{3.1-14}$$

$$
\begin{aligned}
(G^{-}G)^{\mathrm{T}} &= \{[G_{m}^{-}+U(I-G G_{m}^{-})]G\}^{\mathrm{T}} \\
&= [G_{m}^{-}G+U(G-G G_{m}^{-}G)]^{\mathrm{T}} \\
&= (G_{m}^{-}G)^{\mathrm{T}} = G_{m}^{-}G \\
&= G_{m}^{-}G+U(G-G G_{m}^{-}G) \\
&= [G_{m}^{-}+U(I-G G_{m}^{-})]G \\
&= G^{-}G
\end{aligned}
\tag{3.1-15}
$$

G^{-}满足式(3.1-13),是 G 的一个最小范数 g 逆。说明最小范数 g 逆不唯一。

(2)证明相容线性方程组的最小范数解唯一

若G_1^{-}、G_2^{-}分别为 G 的最小范数 g 逆,则对应的最小范数解满足:

$$
\begin{aligned}
m &= G^{-}d \\
&= [G_2^{-}+U(I-G G_2^{-})]d \\
&= G_2^{-}d+U(I-G G_2^{-})d
\end{aligned}
\tag{3.1-16}
$$

由于 $m=G_2^{-}d$ 是方程 $Gm=d$ 的解,所以有 $U(I-G G_2^{-})d=U(d-Gm)=\mathbf{0}$,即$G_1^{-}d=G_2^{-}d$,得证。

对于利用长度法所得的最小长度解$m^{\mathrm{est}}=G^{\mathrm{T}}(G G^{\mathrm{T}})^{-1}d$,如果令$G^{-}=G^{\mathrm{T}}(G G^{\mathrm{T}})^{-1}$,显然 G^{-}满足式(3.1-13)。可见,利用广义逆得到的最小范数解与长度法原理得到的解是等效的。

3)矛盾方程组的最小二乘解

不相容或矛盾方程组属于超定或混定方程组,无法找到一个能够满足所有方程的解,只能在最小二乘意义下求能够使预测误差长度取极小的最优近似解。对于矛盾方程组 $Gm=d$,其广义逆概念下对应的解为$m^{\mathrm{est}}=G^{-}d+(I-G^{-}G)C$。我们的任务是寻找能够使预测误差长度取极小的$G^{-}$。

现考查预测误差的长度:

$$
\begin{aligned}
\|Gm-d\|_2^2 &= \|Gm-d+GG^{-}d-GG^{-}d\|_2^2 \\
&= \|(GG^{-}d-d)+(Gm-GG^{-}d)\|_2^2 \\
&= \langle GG^{-}d-d, GG^{-}d-d\rangle+\langle Gm-GG^{-}d, Gm-GG^{-}d\rangle \\
&\quad +2\langle GG^{-}d-d, Gm-GG^{-}d\rangle
\end{aligned}
\tag{3.1-17}
$$

要使上式最小,只有使两个交叉向量的内积为零,即

$$
\begin{aligned}
\langle GG^{-}d-d, Gm-GG^{-}d\rangle &= d^{\mathrm{T}}(G G^{-}-I)^{\mathrm{T}}(Gm-GG^{-}d) \\
&= \langle d,(G G^{-}-I)^{\mathrm{T}}G(m-G^{-}d)\rangle = 0
\end{aligned}
\tag{3.1-18}
$$

其中,d 为数据向量,不恒为零。对于矛盾方程组,$(m-G^{-}d)$一般也不为零。

要使上式成立,只有使向量$(G G^{-}-I)^{\mathrm{T}}G=\mathbf{0}$,则推出

$$
(G G^{-})^{\mathrm{T}}G = G \tag{3.1-19}
$$

上式两端同时右乘G^{-}得

$$
(G G^{-})^{\mathrm{T}}G G^{-} = G G^{-} \tag{3.1-20}
$$

两端同时转置得

$$
(G G^{-})^{\mathrm{T}}G G^{-} = (G G^{-})^{\mathrm{T}} \tag{3.1-21}
$$

由式(3.1-20)和式(3.1-21)得

$$(GG^-)^T = GG^- \tag{3.1-22}$$

因此,要使与G^-对应的解的预测误差取极小,G^-应满足如下条件:

$$\begin{cases} GG^-G = G \\ (GG^-)^T = GG^- \end{cases} \tag{3.1-23}$$

上式正好是式(3.1-1)中的第①式和第③式。满足式(3.1-23)的G^-能够使预测误差具有最小的范数,称之为最小二乘 g 逆,记为G_1^-。可以看出,G 的最小二乘 g 逆是用等式$(GG^-)^T = GG^-$对 g 逆加以限制得到的。同样,最小二乘 g 逆是不唯一的,其证明过程可参照最小范数 g 逆的证明过程自行验证。矛盾方程组的最小二乘解可以不唯一,但最小二乘解导致的预测误差是最小且唯一的。现证明如下:

设G_1^-d 是矛盾方程组的一个最小二乘解,则这个方程组的通解可写为:

$$m = G_1^-d + (I - G_1^-G)C \tag{3.1-24}$$

其中,C 为与 m 同维的任意向量。由于 C 的任意性,所以最小二乘解不唯一。但上式的预测误差却是最小的。原因如下:

由于G_2^-d 是最小二乘解,所以其对应的预测误差长度$\|GG_2^-d-d\|_2^2$最小。而式(3.1-24)对应的预测误差长度为:

$$\begin{aligned} \|Gm - d\|_2^2 &= \|G[G_1^-d + (I - G_1^-G)C] - d\|_2^2 \\ &= \|GG_1^-d + GC - GG_1^-GC - d\|_2^2 \\ &= \|GG_1^-d + GC - GC - d\|_2^2 \\ &= \|GG_1^-d - d\|_2^2 \end{aligned} \tag{3.1-25}$$

因此式(3.1-24)也是方程组的最小二乘解,这些最小二乘解对应的预测误差等于同一个最小值。

对于利用长度法原理所得的最小二乘解$m^{est} = (G^TG)^{-1}G^Td$,如果令$G^- = (G^TG)^{-1}G^T$,显然$G^-$满足式(3.1-23)。可见,利用广义逆得到的最小二乘解与长度法原理得到的解是等效的。

4)线性方程组的最小二乘最小范数解

通过上面的证明可知,对于相容线性方程组,可以通过寻找系数矩阵 G 的最小范数 g 逆得到欠定问题的最小范数解。对于矛盾线性方程组,则可通过寻找系数矩阵 G 的最小二乘 g 逆得到超定问题的最小二乘解。得到的解在广义逆概念下,具有统一形式的表达式,即$m^{est} = G^-d + (I - G^-G)C$。

对于混定问题,我们期望找到一个 g 逆,既是最小范数 g 逆也是最小二乘 g 逆,就可以将混定问题的超定部分和欠定部分统一解决。幸运的是,根据"+"号逆的定义,G^+满足全部 4 个 Penrose 方程。也就是说,G^+既是最小范数 g 逆也是最小二乘 g 逆。因此,G^+又称为 G 的最小二乘最小范数 g 逆。

一般地,对于线性反问题 $Gm = d$,无论方程组属于哪种类型,如果我们能够找到其系数矩阵 G 的"+"号逆G^+,就可得到问题对应的最小二乘最小范数解。由于G^+存在且唯一,所得的解 $m = G^+d$ 也是唯一的。因此,广义逆理论把求线性方程组的一般解、最小范数解、最小二乘解、最小范数最小二乘解的理论全部概括统一起来。避免了长度法原理中涉及的建立目标函数、求残差平方和以及求条件极值等一套烦琐步骤。

在理解了广义逆求解线性反问题的理论之后，接下来的任务是如何求取系数矩阵 $\boldsymbol{G}$ 的“+”号逆$\boldsymbol{G}^{+}$。

§3.2　正交分解法计算广义逆$\boldsymbol{G}^{+}$

地球物理反演问题的求解核心是如何计算核矩阵 $\boldsymbol{G}$ 的逆。遗憾的是，绝大多数情况下，核矩阵 $\boldsymbol{G}$ 的形式非常复杂，除了规则的正定矩阵以外，更多的是超定矩阵、欠定矩阵以及混定矩阵，无法直接计算核矩阵 $\boldsymbol{G}$ 的逆，只能通过广义逆理论求解广义逆$\boldsymbol{G}^{+}$。

在上一节矩阵 $\boldsymbol{G}$ 的“+”号逆$\boldsymbol{G}^{+}$的存在性和唯一性证明中，实际上利用了矩阵的奇异值分解，将原矩阵分解为 $\boldsymbol{G}=\boldsymbol{U}\begin{bmatrix}\boldsymbol{\Sigma} & \boldsymbol{0}\\ \boldsymbol{0} & \boldsymbol{0}\end{bmatrix}\boldsymbol{V}^{\mathrm{T}}$的形式，得到了对应的“+”号逆$\boldsymbol{G}^{+}=\boldsymbol{V}\begin{bmatrix}\boldsymbol{\Sigma}^{-1} & \boldsymbol{0}\\ \boldsymbol{0} & \boldsymbol{0}\end{bmatrix}\boldsymbol{U}^{\mathrm{T}}$。可见矩阵的奇异值分解是计算广义逆$\boldsymbol{G}^{+}$的有效方法。矩阵的奇异值分解实际上是矩阵的一种正交变换，也称为正交分解。正交分解的基本思想是将矩阵$\boldsymbol{G}_{N\times M}$分解为几个简单或特殊矩阵相乘的形式，以便$\boldsymbol{G}^{+}$能够被简单地求解，这是一类快速计算广义逆$\boldsymbol{G}^{+}$的方法。

1.正交分解定理与广义逆

设 $\boldsymbol{G}$ 为任意 $N\times M$ 阶矩阵，其秩 $p=\mathrm{rank}(\boldsymbol{G})$，则总可以把 $\boldsymbol{G}$ 表示成

$$\boldsymbol{G}=\boldsymbol{HRK}^{\mathrm{T}} \tag{3.2-1}$$

其中，$\boldsymbol{H}$ 为 $N\times N$ 阶正交矩阵；$\boldsymbol{K}$ 为 $M\times M$ 正交矩阵；$\boldsymbol{R}$ 为 $M\times N$ 矩阵，其形式为

$$\boldsymbol{R}=\begin{bmatrix}\boldsymbol{R}_{11} & \boldsymbol{0}\\ \boldsymbol{0} & \boldsymbol{0}\end{bmatrix}_{N\times M} \tag{3.2-2}$$

矩阵 $\boldsymbol{R}$ 的左上角 $\boldsymbol{R}_{11}$ 为 p 阶非奇异上三角矩阵。

根据正交矩阵的逆与其转置相等的性质，则式(3.2-1)对应的广义逆为：

$$\boldsymbol{G}^{+}=\boldsymbol{KR}^{+}\boldsymbol{H}^{\mathrm{T}} \tag{3.2-3}$$

其中

$$\boldsymbol{R}^{+}=\begin{bmatrix}\boldsymbol{R}_{11}^{-1} & \boldsymbol{0}\\ \boldsymbol{0} & \boldsymbol{0}\end{bmatrix}_{M\times N} \tag{3.2-4}$$

$\boldsymbol{R}_{11}^{-1}$为 p 阶上三角形矩阵$\boldsymbol{R}_{11}$的逆阵。

2.QR 正交三角分解法

QR 分解的基本思想是将任何一个 $N\times M$ 实矩阵通过有限个正交矩阵之积 $\boldsymbol{Q}$ 的作用，把它化为一个简单上三角矩阵 $\boldsymbol{R}$。由于 QR 分解法具有较好的稳定性，在求解线性最小二乘问题时特别适用。QR 分解不仅是求解线性最小二乘问题的强有力的工具，也是更复杂算法(如下一节奇异值分解算法)的基础。

1) QR 正交分解定理

设 $\boldsymbol{G}$ 是一个 $N\times M$ 矩阵。存在一个 $N\times N$ 正交矩阵 $\boldsymbol{Q}$,使 $\boldsymbol{QG}=\boldsymbol{R}$ 成为一个主对角线以下元素均为零的三角矩阵。

2) Householder 变换

Householder 变换是一种可以将矩阵三角化的正交变换。在实现 Householder 变换的过程中最为关键的一步是如何构造一个正交矩阵 $\boldsymbol{Q}$(满足$\boldsymbol{Q}^{\mathrm{T}}=\boldsymbol{Q}^{-1}$),如第 1 章所述正交变换不改变向量或矩阵的长度。满足如下形式的矩阵就是一个正交矩阵,也被称为 Householder 矩阵:

$$\boldsymbol{Q}=\boldsymbol{I}-\frac{2\boldsymbol{u}\,\boldsymbol{u}^{\mathrm{T}}}{\boldsymbol{u}^{\mathrm{T}}\boldsymbol{u}} \tag{3.2-5}$$

其中,$\boldsymbol{u}$ 为任意非零向量。显然,$\boldsymbol{Q}^{\mathrm{T}}=\boldsymbol{Q}$。则

$$\boldsymbol{Q}^{\mathrm{T}}\boldsymbol{Q}=\left[\boldsymbol{I}-\frac{2\boldsymbol{u}\,\boldsymbol{u}^{\mathrm{T}}}{\boldsymbol{u}^{\mathrm{T}}\boldsymbol{u}}\right]^2=\boldsymbol{I}_N-\frac{4\boldsymbol{u}\,\boldsymbol{u}^{\mathrm{T}}}{\boldsymbol{u}^{\mathrm{T}}\boldsymbol{u}}+\frac{4\boldsymbol{u}\,\boldsymbol{u}^{\mathrm{T}}}{\boldsymbol{u}^{\mathrm{T}}\boldsymbol{u}}=\boldsymbol{I} \tag{3.2-6}$$

因此 $\boldsymbol{Q}$ 是一个正交矩阵。现在的问题是如何选择 $\boldsymbol{u}$ 来构造正交矩阵 $\boldsymbol{Q}$,使其能够将给定矩阵 $\boldsymbol{G}$ 三角化。

设给定一个 N 维非零向量 $\boldsymbol{v}$,存在一个正交矩阵 $\boldsymbol{Q}$ 使

$$\boldsymbol{Qv}=-\mathrm{Sign}(v_1)\,\|\boldsymbol{v}\|\boldsymbol{e}_1 \tag{3.2-7}$$

其中,$\boldsymbol{e}_1$为单位向量基

$$\boldsymbol{e}_1=[1,0,0,\cdots,0]^{\mathrm{T}} \tag{3.2-8}$$

而 $\mathrm{Sign}(v_1)$表示取向量 $\boldsymbol{v}$ 第一个分量的符号,即

$$\mathrm{Sign}(v_1)=\begin{cases}+1 & 当v_1\geqslant 0\\ -1 & 当v_1\leqslant 0\end{cases} \tag{3.2-9}$$

如果定义向量 $\boldsymbol{u}$ 为

$$\boldsymbol{u}=\boldsymbol{v}+\mathrm{Sign}(v_1)\,\|\boldsymbol{v}\|\boldsymbol{e}_1 \tag{3.2-10}$$

将上式代入式(3.2-5)得到的正交矩阵 $\boldsymbol{Q}$ 即可满足式(3.2-7)。现举例证明这一结论。

例 1:对列向量 $\boldsymbol{v}=[1\quad 3\quad 4\quad 3\quad 1]^{\mathrm{T}}$进行 Householder 变换。

解:①构造向量 $\boldsymbol{u}$:

$$\begin{aligned}\boldsymbol{u}&=\boldsymbol{v}+\mathrm{Sign}(v_1)\,\|\boldsymbol{v}\|\boldsymbol{e}_1\\&=[1\quad 3\quad 4\quad 3\quad 1]^{\mathrm{T}}+1\cdot 6\cdot[1\quad 0\quad 0\quad 0\quad 0]^{\mathrm{T}}\\&=[7\quad 3\quad 4\quad 3\quad 1]^{\mathrm{T}}\end{aligned}$$

②计算 $\boldsymbol{u}\,\boldsymbol{u}^{\mathrm{T}}$和$\boldsymbol{u}^{\mathrm{T}}\boldsymbol{u}$:

$$\boldsymbol{u}\,\boldsymbol{u}^{\mathrm{T}}=\begin{bmatrix}7\\3\\4\\3\\1\end{bmatrix}[7\quad 3\quad 4\quad 3\quad 1]=\begin{bmatrix}49&21&28&21&7\\21&9&12&9&3\\28&12&16&12&4\\21&9&12&9&3\\7&3&4&3&1\end{bmatrix}$$

$$\boldsymbol{u}^{\mathrm{T}}\boldsymbol{u}=[7\quad 3\quad 4\quad 3\quad 1]\begin{bmatrix}7\\3\\4\\3\\1\end{bmatrix}=84$$

③计算正交矩阵 $\boldsymbol{Q}$：

$$\boldsymbol{Q}=\boldsymbol{I}_N-\frac{2\boldsymbol{u}\,\boldsymbol{u}^{\mathrm{T}}}{\boldsymbol{u}^{\mathrm{T}}\boldsymbol{u}}=\begin{bmatrix}1&0&0&0&0\\0&1&0&0&0\\0&0&1&0&0\\0&0&0&1&0\\0&0&0&0&1\end{bmatrix}-\frac{2}{84}\begin{bmatrix}49&21&28&21&7\\21&9&12&9&3\\28&12&16&12&4\\21&9&12&9&3\\7&3&4&3&1\end{bmatrix}$$

$$=\frac{1}{42}\begin{bmatrix}-7&-21&-28&-21&-7\\-21&33&-12&-9&-3\\-28&-12&26&-12&-4\\-21&-9&-12&33&-3\\-7&-3&-4&-3&41\end{bmatrix}$$

④计算 $\boldsymbol{Qv}$：

$$\boldsymbol{Qv}=\frac{1}{42}\begin{bmatrix}-7&-21&-28&-21&-7\\-21&33&-12&-9&-3\\-28&-12&26&-12&-4\\-21&-9&-12&33&-3\\-7&-3&-4&-3&41\end{bmatrix}\begin{bmatrix}1\\3\\4\\3\\1\end{bmatrix}=\begin{bmatrix}-6\\0\\0\\0\\0\end{bmatrix}$$

⑤根据式(3.2-7)计算 $\boldsymbol{Qv}$：

$$\boldsymbol{Qv}=-\mathrm{Sign}(v_1)\|\boldsymbol{v}\|\boldsymbol{e}_1=-1\cdot 6\cdot[1\quad 0\quad 0\quad 0\quad 0]^{\mathrm{T}}=[-6\quad 0\quad 0\quad 0\quad 0]^{\mathrm{T}}$$

上述计算结果表明，对于任意空间向量 $\boldsymbol{v}$，只要按照式(3.2-10)选择向量 $\boldsymbol{u}$，构成 Householder 矩阵 $\boldsymbol{Q}$，作用到向量 $\boldsymbol{v}$ 上，可将其映射到单位向量基 $\boldsymbol{e}_1$ 上。换言之，可将 $\boldsymbol{v}$ 变成为第一个元素等于 $\mathrm{Sign}(v_1)\|\boldsymbol{v}\|$，其余元素为零的向量。

$\boldsymbol{Qv}=-\mathrm{Sign}(v_1)\|\boldsymbol{v}\|\boldsymbol{e}_1$，说明向量 $\boldsymbol{v}$ 与 Householder 矩阵作用后得到了一个新的向量 $-\mathrm{Sign}(v_1)\|\boldsymbol{v}\|\boldsymbol{e}_1$，新向量的模与原向量 $\boldsymbol{v}$ 的模相同。在几何上，相当于新向量是把 $\boldsymbol{v}$ 逆时针旋转了一定角度（图 3.2-1），使旋转后的向量 $\boldsymbol{Qv}$ 与坐标轴重合，即它在其他坐标轴上的投影为零。因此矩阵 $\boldsymbol{Q}$ 也称为旋转矩阵。如图 3.2-1 所示，从另一个角度看，矩阵 $\boldsymbol{Q}$ 对向量 $\boldsymbol{v}$ 的作用 $\boldsymbol{Qv}$，相当于将向量 $\boldsymbol{v}$ 以镜像面 mn（mn 垂直于向量 $\boldsymbol{v}$）映射为 $-\mathrm{Sign}(v_1)\|\boldsymbol{v}\|\boldsymbol{e}_1$。而向量 $\boldsymbol{u}$ 则为向量 $\boldsymbol{v}$ 与向量 $-\mathrm{Sign}(v_1)\|\boldsymbol{v}\|\boldsymbol{e}_1$ 的和矢量。因此，Householder 变换具有镜像变换特性。

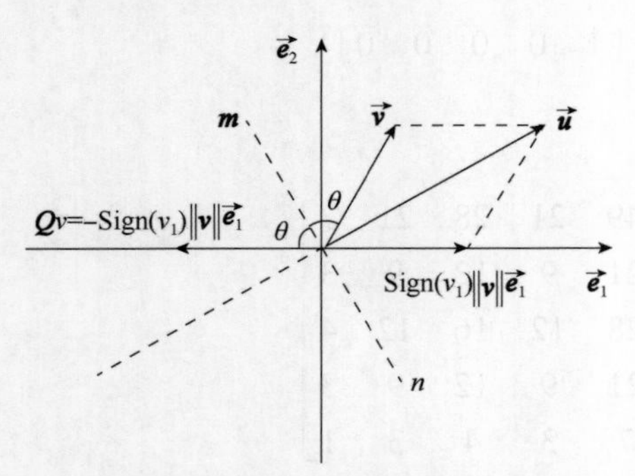

图 3.2-1 Householder 变换示意图

3）构造 Q 矩阵的迭代算法

将矩阵 $\boldsymbol{G}$ 三角化需要一系列正交变换，每一个变换都将矩阵一列主对角线以下的元素（左乘）或矩阵一行主对角线右侧的元素（右乘）转换为零。通过下式可将把矩阵的第 i 列主对角线以下转化为零：

$$\boldsymbol{Q}=\boldsymbol{Q}^{(i)}\boldsymbol{Q}^{(i-1)}\boldsymbol{Q}^{(i-2)}\cdots\boldsymbol{Q}^{(1)} \tag{3.2-11}$$

对于超定问题$\boldsymbol{G}_{N\times M}\boldsymbol{m}_{M\times 1}=\boldsymbol{d}_{N\times 1}$，进行 M 次这样的正交变换就可得到一个上三角阵。以 $N=4$，$M=3$ 为例：

$$\begin{matrix}\boldsymbol{G} & \rightarrow & \boldsymbol{Q}^{(1)}\boldsymbol{G} & \rightarrow & \boldsymbol{Q}^{(2)}\boldsymbol{Q}^{(1)}\boldsymbol{G} & \rightarrow & \boldsymbol{Q}^{(3)}\boldsymbol{Q}^{(2)}\boldsymbol{Q}^{(1)}\boldsymbol{G} \\ \begin{bmatrix}x&x&x\\x&x&x\\x&x&x\\x&x&x\end{bmatrix} & \rightarrow & \begin{bmatrix}x&x&x\\0&x&x\\0&x&x\\0&x&x\end{bmatrix} & \rightarrow & \begin{bmatrix}x&x&x\\0&x&x\\0&0&x\\0&0&x\end{bmatrix} & \rightarrow & \begin{bmatrix}x&x&x\\0&x&x\\0&0&x\\0&0&0\end{bmatrix}\end{matrix} \tag{3.2-12}$$

其中，x 表示矩阵的非零元素。

考虑 $\boldsymbol{G}$ 的第 i 列，用向量 $\boldsymbol{g}=[G_{1i},G_{2i},\cdots,G_{Ni}]^{\mathrm{T}}$表示。我们需要构造一个正交变换使：

$$\boldsymbol{g}'=\boldsymbol{Q}^{(i)}\boldsymbol{g}=[G'_{1i},G'_{2i},\cdots,G'_{ii},0,0,\cdots,0]^{\mathrm{T}} \tag{3.2-13}$$

由式（3.2-10）知，构造 Householder 矩阵$\boldsymbol{Q}^{(i)}$所需的向量 $\boldsymbol{u}$ 可按下式定义：

$$\boldsymbol{u}=[0,0,\cdots,0,G_{ii}+\mathrm{Sign}(G_{1i})\,\alpha_i,G_{i+1,i},G_{i+2,i},\cdots,G_{Ni}]^{\mathrm{T}} \tag{3.2-14}$$

其中，

$$\alpha_i=\left(\sum_{j=i}^{N}G_{ji}^2\right)^{\frac{1}{2}} \tag{3.2-15}$$

需要注意的是，只要按照式（3.2-14）选择向量 $\boldsymbol{u}$，则第 $i+1$ 次 Householder 变换不会破坏第 i 次变换产生的任何零。因此，可以运用一系列这些变换来三角化任意矩阵。

4）结论

用正交矩阵 $\boldsymbol{Q}$ 对任意 $N\times M$ 矩阵 $\boldsymbol{G}$ 进行变换，可得到主对角线以下元素为零的三角阵 $\boldsymbol{R}$，即

$$\boldsymbol{QG}=\boldsymbol{R} \tag{3.2-16}$$

这就是线性代数中将任意矩阵$\boldsymbol{G}_{N\times M}$进行分解的 $\boldsymbol{QR}$ 分解法。

例 2：已知矩阵 $\boldsymbol{A}=\begin{bmatrix}0&3&1\\0&4&-2\\2&1&2\end{bmatrix}$，利用 Householder 变换求 $\boldsymbol{A}$ 的 QR 分解。

解：①取矩阵 $\boldsymbol{A}$ 的第 1 列，记为向量 $\boldsymbol{v}$：

$$\boldsymbol{v}=[0\quad 0\quad 2]^{\mathrm{T}}$$

②按照 Householder 变换，计算向量 $\boldsymbol{v}$ 的正交矩阵 $\boldsymbol{Q}_1$：

$$\boldsymbol{u}_1=\boldsymbol{v}+\mathrm{Sign}(v_1)\|\boldsymbol{v}\|\boldsymbol{e}_1=[2\quad 0\quad 2]^{\mathrm{T}}$$

$$\boldsymbol{Q}_1=\boldsymbol{I}_N-\frac{2\boldsymbol{u}_1\boldsymbol{u}_1^{\mathrm{T}}}{\boldsymbol{u}_1^{\mathrm{T}}\boldsymbol{u}_1}=\begin{bmatrix}1&0&0\\0&1&0\\0&0&1\end{bmatrix}-\begin{bmatrix}1&0&1\\0&0&0\\1&0&1\end{bmatrix}=\begin{bmatrix}0&0&-1\\0&1&0\\-1&0&0\end{bmatrix}$$

$$\boldsymbol{Q}_1\boldsymbol{A}=\begin{bmatrix}0&0&-1\\0&1&0\\-1&0&0\end{bmatrix}\begin{bmatrix}0&3&1\\0&4&-2\\2&1&2\end{bmatrix}=\begin{bmatrix}-2&-1&-2\\0&4&-2\\0&-3&-1\end{bmatrix}$$

③取 0 以及矩阵$\boldsymbol{Q}_1\boldsymbol{A}$ 的第二列中第二行以下的元素构成的向量，记为$\boldsymbol{\beta}=[0\quad 4\quad -3]^{\mathrm{T}}$，$\boldsymbol{u}_2=\boldsymbol{\beta}+\mathrm{Sign}(\beta_2)\|\boldsymbol{\beta}\|\boldsymbol{e}_1=[0\quad 9\quad -3]^{\mathrm{T}}$，由 Householder 变换，计算 β 的正交矩阵$\boldsymbol{Q}_2$：

$$\boldsymbol{Q}_2=\begin{bmatrix}1&0&0\\0&-\frac{4}{5}&\frac{3}{5}\\0&\frac{3}{5}&\frac{4}{5}\end{bmatrix}$$

④计算矩阵 $\boldsymbol{A}$ 的 QR 分解形式：

$$\boldsymbol{Q}=\boldsymbol{Q}_2\boldsymbol{Q}_1=\begin{bmatrix}1&0&0\\0&-\frac{4}{5}&\frac{3}{5}\\0&\frac{3}{5}&\frac{4}{5}\end{bmatrix}\begin{bmatrix}0&0&-1\\0&1&0\\-1&0&0\end{bmatrix}\begin{bmatrix}0&0&-1\\-\frac{3}{5}&-\frac{4}{5}&0\\-\frac{4}{5}&\frac{3}{5}&0\end{bmatrix}$$

$$\boldsymbol{R}=\boldsymbol{Q}_2\boldsymbol{Q}_1\boldsymbol{A}=\begin{bmatrix}1&0&0\\0&-\frac{4}{5}&\frac{3}{5}\\0&\frac{3}{5}&\frac{4}{5}\end{bmatrix}\begin{bmatrix}-2&-1&-2\\0&4&-2\\2&-3&-1\end{bmatrix}=\begin{bmatrix}-2&-1&-2\\0&-5&1\\0&0&-2\end{bmatrix}$$

⑤验证矩阵 $\boldsymbol{A}$ 的 QR 分解：

$$\boldsymbol{A}=\boldsymbol{Q}^{\mathrm{T}}\boldsymbol{R}=\begin{bmatrix}0&-\frac{3}{5}&-\frac{4}{5}\\0&-\frac{4}{5}&\frac{3}{5}\\-1&0&0\end{bmatrix}\begin{bmatrix}-2&-1&-2\\0&-5&1\\0&0&-2\end{bmatrix}=\begin{bmatrix}0&3&1\\0&4&-2\\2&1&2\end{bmatrix}$$

计算结果与原矩阵 $\boldsymbol{A}$ 完全相同，证明了 QR 分解的正确性。将正交矩阵 $\boldsymbol{Q}$ 作用到任意矩阵 $\boldsymbol{A}$ 上，其结果为对角线以下为零的上三角矩阵 $\boldsymbol{R}$。

3.两种矩阵的正交正分解

1)列满秩矩阵的正交分解

设$\boldsymbol{G}_{N\times M}$为列满秩矩阵，rank$(\boldsymbol{G})=M\leqslant N$(超定问题)，据式(3.2-16)，

$$\boldsymbol{G}=\boldsymbol{Q}^{\mathrm{T}}\boldsymbol{R}=\boldsymbol{Q}^{\mathrm{T}}\boldsymbol{R}\,\boldsymbol{I}_M \tag{3.2-17}$$

其中，$\boldsymbol{Q}$ 为 $N\times N$ 阶正交矩阵；$\boldsymbol{R}$ 为 $N\times M$ 阶上三角阵；$\boldsymbol{I}_M$为 $M\times M$ 阶单位阵。根据正交分解定理，上式中的$\boldsymbol{Q}^{\mathrm{T}}$、$\boldsymbol{R}$、$\boldsymbol{I}_M$分别对应于式(3.2-1)中的$\boldsymbol{H}$、$\boldsymbol{R}$、$\boldsymbol{K}^{\mathrm{T}}$矩阵。

2)行满秩矩阵的正交分解

设$\boldsymbol{G}_{N\times M}$为行满秩矩阵，rank$(\boldsymbol{G})=N\leqslant M$(欠定问题)，据式(3.2-16)，可将 $\boldsymbol{G}$ 转置后进行

分解(记$\widetilde{\boldsymbol{G}}=\boldsymbol{G}^{\mathrm{T}}$,$\widetilde{\boldsymbol{G}}$变为列满秩矩阵,仿上述第一种情况$\widetilde{\boldsymbol{G}}=\boldsymbol{Q}^{\mathrm{T}}\boldsymbol{R}$),故有

$$\boldsymbol{G}^{\mathrm{T}}=\boldsymbol{Q}^{\mathrm{T}}\boldsymbol{R} \tag{3.2-18}$$

于是

$$\boldsymbol{G}=\boldsymbol{R}^{\mathrm{T}}\boldsymbol{Q}=\boldsymbol{I}_N\boldsymbol{R}^{\mathrm{T}}\boldsymbol{Q} \tag{3.2-19}$$

其中,$\boldsymbol{I}_N$为 $N\times N$ 单位阵;$\boldsymbol{R}^{\mathrm{T}}$为 $N\times M$ 上三角阵;$\boldsymbol{Q}$ 为 $M\times M$ 正交阵;$\boldsymbol{I}_N$、$\boldsymbol{R}^{\mathrm{T}}$、$\boldsymbol{Q}$ 分别对应于式(3.2-1)中的 $\boldsymbol{H}$、$\boldsymbol{R}$、$\boldsymbol{K}^{\mathrm{T}}$矩阵。

有了 $\boldsymbol{G}$ 的正交分解式,按式(3.2-3)便很容易计算$\boldsymbol{G}^+$。

§3.3　奇异值分解法计算广义逆$\boldsymbol{G}^+$

如果核函数矩阵 $\boldsymbol{G}$ 为非奇异的长方阵,与 Cholesky 方法和高斯消去法(这两种方法更适用于对称正定的非稀疏矩阵)相比,用 QR 分解求其线性反问题是目前最稳定的方法,但算法成本相对较高。当 $\boldsymbol{G}$ 接近奇异时,QR 算法同样会遇到算法不稳定的问题。不幸的是,在地球物理反演问题中涉及的系数矩阵 $\boldsymbol{G}$ 多半是接近奇异的,因为我们要用观测的信号推测场源或传播介质的参数,而从信号向源推移的过程具有解析上的不稳定性。奇异值分解算法的出现解决了系数矩阵 $\boldsymbol{G}$ 接近奇异时遇到的问题,给出了系数矩阵奇异值的计算方法。

1.奇异值分解的基本思想

奇异值分解(Singular Value Decomposition,SVD)也属于一种正交分解法。由正交分解定理,任意矩阵$\boldsymbol{G}_{N\times M}$可分解为积矩阵 $\boldsymbol{HRK}^{\mathrm{T}}$,其中 $\boldsymbol{R}$ 是某种 $N\times M$ 长方阵,其非零元素为 p 阶非奇异的上三角矩阵 $\boldsymbol{R}_{11}$。可以证明,$\boldsymbol{R}_{11}$能进一步简化为非奇异对角矩阵。

2.N 阶方阵的正交分解定理

若 $\boldsymbol{G}$ 为 N 阶非奇异实对称方阵,则总存在正交矩阵 $\boldsymbol{V}$,使

$$\boldsymbol{V}^{\mathrm{T}}\boldsymbol{G}\boldsymbol{V}=\boldsymbol{\Lambda}\quad 或\ \boldsymbol{G}=\boldsymbol{V}\boldsymbol{\Lambda}\boldsymbol{V}^{\mathrm{T}} \tag{3.3-1}$$

其中,$\boldsymbol{\Lambda}$ 为对角矩阵,$\boldsymbol{\Lambda}=\mathrm{diag}(\lambda_1,\lambda_2,\cdots,\lambda_N)$,对角线元素$\lambda_1,\lambda_2,\cdots,\lambda_N$是 $\boldsymbol{G}$ 的特征值。

正交矩阵 $\boldsymbol{V}$ 的列向量是方阵 $\boldsymbol{G}$ 的特征向量,且 $\boldsymbol{V}$ 的第 i 个列向量$\boldsymbol{v}_i$对应于第 i 个特征值$\boldsymbol{\lambda}_i$,并满足特征值和特征向量的定义式:

$$\boldsymbol{G}\boldsymbol{v}_i=\lambda_i\boldsymbol{v}_i \tag{3.3-2}$$

由于 $\boldsymbol{V}$ 是正交矩阵,即

$$\boldsymbol{V}^{\mathrm{T}}\boldsymbol{V}=\boldsymbol{V}\boldsymbol{V}^{\mathrm{T}}=\boldsymbol{I}_N \tag{3.3-3}$$

据式(3.3-1),可求

$$\boldsymbol{G}^{-1}=\boldsymbol{V}\boldsymbol{\Lambda}^{-1}\boldsymbol{V}^{\mathrm{T}} \tag{3.3-4}$$

其中,$\boldsymbol{\Lambda}^{-1}$是矩阵 $\boldsymbol{\Lambda}$ 的逆矩阵,$\boldsymbol{\Lambda}^{-1}=\mathrm{diag}(\lambda_1^{-1},\lambda_1^{-1},\cdots,\lambda_N^{-1})$。

3.奇异值分解的推导

当 $\boldsymbol{G}$ 为任意 $N\times M$ 阶矩阵时,则上述正交分解不成立。如果我们用 $\boldsymbol{G}$ 和$\boldsymbol{G}^{\mathrm{T}}$构成如下

$(N+M)\times(N+M)$阶对称方阵：

$$\boldsymbol{B}=\begin{bmatrix}\boldsymbol{0} & \boldsymbol{G}\\ \boldsymbol{G}^{\mathrm{T}} & \boldsymbol{0}\end{bmatrix} \tag{3.3-5}$$

则矩阵$\boldsymbol{B}$具有$N+M$个特征值λ_i和特征向量$\boldsymbol{w}_i$满足$\boldsymbol{B}\boldsymbol{w}_i=\lambda_i\boldsymbol{w}_i$，并将$\boldsymbol{w}_i$分为长度分别为$N$和$M$的两部分，分别用$\boldsymbol{u}_i$和$\boldsymbol{v}_i$表示，即

$$\begin{bmatrix}\boldsymbol{0} & \boldsymbol{G}\\ \boldsymbol{G}^{\mathrm{T}} & \boldsymbol{0}\end{bmatrix}\begin{bmatrix}\boldsymbol{u}_i\\ \boldsymbol{v}_i\end{bmatrix}=\lambda_i\begin{bmatrix}\boldsymbol{u}_i\\ \boldsymbol{v}_i\end{bmatrix} \tag{3.3-6}$$

上式可进一步写为如下两个式子：

$$\boldsymbol{G}\boldsymbol{v}_i=\lambda_i\boldsymbol{u}_i \tag{3.3-7}$$

$$\boldsymbol{G}^{\mathrm{T}}\boldsymbol{u}_i=\lambda_i\boldsymbol{v}_i \tag{3.3-8}$$

假设一个正的特征值λ_i对应的特征向量为$[\boldsymbol{u}_i,\boldsymbol{v}_i]^{\mathrm{T}}$，则$-\boldsymbol{\lambda}_i$也是矩阵$\boldsymbol{B}$的一个特征值，其对应的特征向量为$[-\boldsymbol{u}_i,\boldsymbol{v}_i]^{\mathrm{T}}$。因此，如果矩阵$\boldsymbol{B}$有$p$个正特征值，那么它的零特征值的个数则为$N+M-2p$。将式(3.3-7)代入式(3.3-8)得，

$$\boldsymbol{G}^{\mathrm{T}}\boldsymbol{G}\boldsymbol{v}_i=\lambda_i^2\boldsymbol{v}_i \tag{3.3-9}$$

同理，

$$\boldsymbol{G}\boldsymbol{G}^{\mathrm{T}}\boldsymbol{u}_i=\lambda_i^2\boldsymbol{u}_i \tag{3.3-10}$$

由于λ_i同时为矩阵$\boldsymbol{G}^{\mathrm{T}}\boldsymbol{G}$和$\boldsymbol{G}\boldsymbol{G}^{\mathrm{T}}$的特征值，两个矩阵分别是$M\times M$阶和$N\times N$阶的对称方阵，因此正特征值的个数$p\leqslant\min(N,M)$。在$\boldsymbol{B}$的$N+M$个特征向量$\boldsymbol{w}_i$中，有$M$个特征向量$\boldsymbol{v}_i$构成一个完备的正交集$\boldsymbol{V}$，所张成的空间称为模型空间；有$N$个特征向量$\boldsymbol{u}_i$构成一个完备的正交集$\boldsymbol{U}$，所张成的空间称为数据空间。

由式(3.3-9)和式(3.3-10)知，λ_i虽然是矩阵$\boldsymbol{B}$的正特征值，但对于矩阵$\boldsymbol{G}$或$\boldsymbol{G}^{\mathrm{T}}$来说，并不能称其为特征值($\boldsymbol{G}$不是方阵)。因此定义$\lambda_i^2$的正平方根$\lambda_i$为矩阵$\boldsymbol{G}$的奇异值。

式(3.3-7)可写为矩阵形式：

$$\boldsymbol{G}\boldsymbol{V}=\boldsymbol{U}\boldsymbol{\Lambda} \tag{3.3-11}$$

其中，$\boldsymbol{\Lambda}$为正特征值λ_i构成的对角阵。

上式两端右乘矩阵$\boldsymbol{V}^{\mathrm{T}}$，由$\boldsymbol{V}\boldsymbol{V}^{\mathrm{T}}=\boldsymbol{I}$，即可得到矩阵$\boldsymbol{G}$的奇异值分解：

$$\boldsymbol{G}=\boldsymbol{U}\boldsymbol{\Lambda}\boldsymbol{V}^{\mathrm{T}} \tag{3.3-12}$$

4.奇异值分解定理

由上述推导可知，任意$N\times M$阶秩为$\mathrm{rank}(\boldsymbol{G})=p$的矩阵$\boldsymbol{G}$，可分解成如下3个矩阵相乘的形式

$$\underset{N\times M}{\boldsymbol{G}}=\underset{N\times N}{\boldsymbol{U}}\ \underset{N\times M}{\boldsymbol{\Lambda}}\ \underset{M\times M}{\boldsymbol{V}^{\mathrm{T}}} \tag{3.3-13}$$

其中，$\boldsymbol{\Lambda}$是一个$N\times M$的对角矩阵，其对角线元素的平方$\lambda_1^2,\lambda_2^2,\cdots,\lambda_p^2$是对称矩阵$\boldsymbol{G}^{\mathrm{T}}\boldsymbol{G}$和$\boldsymbol{G}\boldsymbol{G}^{\mathrm{T}}$的$p$个非零特征值。对角线元素通常为非负的递减序列，称为奇异值。$\boldsymbol{U}$是一个$N\times N$的正交矩阵，对应的特征向量相互正交($\boldsymbol{U}\boldsymbol{U}^{\mathrm{T}}=\boldsymbol{U}^{\mathrm{T}}\boldsymbol{U}=\boldsymbol{I}$)，张成数据空间。$\boldsymbol{V}$是一个$M\times M$正交矩阵对应的特征向量相互正交($\boldsymbol{V}\boldsymbol{V}^{\mathrm{T}}=\boldsymbol{V}^{\mathrm{T}}\boldsymbol{V}=\boldsymbol{I}$)，张成模型空间。

由于矩阵 $\boldsymbol{G}$ 有 p 个非零奇异值,因此将 $\boldsymbol{\Lambda}$ 写为如下形式

$$\boldsymbol{\Lambda}=\begin{bmatrix}\boldsymbol{\Lambda}_p & \boldsymbol{0}\\ \boldsymbol{0} & \boldsymbol{0}\end{bmatrix} \tag{3.3-14}$$

其中,$\boldsymbol{\Lambda}_p$是一个 $p\times p$ 的对角阵。则式(3.3-13)可重写为:

$$\boldsymbol{G}=[\boldsymbol{U}_p \quad \boldsymbol{U}_0]\begin{bmatrix}\boldsymbol{\Lambda}_p & \boldsymbol{0}\\ \boldsymbol{0} & \boldsymbol{0}\end{bmatrix}\begin{bmatrix}\boldsymbol{V}_p^{\mathrm{T}}\\ \boldsymbol{V}_0^{\mathrm{T}}\end{bmatrix}=\boldsymbol{U}_p\boldsymbol{\Lambda}_p\boldsymbol{V}_p^{\mathrm{T}} \tag{3.3-15}$$

其中,$\boldsymbol{U}_p$和$\boldsymbol{V}_p$分别为 $\boldsymbol{U}$ 和 $\boldsymbol{V}$ 的前 p 列,即我们可以将 $\boldsymbol{G}$ 写为:

$$\underset{N\times M}{\boldsymbol{G}}=\underset{N\times p}{\boldsymbol{U}_p}\ \underset{p\times p}{\boldsymbol{\Lambda}_p}\ \underset{p\times M}{\boldsymbol{V}_p^{\mathrm{T}}} \tag{3.3-16}$$

由式(3.3-16)知,奇异值分解之后,矩阵 $\boldsymbol{G}$ 中不包含零特征值向量$\boldsymbol{U}_0$和$\boldsymbol{V}_0$,因此奇异值分解的作用是把数据空间和模型空间分别分解为非零空间和零空间两部分。非零空间由非零特征值对应的特征向量$\boldsymbol{U}_p$和$\boldsymbol{V}_p$张成,$\boldsymbol{S}_p(m)$由$\boldsymbol{V}_p$张成。$\boldsymbol{U}_0$和$\boldsymbol{V}_0$则张成零空间。

为进一步理解奇异值分解的含义,现以正交矩阵 $\boldsymbol{U}$ 为例,给出它与$\boldsymbol{U}_p$及$\boldsymbol{U}_0$之间的关系:

①$\boldsymbol{U}$ 是正交矩阵,有

$$\underset{N\times N}{\boldsymbol{U}^{\mathrm{T}}}\ \underset{N\times N}{\boldsymbol{U}}=\underset{N\times N}{\boldsymbol{U}}\ \underset{N\times N}{\boldsymbol{U}^{\mathrm{T}}}=\underset{N\times N}{\boldsymbol{I}_N} \tag{3.3-17}$$

②$\boldsymbol{U}_p$是半正交矩阵,因为$\boldsymbol{U}_p$中的 p 个列向量是相互垂直(正交)的,所以

$$\underset{p\times N}{\boldsymbol{U}_p^{\mathrm{T}}}\ \underset{N\times p}{\boldsymbol{U}_p}=\underset{p\times p}{\boldsymbol{I}_p} \tag{3.3-18}$$

③由于$\boldsymbol{U}_p\boldsymbol{U}_p^{\mathrm{T}}$是一个 $N\times N$ 阶矩阵,但$\boldsymbol{U}_p$中的 p 个 N 维列向量无法张成一个 N 维空间(除非 $p=N$),因此有

$$\underset{N\times p}{\boldsymbol{U}_p}\ \underset{p\times N}{\boldsymbol{U}_p^{\mathrm{T}}}\neq\underset{N\times N}{\boldsymbol{I}_N} \tag{3.3-19}$$

④ $\boldsymbol{U}_0$是半正交矩阵,因为$\boldsymbol{U}_0$中的 $N-p$ 个列向量相互垂直,所以

$$\underset{(N-p)\times N}{\boldsymbol{U}_0^{\mathrm{T}}}\ \underset{N\times(N-p)}{\boldsymbol{U}_0}=\underset{(N-p)\times(N-p)}{I_{N-p}} \tag{3.3-20}$$

⑤$\boldsymbol{U}_0\boldsymbol{U}_0^{\mathrm{T}}$是 $N\times N$ 阶矩阵,$\boldsymbol{U}_0$中有 $N-p$ 个 N 维列向量,不能张成 N 维空间,所以有:

$$\underset{N\times(N-p)}{\boldsymbol{U}_0}\ \underset{(N-p)\times N}{\boldsymbol{U}_0^{\mathrm{T}}}\neq\underset{N\times N}{\boldsymbol{I}_N} \tag{3.3-21}$$

⑥因为$\boldsymbol{U}_p$中的所有向量垂直于$\boldsymbol{U}_0$中的所有向量,所以有

$$\underset{p\times N}{\boldsymbol{U}_p^{\mathrm{T}}}\ \underset{N\times(N-p)}{\boldsymbol{U}_0}=\underset{p\times(N-p)}{\boldsymbol{0}} \tag{3.3-22}$$

⑦同理

$$\underset{(N-p)\times N}{\boldsymbol{U}_0^{\mathrm{T}}}\ \underset{N\times p}{\boldsymbol{U}_p}=\underset{(N-p)\times p}{\boldsymbol{0}} \tag{3.3-23}$$

类似地,正交矩阵 $\boldsymbol{V}$、$\boldsymbol{V}_p$和 $\boldsymbol{V}_0$同样具有上述性质。

5.奇异值分解算法实现

由于奇异值分解也是一种正交变换,因此可以通过一系列正交变换来实现,编程计算时可分两步完成。

第一步,用 Householder 变换将矩阵 $\boldsymbol{G}$ 逐步化为双对角阵。设$\boldsymbol{U}_1$为一个 Householder 变换,将$\boldsymbol{U}_1$左乘以 $\boldsymbol{G}$,把 $\boldsymbol{G}$ 的第一列化为除对角线之外全为零的向量。以一个 6×5 的矩阵 $\boldsymbol{G}$ 为例,这个过程记为

$$\boldsymbol{U}_1\boldsymbol{G}=\begin{bmatrix} \times & \times & \otimes & \otimes & \otimes \\ 0 & \times & \times & \times & \times \\ 0 & \times & \times & \times & \times \\ 0 & \times & \times & \times & \times \\ 0 & \times & \times & \times & \times \\ 0 & \times & \times & \times & \times \end{bmatrix}$$

再设$\boldsymbol{V}_1$也是一个 Householder 变换,用它右乘矩阵$\boldsymbol{U}_1\boldsymbol{G}$,则可将上面用圆圈表示的第一行中前两个以外的元素化为零,即

$$\boldsymbol{U}_1\boldsymbol{G}\,\boldsymbol{V}_1=\begin{bmatrix} \times & \times & 0 & 0 & 0 \\ 0 & \times & \times & \otimes & \otimes \\ 0 & \otimes & \times & \times & \times \\ 0 & \otimes & \times & \times & \times \\ 0 & \otimes & \times & \times & \times \\ 0 & \otimes & \times & \times & \times \end{bmatrix}$$

下一步,类似于上述方法选择 Householder 变换$\boldsymbol{U}_2$和$\boldsymbol{V}_2$,把上面用圆圈表示的元素化为零。当 $\boldsymbol{G}$ 被左乘五次和右乘三次时,它就被化为双对角阵:

$$\boldsymbol{U}_5\cdots\boldsymbol{U}_1\boldsymbol{G}\,\boldsymbol{V}_1\cdots\boldsymbol{V}_3=\begin{bmatrix} \times & \times & 0 & 0 & 0 \\ 0 & \times & \times & 0 & 0 \\ 0 & 0 & \times & \times & 0 \\ 0 & 0 & 0 & \times & \times \\ 0 & 0 & 0 & 0 & \times \\ 0 & 0 & 0 & 0 & 0 \end{bmatrix}$$

对于一般的 $N\times M$ 矩阵来说,用 Householder 变换可逐步把它化为以下双对角阵:

$$\boldsymbol{B}=\boldsymbol{U}_K\cdots\boldsymbol{U}_1\boldsymbol{G}\,\boldsymbol{V}_1\cdots\boldsymbol{V}_L=\widetilde{\boldsymbol{U}}^{\mathrm{T}}\boldsymbol{G}\,\widetilde{\boldsymbol{V}}=\begin{bmatrix} s_1 & e_1 & 0 & 0 & 0 \\ 0 & s_2 & e_2 & 0 & 0 \\ 0 & 0 & \ddots & \ddots & 0 \\ 0 & 0 & 0 & s_{p-1} & e_{p-1} \\ 0 & 0 & 0 & 0 & s_p \end{bmatrix} \tag{3.3-24}$$

其中,

$$
\begin{cases}
\widetilde{\boldsymbol{U}} = \boldsymbol{U}_1 \boldsymbol{U}_2 \cdots \boldsymbol{U}_K & K = \min(M, N-1) \\
\widetilde{\boldsymbol{V}} = \boldsymbol{V}_1 \boldsymbol{V}_2 \cdots \boldsymbol{V}_L & L = \min(N, M-2)
\end{cases}
\tag{3.3-25}
$$

$\widetilde{\boldsymbol{U}}$中的每一个变换$\boldsymbol{U}_j(j=1,2,\cdots,K)$将 $\boldsymbol{G}$ 中第 j 列主对角线以下的元素变为 0;而$\widetilde{\boldsymbol{V}}$中的每一个变换$\boldsymbol{V}_j(j=1,2,\cdots,L)$将 $\boldsymbol{G}$ 中第 j 行与主对角线紧邻的右次对角线右边的元素变为 0。

因为变换矩阵左乘和右乘时会相互干扰,右乘$\boldsymbol{V}_j$后会把原来左下角已经化为零的元素变为非零元素。所以通常不能用 Householder 变换把矩阵 $\boldsymbol{G}$ 一次性对角化变为对角阵。

第二步,用原点位移 QR 算法进行迭代,计算所有的奇异值。也就是用一系列平面旋转变换将双对角线矩阵 $\boldsymbol{B}$ 逐步化为对角线矩阵 $\boldsymbol{\Lambda}$,其中 $\boldsymbol{\Lambda}$ 为奇异值矩阵。列旋转矩阵的构造可按如下方式进行:

首先构造如下矩阵$\boldsymbol{V}_{12}$,右乘双对角矩阵 $\boldsymbol{B}$。

$$
\boldsymbol{V}_{12} = \begin{bmatrix} \mathrm{cs} & -\mathrm{sn} & & & \\ \mathrm{sn} & \mathrm{cs} & & & \\ & & 1 & & \\ & & & \ddots & \\ & & & & 1 \end{bmatrix} \tag{3.3-26}
$$

其中,

$$
\begin{gathered}
\mathrm{cs} = f/r, \mathrm{sn} = g/r \\
r = \sqrt{f^2 + g^2} \\
f = s_1^2 - \mu, g = s_1 e_1 \\
\mu = s_p^2 - \frac{c}{b+d} \\
b = \frac{(s_{p-1} + s_p)(s_{p-1} - s_p) + e_{p-1}^2}{2} \\
c = (s_p e_{p-1})^2 \\
d = \mathrm{Sign}(b)\sqrt{b^2 + c}
\end{gathered}
\tag{3.3-27}
$$

并计算 $\boldsymbol{B}\,\boldsymbol{V}_{12}$。

再构造矩阵$\boldsymbol{U}_{12}$,左乘双对角矩阵 $\boldsymbol{B}$。

$$
\boldsymbol{U}_{12}^{\mathrm{T}} = \begin{bmatrix} \mathrm{cs} & \mathrm{sn} & & & \\ -\mathrm{sn} & \mathrm{cs} & & & \\ & & 1 & & \\ & & & \ddots & \\ & & & & 1 \end{bmatrix} \tag{3.3-28}
$$

并计算$\boldsymbol{U}_{12}^{\mathrm{T}}\boldsymbol{B}\,\boldsymbol{V}_{12}$。

下一步,类似于上述方法平移旋转矩阵,即构造矩阵$\boldsymbol{V}_{23}$右乘矩阵$\boldsymbol{U}_{12}^{\mathrm{T}}\boldsymbol{B}\,\boldsymbol{V}_{12}$,并计算$\boldsymbol{U}_{12}^{\mathrm{T}}\boldsymbol{B}\,\boldsymbol{V}_{12}\boldsymbol{V}_{23}$。

$$
\boldsymbol{V}_{23}=\begin{bmatrix}1 & & & & & \\ & \mathrm{cs} & -\mathrm{sn} & & & \\ & \mathrm{sn} & \mathrm{cs} & & & \\ & & & 1 & & \\ & & & & \ddots & \\ & & & & & 1\end{bmatrix} \tag{3.3-29}
$$

构造矩阵$\boldsymbol{U}_{23}^{\mathrm{T}}$左乘矩阵$\boldsymbol{U}_{12}^{\mathrm{T}}\boldsymbol{B}\,\boldsymbol{V}_{12}\boldsymbol{V}_{23}$，并计算$\boldsymbol{U}_{23}^{\mathrm{T}}\boldsymbol{U}_{12}^{\mathrm{T}}\boldsymbol{B}\,\boldsymbol{V}_{12}\boldsymbol{V}_{23}$。

$$
\boldsymbol{U}_{23}^{\mathrm{T}}=\begin{bmatrix}1 & & & & & \\ & \mathrm{cs} & \mathrm{sn} & & & \\ & -\mathrm{sn} & \mathrm{cs} & & & \\ & & & 1 & & \\ & & & & \ddots & \\ & & & & & 1\end{bmatrix} \tag{3.3-30}
$$

按上述过程进行迭代，在每一次迭代中，用下列变换

$$
\boldsymbol{B}'=\boldsymbol{U}_{p-1,p}^{\mathrm{T}}\cdots\boldsymbol{U}_{23}^{\mathrm{T}}\,\boldsymbol{U}_{12}^{\mathrm{T}}\boldsymbol{B}\,\boldsymbol{V}_{12}\;\boldsymbol{V}_{23}\cdots\boldsymbol{V}_{N-1,N} \tag{3.3-31}
$$

其中，变换$\boldsymbol{U}_{j,j+1}^{\mathrm{T}}$将 $\boldsymbol{B}$ 中第 j 列主对角线下的一个非零元素变为 0，同时在第 j 行的次对角线元素的右边出现一个非零元素；而变换$\boldsymbol{V}_{j,j+1}$将第 $j-1$ 行的次对角线元素右边的一个非零元素变为 0，同时在第 j 列的主对角线元素的下方出现一个非零元素。由此可知，经过一次迭代（$j=1,2,\cdots,p-1$）后，$\boldsymbol{B}'$仍为双对角线矩阵。但随着迭代的进行，最后收敛为对角矩阵，其主对角线上的元素即为奇异值。

最后还需要对奇异值按非递增次序进行排列。在上述变换过程中，若对于某个次对角线元素$|e_j|\leqslant\varepsilon$，则可认为$e_j$为 0。若对角线元素$|s_j|\leqslant\varepsilon$，则可认为$s_j$为 0（即奇异值为零），其中 ε 为给定的精度要求。

6.线性反问题的自然解

在对任意矩阵 $\boldsymbol{G}$ 进行奇异值分解之后，根据式（3.3-16），我们很容易得到矩阵 $\boldsymbol{G}$ 的自然广义逆$\boldsymbol{G}^{+}$有如下形式：

$$
\underset{M\times N}{\boldsymbol{G}^{+}}=\underset{M\times p}{\boldsymbol{V}_{p}}\;\underset{p\times p}{\boldsymbol{\Lambda}_{p}^{-1}}\;\underset{p\times N}{\boldsymbol{U}_{p}^{\mathrm{T}}} \tag{3.3-32}
$$

此时线性反问题 $\boldsymbol{Gm}=\boldsymbol{d}$ 的自然解可以由奇异值分解式直接写出：

$$
\boldsymbol{m}^{\mathrm{est}}=\boldsymbol{V}_{p}\,\boldsymbol{\Lambda}_{p}^{-1}\,\boldsymbol{U}_{p}^{\mathrm{T}}\boldsymbol{d} \tag{3.3-33}
$$

之所以称其为自然解，是因为由此得到的估计解$\boldsymbol{m}^{\mathrm{est}}$中不包含模型的零空间向量。

§3.4　反问题解的质量评价

对于地球物理反演问题 $\boldsymbol{Gm}=\boldsymbol{d}$，按照广义逆的概念，可将解估计值表示为$\boldsymbol{m}^{\mathrm{est}}=\boldsymbol{G}^{-\mathrm{g}}\boldsymbol{d}^{\mathrm{obs}}$，

$\boldsymbol{d}^{obs}$为数据的观测值,$\boldsymbol{G}^{-g}$为核矩阵 $\boldsymbol{G}$ 的广义逆。该方法具有普适性,正定问题的常规逆解、超定问题的最小二乘解、欠定问题的最小长度解及混定问题的阻尼最小二乘解均可看作是它的特例。在利用奇异值分解求得反问题的解估计之后,还需对所得的解进行质量评价。正如第 1 章所述,对于解的质量评价,我们可以从估计解对数据的拟合程度、与真实解的逼近程度以及对误差的放大程度三个方面进行评价。具体地讲,通过数据分辨矩阵和模型分辨矩阵对分辨率进行评价,通过单位协方差矩阵评价误差的大小,最后通过折中准则将分辨率和误差统一起来。

1.数据分辨矩阵

1)数据分辨矩阵的定义

设已找到线性反问题 $\boldsymbol{Gm}=\boldsymbol{d}$ 的广义逆$\boldsymbol{G}^{-g}$,对应的估计解为$\boldsymbol{m}^{est}=\boldsymbol{G}^{-g}\boldsymbol{d}^{obs}$,而该估计解对应的预测数据为$\boldsymbol{d}^{pre}=\boldsymbol{G}\,\boldsymbol{m}^{est}$。为考察模型参数估计值对数据的拟合程度,将估计值$\boldsymbol{m}^{est}$代入上式,有

$$\boldsymbol{d}^{pre}=\boldsymbol{G}\,\boldsymbol{m}^{est}=\boldsymbol{G}(\boldsymbol{G}^{-g}\,\boldsymbol{d}^{obs})=(\boldsymbol{G}\,\boldsymbol{G}^{-g})\,\boldsymbol{d}^{obs}=\boldsymbol{R}\boldsymbol{d}^{obs} \tag{3.4-1}$$

其中,$\boldsymbol{d}^{pre}$表示数据预测值;$\boldsymbol{d}^{obs}$表示数据的观测值;$N\times N$ 阶方阵 $\boldsymbol{R}=\boldsymbol{G}\,\boldsymbol{G}^{-g}$称为数据分辨矩阵或资料信息密度矩阵,它描述了预测数据$\boldsymbol{d}^{pre}$和观测数据$\boldsymbol{d}^{obs}$的拟合程度。如果 $\boldsymbol{R}=\boldsymbol{I}$,则$\boldsymbol{d}^{pre}=\boldsymbol{d}^{obs}$,预测误差为零。如果数据分辨矩阵 $\boldsymbol{R}$ 不是单位阵,意味着预测误差不为零。因此数据分辨矩阵 $\boldsymbol{R}$ 是观测数据独立性的一种衡量,有时也称为分辨率。

2)数据分辨矩阵的意义

现考查第 i 个预测数据,由$\boldsymbol{d}^{pre}=\boldsymbol{R}\,\boldsymbol{d}^{obs}$得,

$$d_i^{pre}=\begin{bmatrix}\vdots\\ \boxed{\boldsymbol{R}\text{ 的第 } i \text{ 行}}\\ \vdots\end{bmatrix}\begin{bmatrix}d_1^{obs}\\ d_2^{obs}\\ \vdots\\ d_N^{obs}\end{bmatrix}=\sum_{j=1}^{N}R_{ij}\,d_j^{obs} \tag{3.4-2}$$

上式表明,第 i 个预测数据是所有观测数据的加权平均,加权因子取决于矩阵 $\boldsymbol{R}$ 的第 i 行中的元素大小。

$\boldsymbol{R}$ 的每一行描述了相邻数据能被独立地预测或分辨的难易程度。如果数据具有自然顺序关系,则 $\boldsymbol{R}$ 的行元素随列下标的变化图像反映了分辨的清晰度。

若每行的极大值为 1,此时 $\boldsymbol{R}=\boldsymbol{I}$,即$\boldsymbol{d}^{pre}=\boldsymbol{d}^{obs}$,因而预测误差为零,预测值与观测值完全拟合,分辨率最高,称为完全分辨。

若 $\boldsymbol{R}\neq\boldsymbol{I}$,但 $\boldsymbol{R}$ 的每行元素有一个极大值,且此极大值的中心在主对角线上并出现窄峰(图 3.4-1),则表示数据能得到很好的分辨,称为高分辨率。此时只能预测出相邻数据的平均值,却不能预测出单个数据。

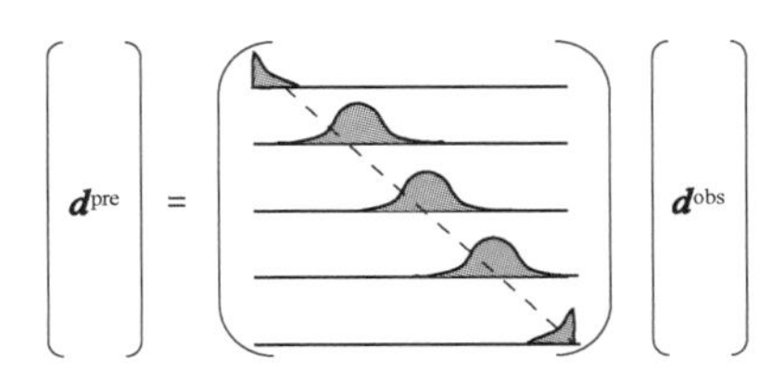

图 3.4-1 良好的数据分辨矩阵 $\boldsymbol{R}$ 的行元素的几何图像

例如,考虑 $\boldsymbol{R}$ 的第 i 行元素为($\cdots$ 0 0 0 0.1 0.8 0.1 0 0 0 $\cdots$),其中 0.8 位于第 i 列上,则第 i 个数据为

$$d_i^{\mathrm{pre}} = \sum_{j=1}^{N} R_{ij}\, d_j^{\mathrm{obs}} = 0.1\, d_{j-1}^{\mathrm{obs}} + 0.8\, d_j^{\mathrm{obs}} + 0.1\, d_{j+1}^{\mathrm{obs}} \tag{3.4-3}$$

表示该预测值是3个相邻的观测数据的加权平均值,它可能是一个接近于观测值的合理估计值。

若行元素的极大值虽在主对角线附近,但图像变化缓慢,则表示分辨率不高;若峰值不在主对角线上,或具有多个峰值,则说明分辨很差。当观测数据之间相关时,就会出现此情况。

3)数据的重要性

因为数据分辨矩阵 $\boldsymbol{R}$ 的对角线元素表示数据在其自身的预测中具有多大的权重,故通常把这些对角线元素挑选出来,称之为数据的重要性,即

$$n = \mathrm{diag}(\boldsymbol{R}) \tag{3.4-4}$$

显然,数据分辨矩阵并不是数据的函数,它只与资料核 $\boldsymbol{G}$ 以及附加的先验信息有关。因此无须进行实际的实验观测就可以事先计算并研究数据分辨矩阵,由此选择一组最佳的观测数据。所以,数据分辨矩阵是实验设计的重要工具。

4)数据分辨矩阵的计算

对任意矩阵 $\boldsymbol{G}$ 做奇异值分解 $\boldsymbol{G}=\boldsymbol{U}_p\boldsymbol{\Lambda}_p\boldsymbol{V}_p^{\mathrm{T}}$,相应的广义逆矩阵为 $\boldsymbol{G}^+=\boldsymbol{V}_p\boldsymbol{\Lambda}_p^{-1}\boldsymbol{U}_p^{\mathrm{T}}$,故数据分辨矩阵

$$\boldsymbol{R}=\boldsymbol{G}\boldsymbol{G}^+=\boldsymbol{G}=\boldsymbol{U}_p\boldsymbol{\Lambda}_p\boldsymbol{V}_p^{\mathrm{T}}\boldsymbol{V}_p\boldsymbol{\Lambda}_p^{-1}\boldsymbol{U}_p^{\mathrm{T}}=\boldsymbol{U}_p\boldsymbol{U}_p^{\mathrm{T}} \tag{3.4-5}$$

显然只有 $p=N$ 时数据才能够完全分辨。式(3.4-5)表明数据分辨矩阵 $\boldsymbol{R}$ 只与正交矩阵 $\boldsymbol{U}$ 有关,所以矩阵 $\boldsymbol{U}$ 中的向量称为观测数据的特征向量。

对于超定问题,由于最小二乘 g 逆 $\boldsymbol{G}^{-g}=(\boldsymbol{G}^{\mathrm{T}}\boldsymbol{G})^{-1}\boldsymbol{G}^{\mathrm{T}}$,则其数据分辨矩阵为:

$$\boldsymbol{R}=\boldsymbol{G}(\boldsymbol{G}^{\mathrm{T}}\boldsymbol{G})^{-1}\boldsymbol{G}^{\mathrm{T}}=\boldsymbol{G}\boldsymbol{G}^{-g}=\boldsymbol{U}_p\boldsymbol{U}_p^{\mathrm{T}} \tag{3.4-6}$$

对于纯欠定问题($p=N$),对应的最小范数 g 逆 $\boldsymbol{G}^{-g}=\boldsymbol{G}^{\mathrm{T}}(\boldsymbol{G}\boldsymbol{G}^{\mathrm{T}})^{-1}$,则其数据分辨矩阵为:

$$\boldsymbol{R}=\boldsymbol{G}\boldsymbol{G}^{\mathrm{T}}(\boldsymbol{G}\boldsymbol{G}^{\mathrm{T}})^{-1}=\boldsymbol{U}_p\boldsymbol{U}_p^{\mathrm{T}}=\boldsymbol{I}_N \tag{3.4-7}$$

对于混定问题($p=M$)的阻尼最小二乘解,$\boldsymbol{R}=\boldsymbol{G}(\boldsymbol{G}^{\mathrm{T}}\boldsymbol{G}+\varepsilon^2\boldsymbol{I})^{-1}\boldsymbol{G}^{\mathrm{T}}$,由奇异值分解的计算公式,其数据分辨矩阵为:

$$\begin{aligned}
\boldsymbol{R} &= \boldsymbol{G}(\boldsymbol{G}^{\mathrm{T}}\boldsymbol{G}+\varepsilon^2\boldsymbol{I})^{-1}\boldsymbol{G}^{\mathrm{T}} \\
&= \boldsymbol{U}_p\boldsymbol{\Lambda}_p\boldsymbol{V}_p^{\mathrm{T}}(\boldsymbol{V}_p\boldsymbol{\Lambda}_p^{\mathrm{T}}\boldsymbol{U}_p^{\mathrm{T}}\boldsymbol{U}_p\boldsymbol{\Lambda}_p\boldsymbol{V}_p^{\mathrm{T}}+\varepsilon^2\boldsymbol{I})^{-1}\boldsymbol{V}_p\boldsymbol{\Lambda}_p^{\mathrm{T}}\boldsymbol{U}_p^{\mathrm{T}} \\
&= \boldsymbol{U}_p\boldsymbol{\Lambda}_p\boldsymbol{V}_p^{\mathrm{T}}(\boldsymbol{V}_p\boldsymbol{\Lambda}_p^2\boldsymbol{V}_p^{\mathrm{T}}+\varepsilon^2\boldsymbol{V}_p\boldsymbol{V}_p^{\mathrm{T}})^{-1}\boldsymbol{V}_p\boldsymbol{\Lambda}_p\boldsymbol{U}_p^{\mathrm{T}} \\
&= \boldsymbol{U}_p\boldsymbol{\Lambda}_p\boldsymbol{V}_p^{\mathrm{T}}[\boldsymbol{V}_p(\boldsymbol{\Lambda}_p^2+\varepsilon^2\boldsymbol{I})\boldsymbol{V}_p^{\mathrm{T}}]^{-1}\boldsymbol{V}_p\boldsymbol{\Lambda}_p\boldsymbol{U}_p^{\mathrm{T}} \\
&= \boldsymbol{U}_p\boldsymbol{\Lambda}_p\boldsymbol{V}_p^{\mathrm{T}}(\boldsymbol{V}_p^{\mathrm{T}})^{-1}(\boldsymbol{\Lambda}_p^2+\varepsilon^2\boldsymbol{I})^{-1}\boldsymbol{V}_p^{-1}\boldsymbol{V}_p\boldsymbol{\Lambda}_p^{T}\boldsymbol{U}_p^{\mathrm{T}} \\
&= \boldsymbol{U}_p\boldsymbol{\Lambda}_p\boldsymbol{V}_p^{\mathrm{T}}\boldsymbol{V}_p(\boldsymbol{\Lambda}_p^2+\varepsilon^2\boldsymbol{I})^{-1}\boldsymbol{V}_p^{\mathrm{T}}\boldsymbol{V}_p\boldsymbol{\Lambda}_p\boldsymbol{U}_p^{\mathrm{T}} \\
&= \boldsymbol{U}_p[\boldsymbol{\Lambda}_p(\boldsymbol{\Lambda}_p^2+\varepsilon^2\boldsymbol{I})^{-1}\boldsymbol{\Lambda}_p]\boldsymbol{U}_p^{\mathrm{T}}
\end{aligned} \tag{3.4-8}$$

这里,ε^2 为阻尼因子。

2.模型分辨矩阵

1)模型分辨矩阵的定义

数据分辨矩阵表征了数据是否可以被独立预测或分辨。模型参数也同样存在是否可以

被独立预测或分辨的问题。设模型的真实值和某一特定估计值,分别为$\boldsymbol{m}^{\text{true}}$及$\boldsymbol{m}^{\text{est}}$,现考察二者的逼近程度。设与观测数据对应的模型的真实值满足 $\boldsymbol{G}\,\boldsymbol{m}^{\text{true}}=\boldsymbol{d}^{\text{obs}}$,现用该观测数据代入$\boldsymbol{m}^{\text{est}}=\boldsymbol{G}^{-g}\boldsymbol{d}^{\text{obs}}$求解模型参数的估计值,有

$$\boldsymbol{m}^{\text{est}}=\boldsymbol{G}^{-g}\,\boldsymbol{d}^{\text{obs}}=\boldsymbol{G}^{-g}(\boldsymbol{G}\boldsymbol{m}^{\text{true}})=(\boldsymbol{G}^{-g}\boldsymbol{G})\,\boldsymbol{m}^{\text{true}}=\boldsymbol{W}\,\boldsymbol{m}^{\text{true}} \tag{3.4-9}$$

其中,$\boldsymbol{W}_{M\times M}=\boldsymbol{G}^{-g}\boldsymbol{G}$ 称为模型分辨矩阵。可见模型分辨矩阵是把真解$\boldsymbol{m}^{\text{true}}$映射到估计解$\boldsymbol{m}^{\text{est}}$的一个算子,也可看作是联系"真解"与估计解的滤波器或窗口函数。

2)模型分辨矩阵的意义

现考查$\boldsymbol{m}^{\text{est}}$的第 i 个元素$\boldsymbol{m}_i^{\text{est}}$,由$\boldsymbol{m}^{\text{est}}=\boldsymbol{W}\,\boldsymbol{m}^{\text{true}}$得,

$$\boldsymbol{m}_i^{\text{est}}=\begin{bmatrix}\vdots\\ \boxed{\boldsymbol{W}\text{的第}\,i\,\text{行}}\\ \vdots\end{bmatrix}\begin{bmatrix}m_1^{\text{true}}\\ m_2^{\text{true}}\\ \vdots\\ m_M^{\text{true}}\end{bmatrix}=\sum_{j=1}^{M}W_{ij}\,m_j^{\text{true}} \tag{3.4-10}$$

上式表明,第 i 个模型参数估计值是所有模型参数真实值的加权平均,加权因子取决于矩阵 $\boldsymbol{W}$ 的第 i 行中的元素大小。

若模型参数具有自然顺序关系(如代表某一连续函数的离散形式),则分辨矩阵的每一行图像可用来确定模型中有多大尺度的特征可以被辨认出来。如果每一行元素有一个极大值,且此极大值的中心在主对角线上(图 3.4-2),则表示相应的模型参数能很好地分辨,主峰值愈尖锐,分辨率愈高;若 $\boldsymbol{W}=\boldsymbol{I}$,则$\boldsymbol{m}^{\text{est}}=\boldsymbol{m}^{\text{true}}$,称解是完全分辨的。

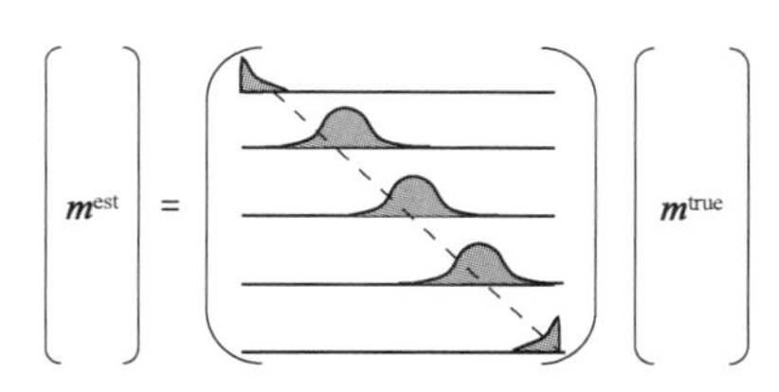

图 3.4-2　良好模型分辨矩阵 $\boldsymbol{W}$ 的行元素的几何图像

但是实际上从观测中只能得到有限的信息,模型参数和观测资料皆有误差,即模型参数估计值只是真实模型参数的加权平均值,这时 $\boldsymbol{W}$ 不是一个单位矩阵。例如,考虑 $\boldsymbol{W}$ 的第 i 行元素为(… 0　0　0　0.05　0.1　0.8　0.1　0.05　0　0　0 …),其中 0.8 位于第 i 列上,则第 i 个解估计值为

$$\boldsymbol{m}_i^{\text{est}}=\sum_{j=1}^{M}W_{ij}\,m_j^{\text{true}}=0.05\,m_{j-2}^{\text{true}}+0.1\,m_{j-1}^{\text{true}}+0.8\,m_j^{\text{true}}+0.1\,m_{j+1}^{\text{true}}+0.05\,m_{j+2}^{\text{true}} \tag{3.4-11}$$

它是相邻真实模型参数的加权平均,称为局部化平均值。可看出,其分布较宽,表示相应的模型参数分辨率较差。

与数据分辨矩阵一样,模型分辨矩阵也只是数据核以及对问题所附加的先验信息的函数,与数据的具体实际值无关,因而可以作为实验设计中的又一个重要工具。

3)模型分辨矩阵的计算

与数据矩阵类似,通过奇异值分解$\boldsymbol{G}=\boldsymbol{U}_p\boldsymbol{\Lambda}_p\boldsymbol{V}_p^{\text{T}}$,得模型分辨矩阵为:

$$\boldsymbol{W}=\boldsymbol{G}^{+}\boldsymbol{G}=\boldsymbol{V}_p\,\boldsymbol{\Lambda}_p^{-1}\,\boldsymbol{U}_p^{\text{T}}\,\boldsymbol{U}_p\,\boldsymbol{\Lambda}_p\,\boldsymbol{V}_p^{\text{T}}=\boldsymbol{V}_p\,\boldsymbol{V}_p^{\text{T}} \tag{3.4-12}$$

显然只有 $p=M$ 时模型才能够完全分辨。式(3.4-5)表明模型分辨矩阵 $\boldsymbol{W}$ 仅与奇异值分解中正交矩阵 $\boldsymbol{V}$ 有关,即 $\boldsymbol{V}$ 确定了参数反演的唯一性,故 $\boldsymbol{V}$ 中的向量称为参数特征向量。

地球物理反问题中最常见的超定问题($p=M<N$),由于最小二乘 g 逆$\boldsymbol{G}^{-g}=(\boldsymbol{G}^{\text{T}}\boldsymbol{G})^{-1}\boldsymbol{G}^{\text{T}}$,

故模型分辨矩阵

$$W = G^{-g}G = (G^{T}G)^{-1}G^{T}G = V_p V_p^{T} = I_M \tag{3.4-13}$$

说明经典最小二乘的模型分辨矩阵等于单位矩阵,反演是完全分辨的或唯一的。

对于欠定问题,对应的最小范数 g 逆$G^{-g} = G^{T}(GG^{T})^{-1}$,故模型分辨矩阵为

$$W = G^{-g}G = G^{T}(GG^{T})^{-1}G = V_p V_p^{T} \tag{3.4-14}$$

对于混定问题($p=M$)的阻尼最小二乘解,对应的模型分辨矩阵为

$$\begin{aligned} W &= (G^{T}G + \varepsilon^2 I)^{-1}G^{T}G \\ &= (V_p \Lambda_p^{T} U_p^{T} U_p \Lambda_p V_p^{T} + \varepsilon^2 I)^{-1} V_p \Lambda_p^{T} U_p^{T} U_p \Lambda_p V_p^{T} \\ &= (V_p \Lambda_p^2 V_p^{T} + \varepsilon^2 V_p V_p^{T})^{-1} V_p \Lambda_p^2 V_p^{T} \\ &= [V_p(\Lambda_p^2 + \varepsilon^2 I)V_p^{T}]^{-1} V_p \Lambda_p^2 V_p^{T} \\ &= (V_p^{T})^{-1}(\Lambda_p^2 + \varepsilon^2 I)^{-1} V_p^{-1} V_p \Lambda_p^2 V_p^{T} \\ &= V_p(\Lambda_p^2 + \varepsilon^2 I)^{-1}\Lambda_p^2 V_p^{T} \end{aligned} \tag{3.4-15}$$

其中,ε^2 为阻尼因子。

例 1:计算超定反问题$\begin{bmatrix} 1 & 1 \\ 1 & 0 \\ 0 & 1 \end{bmatrix}\begin{bmatrix} m_1 \\ m_2 \end{bmatrix} = \begin{bmatrix} 3 \\ 1 \\ 1 \end{bmatrix}$的数据分辨矩阵 $\boldsymbol{R}$ 和模型分辨矩阵 $\boldsymbol{W}$。

解:超定反问题的解估计值为$m^{est} = \begin{bmatrix} \frac{4}{3} & \frac{4}{3} \end{bmatrix}^{T}$,为最小二乘解。

对反问题的核矩阵做奇异值分解,得正交矩阵U_p、V_p:

$$U_p = \begin{bmatrix} \sqrt{\frac{2}{3}} & 0 \\ \frac{1}{2}\sqrt{\frac{2}{3}} & \frac{1}{\sqrt{2}} \\ \frac{1}{2}\sqrt{\frac{2}{3}} & -\frac{1}{\sqrt{2}} \end{bmatrix}, V_p = \begin{bmatrix} \frac{1}{\sqrt{2}} & \frac{1}{\sqrt{2}} \\ \frac{1}{\sqrt{2}} & -\frac{1}{\sqrt{2}} \end{bmatrix}$$

根据数据分辨矩阵和模型分辨矩阵的定义,有

$$R = U_p U_p^{T} = \begin{bmatrix} \frac{2}{3} & \frac{1}{3} & \frac{1}{3} \\ \frac{1}{3} & \frac{2}{3} & -\frac{1}{3} \\ \frac{1}{3} & -\frac{1}{3} & \frac{2}{3} \end{bmatrix}$$

$$W = V_p V_p^{T} = \begin{bmatrix} 1 & 0 \\ 0 & 1 \end{bmatrix}$$

例 2:计算欠定反问题$\begin{bmatrix} 1 & 1 & 0 \\ 0 & 0 & 1 \end{bmatrix}\begin{bmatrix} m_1 \\ m_2 \\ m_3 \end{bmatrix} = \begin{bmatrix} 3 \\ 1 \\ 3 \end{bmatrix}$的数据分辨矩阵 $\boldsymbol{R}$ 和模型分辨矩阵 $\boldsymbol{W}$。

解:超定反问题的解估计值为$\boldsymbol{m}^{est}=\begin{bmatrix}\frac{3}{2} & \frac{3}{2} & 3\end{bmatrix}^{T}$,为最小长度解。

对反问题的核矩阵做奇异值分解,得正交矩阵$\boldsymbol{U}_p$、$\boldsymbol{V}_p$:

$$\boldsymbol{U}_p=\begin{bmatrix}1 & 0\\0 & 1\end{bmatrix},\boldsymbol{V}_p=\begin{bmatrix}0.707 & 0\\0.707 & 0\\0 & 1\end{bmatrix}$$

根据数据分辨矩阵和模型分辨矩阵的定义,有

$$\boldsymbol{R}=\boldsymbol{U}_p\boldsymbol{U}_p^{T}=\begin{bmatrix}1 & 0\\0 & 1\end{bmatrix},\boldsymbol{W}=\boldsymbol{V}_p\boldsymbol{V}_p^{T}=\begin{bmatrix}0.5 & 0.5 & 0\\0.5 & 0.5 & 0\\0 & 0 & 1\end{bmatrix}$$

3.模型的单位协方差矩阵

1)单位协方差矩阵的定义

数据中的任何误差都将会映射为模型参数估计值的误差。若观测数据的误差为$\Delta\boldsymbol{d}$,引起模型参数的误差为$\Delta\boldsymbol{m}$,由误差通过模型映射的方式,得

$$\boldsymbol{d}+\Delta\boldsymbol{d}=\boldsymbol{G}(\boldsymbol{m}+\Delta\boldsymbol{m}) \tag{3.4-16}$$

由于$\boldsymbol{d}=\boldsymbol{Gm}$,得

$$\Delta\boldsymbol{d}=\boldsymbol{G}\Delta\boldsymbol{m} \tag{3.4-17}$$

其广义解

$$\Delta\boldsymbol{m}=\boldsymbol{G}^{-g}\Delta\boldsymbol{d} \tag{3.4-18}$$

根据协方差矩阵的定义,解的协方差矩阵为:

$$\begin{aligned}[\mathrm{cov}\ \boldsymbol{m}]&=(\Delta\boldsymbol{m})(\Delta\boldsymbol{m})^{T}=(\boldsymbol{G}^{-g}\Delta\boldsymbol{d})(\boldsymbol{G}^{-g}\Delta\boldsymbol{d})^{T}\\&=\boldsymbol{G}^{-g}(\Delta\boldsymbol{d})(\Delta\boldsymbol{d})^{T}(\boldsymbol{G}^{-g})^{T}=\boldsymbol{G}^{-g}[\mathrm{cov}\ \boldsymbol{d}](\boldsymbol{G}^{-g})^{T}\end{aligned} \tag{3.4-19}$$

其中,$[\mathrm{cov}\ \boldsymbol{d}]$为数据的协方差矩阵。

可见,模型参数的协方差取决于数据的协方差以及由数据误差映成模型参数误差的方式,其映射只是数据核和其广义逆的函数,与数据本身无关。因此协方差矩阵同样可作为实验设计的一个重要工具。

当观测数据$\boldsymbol{d}$中各分量d_i彼此独立(不相关),且是均值为零、方差为σ的随机变量时,协方差矩阵$[\mathrm{cov}\ \boldsymbol{d}]$中各交叉项为零,只存在主对角线各方差项$\sigma^2$,即$[\mathrm{cov}\ \boldsymbol{d}]=\sigma^2\boldsymbol{I}$,因此模型参数的协方差矩阵简化为:

$$[\mathrm{cov}\ \boldsymbol{m}]=\boldsymbol{G}^{-g}(\sigma^2\boldsymbol{I})(\boldsymbol{G}^{-g})^{T}=\sigma^2\boldsymbol{G}^{-g}(\boldsymbol{G}^{-g})^{T} \tag{3.4-20}$$

将数据归一化,即$\sigma^2=1$,则有

$$[\mathrm{cov_u}\boldsymbol{m}]=\boldsymbol{G}^{-g}(\boldsymbol{G}^{-g})^{T} \tag{3.4-21}$$

称为模型参数的单位协方差矩阵,它描述了误差的放大程度,且只与数据核及其广义逆有关,与数据的实际值及数据的方差无关。即使数据是相关的,通常也可以找到数据协方差矩阵的某种归一化,从而得到模型参数的单位协方差矩阵。

2)单位协方差矩阵$[\mathrm{cov_u}\boldsymbol{m}]$的计算

根据奇异值分解$\boldsymbol{G}=\boldsymbol{U}_p\boldsymbol{\Lambda}_p\boldsymbol{V}_p^{T}$,以及$\boldsymbol{G}^{+}=\boldsymbol{V}_p\boldsymbol{\Lambda}_p^{-1}\boldsymbol{U}_p^{T}$,得解的单位协方差矩阵为:

$$
\begin{aligned}
[\mathrm{cov_u}\boldsymbol{m}] &= \boldsymbol{G}^{-g}(\boldsymbol{G}^{-g})^{\mathrm{T}} \\
&= \boldsymbol{V}_p \boldsymbol{\Lambda}_p^{-1} \boldsymbol{U}_p^{\mathrm{T}} [\boldsymbol{V}_p \boldsymbol{\Lambda}_p^{-1} \boldsymbol{U}_p^{\mathrm{T}}]^{\mathrm{T}} \\
&= \boldsymbol{V}_p \boldsymbol{\Lambda}_p^{-1} \boldsymbol{U}_p^{\mathrm{T}} \boldsymbol{U}_p \boldsymbol{\Lambda}_p^{-1} \boldsymbol{V}_p^{\mathrm{T}} \\
&= \boldsymbol{V}_p \boldsymbol{\Lambda}_p^{-2} \boldsymbol{V}_p^{\mathrm{T}}
\end{aligned} \tag{3.4-22}
$$

由上式可知,奇异值λ_i的大小对模型参数的方差有着重要的影响。当λ_i变小时,协方差矩阵$[\mathrm{cov_u}\boldsymbol{m}]$中的元素则会变大。

式(3.4-22)可写成:

$$
[\mathrm{cov_u}\boldsymbol{m}] = \boldsymbol{V}_p \boldsymbol{\Lambda}_p^{-2} \boldsymbol{V}_p^{\mathrm{T}}
$$

$$
= \begin{bmatrix} \vdots & \vdots & \vdots & \vdots \\ \boldsymbol{v}_1 & \boldsymbol{v}_2 & \cdots & \boldsymbol{v}_p \\ \vdots & \vdots & \vdots & \vdots \end{bmatrix} \begin{bmatrix} 1/\lambda_1^2 & 0 & \cdots & 0 \\ 0 & 1/\lambda_2^2 & \cdots & \vdots \\ \vdots & \vdots & \ddots & \vdots \\ 0 & \cdots & 0 & 1/\lambda_p^2 \end{bmatrix} \begin{bmatrix} \cdots & \boldsymbol{v}_1^{\mathrm{T}} & \cdots \\ \cdots & \boldsymbol{v}_2^{\mathrm{T}} & \cdots \\ & \vdots & \\ \cdots & \boldsymbol{v}_p^{\mathrm{T}} & \cdots \end{bmatrix} \tag{3.4-23}
$$

考虑协方差矩阵$[\mathrm{cov_u}\boldsymbol{m}]$中第 k 个对角线元素$[\mathrm{cov_u}\boldsymbol{m}]_{kk}$,将上式的前两个矩阵相乘,可进一步得到:

$$
[\mathrm{cov_u}\boldsymbol{m}]_{kk} = \begin{bmatrix} v_{11}/\lambda_1^2 & v_{12}/\lambda_2^2 & \cdots & v_{1p}/\lambda_p^2 \\ \vdots & \vdots & & \vdots \\ v_{k1}/\lambda_1^2 & v_{k2}/\lambda_2^2 & \cdots & v_{kp}/\lambda_p^2 \\ \vdots & \vdots & \ddots & \vdots \\ v_{M1}/\lambda_1^2 & v_{M2}/\lambda_2^2 & \cdots & v_{Mp}/\lambda_p^2 \end{bmatrix} \begin{bmatrix} v_{11} & \cdots & v_{k1} & \cdots & v_{M1} \\ v_{12} & \cdots & v_{k2} & \cdots & v_{M2} \\ \vdots & \vdots & \vdots & \ddots & \vdots \\ v_{1p} & \cdots & v_{kp} & \cdots & v_{Mp} \end{bmatrix}
$$

$$
= \sum_{i=1}^{p} \frac{v_{ki}^2}{\lambda_i^2} \tag{3.4-24}
$$

因此,如果$\boldsymbol{v}_{ki}$不等于零,λ_i越小,$[\mathrm{cov_u}\boldsymbol{m}]_{kk}$就越大。其中,$\boldsymbol{v}_{ki}$是第 i 个特征向量$\boldsymbol{v}_i$的第 k 个元素。

例 3:计算线性反问题$\begin{bmatrix} 1.00 & 1.00 \\ 2.00 & 2.01 \end{bmatrix}\begin{bmatrix} m_1 \\ m_2 \end{bmatrix} = \begin{bmatrix} 2.00 \\ 4.10 \end{bmatrix}$的解及其单位协方差矩阵。

解:对核矩阵 $\boldsymbol{G} = \begin{bmatrix} 1.00 & 1.00 \\ 2.00 & 2.01 \end{bmatrix}$进行奇异值分解,得对应的奇异值分别为$\lambda_1 = 3.169$ 和 $\lambda_2 = 0.00316$。对应的特征向量矩阵分别为:

$$
\boldsymbol{U}_p = \begin{bmatrix} 0.446 & -0.895 \\ 0.895 & 0.446 \end{bmatrix}, \boldsymbol{V}_p = \begin{bmatrix} 0.706 & -0.709 \\ 0.709 & 0.706 \end{bmatrix}
$$

$$
\boldsymbol{G}^{-g} = \boldsymbol{V}_p \boldsymbol{\Lambda}_p^{-1} \boldsymbol{U}_p^{\mathrm{T}} = \begin{bmatrix} 201 & -100 \\ -200 & 100 \end{bmatrix}
$$

因此,反问题对应的解为:$\boldsymbol{m}^{\mathrm{est}} = \boldsymbol{G}^{-g}\boldsymbol{d} = \begin{bmatrix} 201 & -100 \\ -200 & 100 \end{bmatrix}\begin{bmatrix} 2.00 \\ 4.10 \end{bmatrix} = \begin{bmatrix} -8.0 \\ 10.0 \end{bmatrix}$。

现考虑该问题的单位协方差矩阵:

$$[\mathrm{cov_u}\boldsymbol{m}]=\boldsymbol{V}_p\boldsymbol{\Lambda}_p^{-2}\boldsymbol{V}_p^{\mathrm{T}}=\begin{bmatrix}0.706 & -0.709\\0.709 & 0.706\end{bmatrix}\begin{bmatrix}0.0996 & 0\\0 & 100300.9\end{bmatrix}\begin{bmatrix}0.706 & -0.709\\0.709 & 0.706\end{bmatrix}^{\mathrm{T}}$$
$$=\begin{bmatrix}50401 & -50200\\-50200 & 50000\end{bmatrix}$$

可见,模型参数m_1和m_2的协方差非常大,这意味着虽然得到的解是唯一的且能够拟合观测数据,但解的稳定性却非常差,或者说对噪声非常敏感。

比如当数据d_2由4.1变为4.0(2.5%的误差)时,得到的解则变为:

$$\boldsymbol{m}^{\mathrm{est}}=\boldsymbol{G}^{-g}\boldsymbol{d}=\begin{bmatrix}201 & -100\\-200 & 100\end{bmatrix}\begin{bmatrix}2.0\\4.0\end{bmatrix}=\begin{bmatrix}2\\0.0\end{bmatrix}$$

也就是说,此时数据中的微小误差将导致解产生很大变化,该问题是不稳定的。对于该问题,如果希望解的标准差达到0.1的量级,则数据的标准差必须小于5×10^{-4}。

4.分辨率与协方差的优度度量

对于地球物理反演问题,最理想的结果是模型参数估计值的误差越小越好,但误差小会引起反演结果的不稳定性(唯一性差)。由式(3.4-24)可以看出,分子恰是模型分辨矩阵$\boldsymbol{W}=\boldsymbol{V}\boldsymbol{V}^{\mathrm{T}}$的元素。当分辨矩阵$\boldsymbol{W}$为单位阵$\boldsymbol{I}$时,反演参数方差有极大值;反之,当$\boldsymbol{W}$与$\boldsymbol{I}$相差较大时,反演参数方差较小。这说明对于给定的观测误差,模型分辨率与模型的方差是矛盾的。分辨率高,则反演参量误差较大;分辨率低,则反演参量误差较小。

要使反演参量在精度和唯一性方面都得到照顾,必须在二者间采取一种折中方案。为此,引出分辨率和协方差的优度度量与折中(评价)的思想:用优度度量函数定量表示分辨矩阵$\boldsymbol{R}$、$\boldsymbol{W}$和协方差矩阵$[\mathrm{cov_u}\boldsymbol{m}]$。

1)分辨率的展布函数

对于分辨率,当其为单位矩阵时,分辨率最高,故将$\boldsymbol{R}-\boldsymbol{I}$或$\boldsymbol{W}-\boldsymbol{I}$的模定义为分辨率的展布函数:

$$\begin{aligned}\mathrm{spread}(\boldsymbol{R})&=\|\boldsymbol{R}-\boldsymbol{I}\|^2=\sum_{i=1}^{N}\sum_{j=1}^{N}(R_{ij}-\delta_{ij})^2\\\mathrm{spread}(\boldsymbol{W})&=\|\boldsymbol{W}-\boldsymbol{I}\|^2=\sum_{i=1}^{N}\sum_{j=1}^{N}(W_{ij}-\delta_{ij})^2\end{aligned}\qquad(3.4\text{-}25)$$

其中,δ_{ij}是单位矩阵$\boldsymbol{I}$的元素。可见,展布函数可定量表示$\boldsymbol{R}$(或$\boldsymbol{W}$)与单位矩阵$\boldsymbol{I}$之间的差异程度。如果$\boldsymbol{R}$(或$\boldsymbol{W}$)$=\boldsymbol{I}$,则spread($\boldsymbol{R}$或$\boldsymbol{N}$)$=0$。

2)单位协方差矩阵的S函数

由于模型参数的单位标准差代表了数据误差映射到模型误差的放大程度,因此可用所有模型参数的方差之和作为单位协方差大小的度量,即取单位协方差矩阵的迹作为优度度量:

$$\mathrm{size}([\mathrm{cov_u}\boldsymbol{m}])=\sum_{i=1}^{M}[\mathrm{cov_u}\boldsymbol{m}]_{ii}\qquad(3.4\text{-}26)$$

称为单位协方差矩阵的S函数。

3)分辨率与协方差的优度度量

由以上推导可知,数据分辨矩阵和模型分辨矩阵的展布函数可以用来衡量相应分辨率的大小,单位协方差矩阵的 S 函数可以用来衡量模型参数的协方差。对于线性反问题 $\boldsymbol{Gm}=\boldsymbol{d}$ 的求解,根据广义逆理论,我们总期望得到模型参数和数据分辨率高、模型参数协方差小的广义逆。而分辨率矩阵的展布函数以及单位协方差矩阵的 S 函数均是广义逆 $\boldsymbol{G}^{-g}$ 的函数。因此,我们可以参照第 2 章长度法原理,以分辨率矩阵的展布函数和单位协方差矩阵的 S 函数为目标函数,求取使得该目标函数取极小的广义逆,从而得到满足反问题的解。

对于超定问题,以数据分辨率的展布函数取极小为准则来求广义逆。首先建立目标函数:

$$\begin{aligned}\Phi(\boldsymbol{G}^{-g}) &= \text{spread}(\boldsymbol{R}) = [\boldsymbol{R}-\boldsymbol{I}]^{\mathrm{T}}[\boldsymbol{R}-\boldsymbol{I}] \\ &= \boldsymbol{R}^{\mathrm{T}}\boldsymbol{R}-\boldsymbol{IR}-\boldsymbol{R}^{\mathrm{T}}\boldsymbol{I}+\boldsymbol{I} \\ &= [\boldsymbol{G}\boldsymbol{G}^{-g}]^{\mathrm{T}}[\boldsymbol{G}\boldsymbol{G}^{-g}]-\boldsymbol{I}[\boldsymbol{G}\boldsymbol{G}^{-g}]-[\boldsymbol{G}\boldsymbol{G}^{-g}]^{\mathrm{T}}\boldsymbol{I}+\boldsymbol{I} \\ &= [\boldsymbol{G}^{-g}]^{\mathrm{T}}\boldsymbol{G}^{\mathrm{T}}\boldsymbol{G}\boldsymbol{G}^{-g}-\boldsymbol{G}\boldsymbol{G}^{-g}-[\boldsymbol{G}^{-g}]^{\mathrm{T}}\boldsymbol{G}^{\mathrm{T}}+\boldsymbol{I}\end{aligned} \tag{3.4-27}$$

令 $\dfrac{\partial\boldsymbol{\Phi}}{\partial[\boldsymbol{G}^{-g}]^{\mathrm{T}}}=0$,得

$$\boldsymbol{G}^{\mathrm{T}}\boldsymbol{G}\boldsymbol{G}^{-g}-\boldsymbol{G}^{\mathrm{T}}=0 \tag{3.4-28}$$

整理得,

$$\boldsymbol{G}^{-g}=(\boldsymbol{G}^{\mathrm{T}}\boldsymbol{G})^{-1}\boldsymbol{G}^{\mathrm{T}} \tag{3.4-29}$$

可见,使数据分辨矩阵 $\boldsymbol{R}$ 的展布函数取极小的广义逆 $\boldsymbol{G}^{-g}$,也是使预测误差的长度取极小的最小二乘 g 逆。超定问题的模型分辨率是完好的。因为 $\boldsymbol{W}=\boldsymbol{G}^{-g}\boldsymbol{G}=(\boldsymbol{G}^{\mathrm{T}}\boldsymbol{G})^{-1}\boldsymbol{G}^{\mathrm{T}}\boldsymbol{G}=\boldsymbol{I}$。可以解释为超定问题有充足的数据可供选择求解。超定问题的单位协方差矩阵则为:

$$[\text{cov}_{\mathrm{u}}\boldsymbol{m}]=\boldsymbol{G}^{-g}[\boldsymbol{G}^{-g}]^{\mathrm{T}}=(\boldsymbol{G}^{\mathrm{T}}\boldsymbol{G})^{-1}\boldsymbol{G}^{\mathrm{T}}[(\boldsymbol{G}^{\mathrm{T}}\boldsymbol{G})^{-1}\boldsymbol{G}^{\mathrm{T}}]^{\mathrm{T}}=(\boldsymbol{G}^{\mathrm{T}}\boldsymbol{G})^{-1} \tag{3.4-30}$$

对于欠定问题,以模型分辨率的展布函数取极小为准则建立目标函数:

$$\begin{aligned}\boldsymbol{\Phi}(\boldsymbol{G}^{-g}) &= \text{spread}(\boldsymbol{W}) = [\boldsymbol{W}-\boldsymbol{I}]^{-1}[\boldsymbol{W}-\boldsymbol{I}] = \boldsymbol{W}^{\mathrm{T}}\boldsymbol{W}-\boldsymbol{IW}-\boldsymbol{W}^{\mathrm{T}}\boldsymbol{I}+\boldsymbol{I} \\ &= [\boldsymbol{G}^{-g}\boldsymbol{G}][\boldsymbol{G}^{-g}\boldsymbol{G}]^{\mathrm{T}}-\boldsymbol{I}[\boldsymbol{G}^{-g}\boldsymbol{G}]-[\boldsymbol{G}^{-g}\boldsymbol{G}]^{\mathrm{T}}\boldsymbol{I}+\boldsymbol{I} \\ &= \boldsymbol{G}^{-g}\boldsymbol{G}\boldsymbol{G}^{\mathrm{T}}[\boldsymbol{G}^{-g}]^{\mathrm{T}}-\boldsymbol{G}^{-g}\boldsymbol{G}-\boldsymbol{G}^{\mathrm{T}}[\boldsymbol{G}^{-g}]^{\mathrm{T}}+\boldsymbol{I}\end{aligned} \tag{3.4-31}$$

这里注意,由 $\boldsymbol{W}=\boldsymbol{V}_p\boldsymbol{V}_p^{\mathrm{T}}$ 知,$\boldsymbol{W}^{\mathrm{T}}=\boldsymbol{W}$。

令 $\dfrac{\partial\boldsymbol{\Phi}}{\partial[\boldsymbol{G}^{-g}]^{\mathrm{T}}}=0$,得

$$\boldsymbol{G}^{-g}\boldsymbol{G}\boldsymbol{G}^{\mathrm{T}}-\boldsymbol{G}^{\mathrm{T}}=\boldsymbol{0} \tag{3.4-32}$$

整理得,

$$\boldsymbol{G}^{-g}=\boldsymbol{G}^{\mathrm{T}}(\boldsymbol{G}\boldsymbol{G}^{\mathrm{T}})^{-1} \tag{3.4-33}$$

可见,使模型分辨矩阵 $\boldsymbol{W}$ 的展布函数取极小的广义逆 $\boldsymbol{G}^{-g}$,也是使模型的长度取极小的最小长度 g 逆。欠定问题的数据分辨矩阵为:$\boldsymbol{R}=\boldsymbol{G}\boldsymbol{G}^{-g}=\boldsymbol{G}\boldsymbol{G}^{\mathrm{T}}(\boldsymbol{G}\boldsymbol{G}^{\mathrm{T}})^{-1}=\boldsymbol{I}$,因此欠定问题的分辨率是完好的,这是由于所有数据都得到了充分的利用。欠定问题的单位协方差矩阵为:

$$[\text{cov}_{\mathrm{u}}\boldsymbol{m}]=\boldsymbol{G}^{-g}(\boldsymbol{G}^{-g})^{\mathrm{T}}=\boldsymbol{G}^{\mathrm{T}}(\boldsymbol{G}\boldsymbol{G}^{\mathrm{T}})^{-1}[\boldsymbol{G}^{\mathrm{T}}(\boldsymbol{G}\boldsymbol{G}^{\mathrm{T}})^{-1}]^{\mathrm{T}}=\boldsymbol{G}^{\mathrm{T}}(\boldsymbol{G}^{\mathrm{T}}\boldsymbol{G})^{-2}\boldsymbol{G} \tag{3.4-34}$$

对于混定问题,以分辨率的展布函数与单位协方差 S 函数的加权组合取极小为准则建立目标函数:

$$\boldsymbol{\Phi}(\boldsymbol{G}^{-g})=\alpha_1\text{spread}(\boldsymbol{R})+\alpha_2\text{spread}(\boldsymbol{W})+\alpha_3\text{size}([\text{cov}_{\mathrm{u}}\boldsymbol{m}]) \tag{3.4-35}$$

其中,α_1、α_2、α_3 是任意的加权因子。

令 $\dfrac{\partial\boldsymbol{\Phi}}{\partial[\boldsymbol{G}^{-g}]^{\mathrm{T}}}=0$,得

$$\alpha_1(\boldsymbol{G}^{\mathrm{T}}\boldsymbol{G})\boldsymbol{G}^{-\mathrm{g}}-\alpha_1\boldsymbol{G}^{\mathrm{T}}+\alpha_2\boldsymbol{G}^{-\mathrm{g}}(\boldsymbol{G}\boldsymbol{G}^{\mathrm{T}})-\alpha_2\boldsymbol{G}^{\mathrm{T}}+\alpha_3\boldsymbol{G}^{-\mathrm{g}}=\boldsymbol{0} \tag{3.4-36}$$

整理得,

$$\alpha_1(\boldsymbol{G}^{\mathrm{T}}\boldsymbol{G})\boldsymbol{G}^{-\mathrm{g}}+\alpha_2\boldsymbol{G}^{-\mathrm{g}}\boldsymbol{G}\boldsymbol{G}^{\mathrm{T}}+\alpha_3\boldsymbol{G}^{-\mathrm{g}}=(\alpha_1+\alpha_2)\boldsymbol{G}^{\mathrm{T}} \tag{3.4-37}$$

可以看出,当$\alpha_1=1,\alpha_2=\alpha_3=0$,对应超定问题;当$\alpha_2=1,\alpha_1=\alpha_3=0$,对应欠定问题;当$\alpha_1=1$,$\alpha_2=0,\alpha_3=\varepsilon^2$,对应混定问题,其广义逆为$\boldsymbol{G}^{-\mathrm{g}}=(\boldsymbol{G}^{\mathrm{T}}\boldsymbol{G}+\varepsilon^2\boldsymbol{I})^{-1}\boldsymbol{G}^{\mathrm{T}}$,对应的解为阻尼最小二乘解。

在根据分辨率的展布函数取极小准则寻找最优广义逆时,还需注意上述定义的展布函数 spread($\boldsymbol{W}$)或 spread($\boldsymbol{R}$)并不是衡量分辨率的最佳函数。因为它没有考虑分辨矩阵中不为零的非对角线元素的空间分布特征(图 3.4-3)。图 3.4-3 知,虽然二者的展布函数值相等,但所表示的分辨率却是不一样的,只有当分辨矩阵的每一行非零元素很少且紧挨对角线元素分布时[图 3.4-3a)]才具有较高的分辨率。

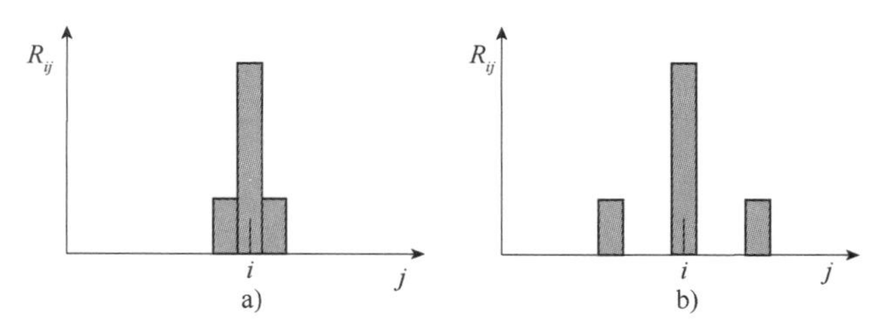

图 3.4-3　模型分辨矩阵中非零元素的分布

因此恰当的优度准则还应考虑非对角线元素的位置,给靠近主对角线的元素赋以较大的权重。这类改进的展布函数称为 BG(Backus-Gilbert)展布函数。其形式为:

$$\mathrm{spread}(\boldsymbol{W})=\sum_{i=1}^{N}\sum_{j=1}^{N}s(i,j)(W_{ij}-\delta_{ij})^2 \tag{3.4-38}$$

其中,$s(i,j)\geqslant 0$ 为权重因子。可按分辨率矩阵各元素离开主对角线的间距值进行加权,例如令 $s(i,j)=(i-j)^2$,即可保证加权的非负性和对称性。

4)分辨率与协方差之间的折中

由式(3.4-24)知,模型分辨率与其单位协方差是矛盾的。要求分辨率高,则误差较大;分辨率低,则反演误差较小。因此,要使模型参数在精度和唯一性方面都得到照顾,必须在二者间采取一种折中方案。可以采用分辨率的展布与协方差的大小加权组合作为目标函数,在目标函数极小化的准则下,求取相应的广义逆。即

$$\Phi(\boldsymbol{G}^{-\mathrm{g}})=\alpha\cdot\mathrm{spread}(\boldsymbol{W})+(1-\alpha)\cdot\mathrm{size}([\mathrm{cov}_{\mathrm{u}}\boldsymbol{m}]) \tag{3.4-39}$$

如果加权因子 $\alpha\to 1$,则意味着模型分辨率具有较小的展布,但模型参数将会有较大的方差。如果 $\alpha\to 0$,则模型参数有相对较小的方差,但分辨率将会有较大的展布。使 α 在(0,1)区间内变化即可确定出一条折中曲线(图 3.4-4)。找到曲线上的最优点便求得最优的广义逆。

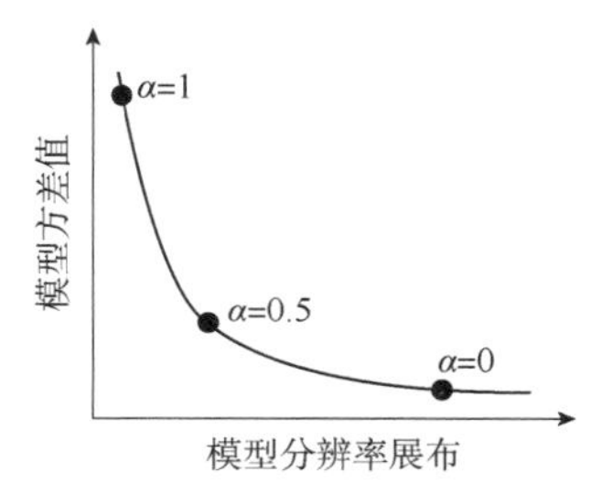

图 3.4-4　折中曲线示意图

习　题

1.什么是 Moore-Penrose 广义逆?

2.广义逆 $\boldsymbol{G}^{-}$ 与 $\boldsymbol{G}^{+}$ 有何性质上的区别?

3.广义逆是如何将地球物理反问题统一起来的?

4.简述广义逆法求解正定问题、欠定问题、超定问题和混定问题 $\boldsymbol{d}_{M\times 1}=\boldsymbol{G}_{M\times N}\cdot\boldsymbol{m}_{N\times 1}$ 的广义逆矩阵。

5.在对矩阵进行 QR 分解时,其中一个重要的步骤是构造正交矩阵 $\boldsymbol{Q}$,设一个列向量 $\boldsymbol{v}=[4\quad 2\quad 4]^{\mathrm{T}}$,试推导其对应的 Householder 矩阵 $\boldsymbol{Q}$ 的具体形式。

6.试推导利用正交分解法计算超定问题(列满秩)和欠定问题(行满秩)的广义逆 $\boldsymbol{G}^{+}$。

7.讨论奇异值分解法计算非满秩矩阵 $\boldsymbol{G}$ 的广义逆时,正交矩阵 $\boldsymbol{U}$ 和 $\boldsymbol{V}$ 的零特征向量矩阵部分对广义逆计算的影响。

8.已知任意 $M\times N$ 阶长方阵 $\boldsymbol{G}_{M\times N}$ 及其 Moore-Penrose 广义逆 $\boldsymbol{G}^{+}_{N\times M}$($N\times M$ 阶长方阵),且满足 $\boldsymbol{G}=\boldsymbol{USV}^{\mathrm{T}}$、$\boldsymbol{G}^{+}=\boldsymbol{VS}^{+}\boldsymbol{U}^{\mathrm{T}}$,其中,$\boldsymbol{U}_{M\times M}$、$\boldsymbol{V}_{N\times N}$ 是正交矩阵,$\boldsymbol{S}_{M\times N}$ 是主对角线元素不为零的上三角矩阵,其对角元素的平方 $S_1{}^2,S_2{}^2,S_3{}^2,\cdots,S_r{}^2$ 是对称矩阵 $\boldsymbol{G}^{\mathrm{T}}\boldsymbol{G}$ 的非零特征值,$r=\mathrm{rank}(\boldsymbol{G})\leqslant\min(M,N)$。$\boldsymbol{S}^{+}_{N\times M}$ 与 $\boldsymbol{S}$ 是同类矩阵,但其对角线元素为 $S_1{}^{-1},S_2{}^{-1},S_3{}^{-1},\cdots,S_r{}^{-1}$。试证明:

$$①\boldsymbol{GG}^{+}\boldsymbol{G}=\boldsymbol{G};②\boldsymbol{G}^{+}\boldsymbol{GG}^{+}=\boldsymbol{G}^{+};③(\boldsymbol{GG}^{+})^{\mathrm{T}}=\boldsymbol{GG}^{+};④(\boldsymbol{G}^{+}\boldsymbol{G})^{\mathrm{T}}=\boldsymbol{G}^{+}\boldsymbol{G}$$

9.解的质量评价与求解是同等重要的问题,请问对解进行评价时可以从哪几个方面去考虑?当利用广义逆矩阵求解线性反演问题时,如何对解进行评价?

10.设线性问题 $\boldsymbol{Gm}=\boldsymbol{d}$ 的广义逆为 $\boldsymbol{G}^{+}$,观测数据为 $\boldsymbol{d}^{\mathrm{obs}}=\boldsymbol{Gm}^{\mathrm{true}}$,模型参数估计解 $\boldsymbol{m}^{\mathrm{est}}=\boldsymbol{G}^{+}\boldsymbol{d}^{\mathrm{obs}}$,式中 $\boldsymbol{m}^{\mathrm{true}}$ 和 $\boldsymbol{m}^{\mathrm{est}}$ 分别为模型的“真解”与估计解。试给出模型分辨矩阵的表达式,说明其意义,并画出其示意图。

11.设已找到线性问题 $\boldsymbol{Gm}=\boldsymbol{d}$ 的广义逆 $\boldsymbol{G}^{+}$,则解的估计值 $\boldsymbol{m}=\boldsymbol{G}^{+}\boldsymbol{d}^{\mathrm{obs}}$,式中 $\boldsymbol{d}^{\mathrm{obs}}$ 为数据的观测值。试推导数据分辨矩阵的表达形式,并说明其意义。并画出其示意图。

12.给出展布准则中展布函数的定义并说明其意义。

13.什么是折中曲线?简述折中曲线的意义和作用(画图说明)。

第 4 章　线性反问题的迭代算法

对于线性反问题，当核函数矩阵 $\boldsymbol{G}$ 具有数以万计的行和列时，基于广义逆的奇异值分解法已变得不切实际。存储如此大矩阵的所有元素需要大量的计算机内存。如果矩阵 $\boldsymbol{G}$ 中的很多元素为零，$\boldsymbol{G}$ 就是一个稀疏矩阵。例如基于射线理论的层析成像问题，我们可以通过只存储 $\boldsymbol{G}$ 的非零元素及其位置来避免计算机内存不足问题。基于矩阵分解的线性方程组的求解方法（如 Cholesky 分解、QR 分解或 SVD 分解）往往不能很好地处理稀疏矩阵。主要原因是在 $\boldsymbol{G}$ 的因式分解中出现的矩阵通常比 $\boldsymbol{G}$ 本身更密集，如 SVD 分解中的 $\boldsymbol{U}$ 和 $\boldsymbol{V}$ 矩阵、QR 分解中的 $\boldsymbol{Q}$ 矩阵，这些矩阵都是正交矩阵，它们比原矩阵 $\boldsymbol{G}$ 更为稠密。

本章讨论的迭代方法不需要存储额外的稠密矩阵。而是通过迭代生成一系列解向量 $\boldsymbol{m}$，最终收敛到一个最优解。迭代过程通常包括将 $\boldsymbol{G}$ 和$\boldsymbol{G}^{\mathrm{T}}$与向量相乘，无须额外存储即可完成。由于迭代法可以很好地利用矩阵 $\boldsymbol{G}$ 的稀疏性，常用于求解大型稀疏矩阵线性反演问题。

例如，一个模型大小为 256×256（65536 个模型参数）、射线路径为 100000 条的层析成像问题，大多数射线路径经过的单元格在单元格总数中占有很小的比例，所以 $\boldsymbol{G}$ 中的大多数元素都为零。$\boldsymbol{G}$ 的稠密度可能会小于 1%，如果我们将 $\boldsymbol{G}$ 存储为一个稠密矩阵，则需要大约 50GB 的存储空间。此外，$\boldsymbol{U}$ 矩阵需要 80GB 字节的存储空间，而 $\boldsymbol{V}$ 矩阵需要大约 35GB。使用稀疏存储技术，$\boldsymbol{G}$ 所需的存储容量可以小于 1GB。

本章将主要介绍 Kaczmarz 迭代算法以及由该方法衍生的代数重建技术（ART）、联合迭代重建技术（SIRT），这些算法最初是为层析成像应用开发的，且对层析成像问题特别有效，最后介绍共轭梯度线性迭代算法的基本原理及迭代过程。

§4.1　Kaczmarz 代数重建迭代算法

Kaczmarz 迭代算法是 1937 年由波兰数学家科区马兹（Stenfan Kaczmarz）提出的用以求解非对称代数方程组的方法。Kaczmarz 算法是一个著名的求解线性方程组的代数重建技术，常用于求解大规模不适定的线性方程组。

1.Kaczmarz 迭代算法基本原理

对于线性反问题$\boldsymbol{G}_{N\times M}\boldsymbol{m}_{M\times 1}=\boldsymbol{d}_{N\times 1}$，系统的每一行$\boldsymbol{G}_{i,\cdot}\boldsymbol{m}=d_i$可以看作是一个 M 维超平面，共 N 个超平面。Kaczmarz 算法从事先给定的初始模型$\boldsymbol{m}^{(0)}$开始，通过将初始模型投影到由 $\boldsymbol{G}$ 的第一行定义的超平面上得到$\boldsymbol{m}^{(1)}$，然后再将$\boldsymbol{m}^{(1)}$投影到由 $\boldsymbol{G}$ 的第二行定义的超平面上

得到$\boldsymbol{m}^{(2)}$,以此类推直到将所有 N 个超平面投影完毕;然后开始新一轮的投影,重复上述迭代过程,直到解成功收敛。

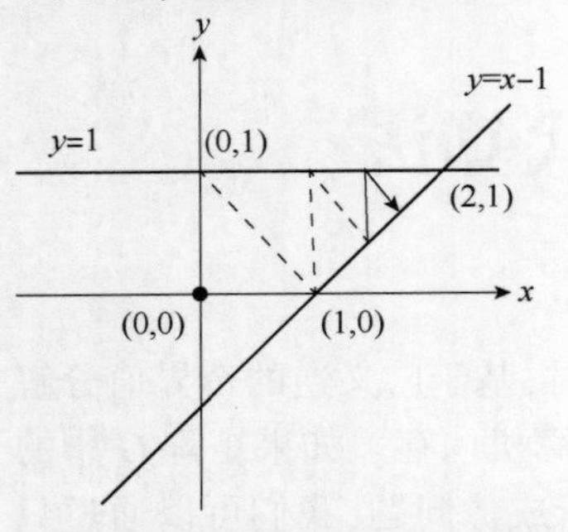

图 4.1-1 Kaczmarz 算法投影过程示意图

现以如图 4.1-1 所示的线性系统为例,说明 Kaczmarz 算法的迭代过程。系统方程如下:

$$\begin{cases} y = 1 \\ -x + y = -1 \end{cases}$$

写成矩阵形式为:

$$\begin{bmatrix} 0 & 1 \\ -1 & 1 \end{bmatrix}\begin{bmatrix} x \\ y \end{bmatrix} = \begin{bmatrix} 1 \\ -1 \end{bmatrix}$$

显然,问题的解为$\begin{bmatrix} x \\ y \end{bmatrix} = \begin{bmatrix} 2 \\ 1 \end{bmatrix}$。

采用 Kaczmarz 算法,首先从初始点$\boldsymbol{m}^{(0)} = [0,0]^{\mathrm{T}}$开始,向由 $y=1$ 定义超平面(这里为一条直线)投影,得到$\boldsymbol{m}^{(1)} = [0,1]^{\mathrm{T}}$。然后再由$\boldsymbol{m}^{(1)}$向由$-x+y=-1$ 定义超平面(这里为一条直线)投影,得到$\boldsymbol{m}^{(2)} = [1,0]^{\mathrm{T}}$。至此,系统对应的所有超平面投影完毕,显然解仍未收敛到正确解$[2,1]^{\mathrm{T}}$。如果将上一轮的迭代结果作为初始值,开始新一轮的迭代,令$\boldsymbol{m}^{(0)} = \boldsymbol{m}^{(2)}$,重复迭代过程。显然经过若干次迭代之后,问题的解将最终收敛于正确解$[2,1]^{\mathrm{T}}$。

为执行算法,需要一个公式来计算一个向量到第 i 个方程定义的超平面上的投影。令$\boldsymbol{G}_{i,.}$表示 $\boldsymbol{G}$ 的第 i 行,考虑$\boldsymbol{G}_{i+1,.}\boldsymbol{m} = d_{i+1}$所定义的超平面,由于向量$\boldsymbol{G}_{i+1,.}^{\mathrm{T}}$(超平面的法向量)垂直于该超平面,所以模型参数$\boldsymbol{m}^{(i)}$到第 $i+1$ 个超平面的投影对应的修正量应正比于$\boldsymbol{G}_{i+1,.}^{\mathrm{T}}$,即

$$\boldsymbol{m}^{(i+1)} = \boldsymbol{m}^{(i)} + \beta\,\boldsymbol{G}_{i+1,.}^{\mathrm{T}} \tag{4.1-1}$$

利用$\boldsymbol{G}_{i+1,.}\boldsymbol{m}^{(i+1)} = \boldsymbol{d}_{i+1}$求解 β,将上式代入得:

$$\boldsymbol{G}_{i+1,.}(\boldsymbol{m}^{(i)} + \beta\,\boldsymbol{G}_{i+1,.}^{\mathrm{T}}) = \boldsymbol{d}_{i+1} \tag{4.1-2}$$

$$\boldsymbol{G}_{i+1,.}\,\boldsymbol{m}^{(i)} - \boldsymbol{d}_{i+1} = -\beta\,\boldsymbol{G}_{i+1,.}\,\boldsymbol{G}_{i+1,.}^{\mathrm{T}} \tag{4.1-3}$$

$$\beta = -\frac{\boldsymbol{G}_{i+1,.}\,\boldsymbol{m}^{(i)} - \boldsymbol{d}_{i+1}}{\boldsymbol{G}_{i+1,.}\,\boldsymbol{G}_{i+1,.}^{\mathrm{T}}} \tag{4.1-4}$$

所以解的修正公式为:

$$\boldsymbol{m}^{(i+1)} = \boldsymbol{m}^{(i)} - \frac{\boldsymbol{G}_{i+1,.}\,\boldsymbol{m}^{(i)} - \boldsymbol{d}_{i+1}}{\boldsymbol{G}_{i+1,.}\,\boldsymbol{G}_{i+1,.}^{\mathrm{T}}}\boldsymbol{G}_{i+1,.}^{\mathrm{T}} \tag{4.1-5}$$

现利用该修正公式计算上述例子的第一轮迭代过程,其中$\boldsymbol{G}_{1,.} = [0,1]^{\mathrm{T}}$,$d_1 = 1$,$\boldsymbol{G}_{2,.} = [-1,1]^{\mathrm{T}}$,$d_2 = -1$。

$$\boldsymbol{m}^{(1)} = \boldsymbol{m}^{(0)} - \frac{\boldsymbol{G}_{1,.}\,\boldsymbol{m}^{(0)} - d_1}{\boldsymbol{G}_{1,.}\,\boldsymbol{G}_{1,.}^{\mathrm{T}}}\boldsymbol{G}_{1,.}^{\mathrm{T}}$$

$$= \begin{bmatrix} 0 \\ 0 \end{bmatrix} - \frac{[0,1]\begin{bmatrix} 0 \\ 0 \end{bmatrix} - 1}{[0,1]\,[0,1]^{\mathrm{T}}}\begin{bmatrix} 0 \\ 1 \end{bmatrix} = \begin{bmatrix} 0 \\ 1 \end{bmatrix}$$

$$\boldsymbol{m}^{(2)}=\boldsymbol{m}^{(1)}-\frac{\boldsymbol{G}_{2,\cdot}\boldsymbol{m}^{(1)}-d_2}{\boldsymbol{G}_{2,\cdot}\boldsymbol{G}_{2,\cdot}^{\mathrm{T}}}\boldsymbol{G}_{2,\cdot}^{\mathrm{T}}$$

$$=\begin{bmatrix}0\\1\end{bmatrix}-\frac{[-1,1]\begin{bmatrix}0\\1\end{bmatrix}-(-1)}{[-1,1][-1,1]^{\mathrm{T}}}\begin{bmatrix}-1\\1\end{bmatrix}=\begin{bmatrix}1\\0\end{bmatrix}$$

第二轮迭代过程

$$\boldsymbol{m}^{(1)}=\boldsymbol{m}^{(0)}-\frac{\boldsymbol{G}_{1,\cdot}\boldsymbol{m}^{(0)}-d_1}{\boldsymbol{G}_{1,\cdot}\boldsymbol{G}_{1,\cdot}^{\mathrm{T}}}\boldsymbol{G}_{1,\cdot}^{\mathrm{T}}$$

$$=\begin{bmatrix}1\\0\end{bmatrix}-\frac{[0,1]\begin{bmatrix}1\\0\end{bmatrix}-1}{[0,1][0,1]^{\mathrm{T}}}\begin{bmatrix}0\\1\end{bmatrix}=\begin{bmatrix}1\\1\end{bmatrix}$$

$$\boldsymbol{m}^{(2)}=\boldsymbol{m}^{(1)}-\frac{\boldsymbol{G}_{2,\cdot}\boldsymbol{m}^{(1)}-d_2}{\boldsymbol{G}_{2,\cdot}\boldsymbol{G}_{2,\cdot}^{\mathrm{T}}}\boldsymbol{G}_{2,\cdot}^{\mathrm{T}}$$

$$=\begin{bmatrix}1\\1\end{bmatrix}-\frac{[-1,1]\begin{bmatrix}1\\1\end{bmatrix}-(-1)}{[-1,1][-1,1]^{\mathrm{T}}}\begin{bmatrix}-1\\1\end{bmatrix}=\begin{bmatrix}\frac{3}{2}\\\frac{1}{2}\end{bmatrix}$$

显然,随着迭代次数的增加,解逐步向正确解方向收敛。

2.Kaczmarz 迭代算法流程

① 令$\boldsymbol{m}^{(0)}=\boldsymbol{0}$。

② for $i=0,1,\cdots,N$, $\boldsymbol{m}^{(i+1)}=\boldsymbol{m}^{(i)}-\frac{\boldsymbol{G}_{i+1,\cdot}\boldsymbol{m}^{(i)}-\boldsymbol{d}_{i+1}}{\boldsymbol{G}_{i+1,\cdot}\boldsymbol{G}_{i+1,\cdot}^{\mathrm{T}}}\boldsymbol{G}_{i+1,\cdot}^{\mathrm{T}}$。

③ 按下式判断解是否收敛,如不收敛,令$\boldsymbol{m}^{(0)}=\boldsymbol{m}^{(N)}$,返回步骤②。

$$\frac{\|\boldsymbol{m}^{(N)}-\boldsymbol{m}^{(0)}\|_2^2}{1+\|\boldsymbol{m}^{(0)}\|_2^2}<\varepsilon(=10^{-6})$$

如果$\boldsymbol{Gm}=\boldsymbol{d}$有唯一解,Kaczmarz 算法将收敛于该解。如果系统有多个解,算法将收敛于与初始模型$\boldsymbol{m}^{(0)}$最接近的那个解。特别地,如果迭代从$\boldsymbol{m}^{(0)}=\boldsymbol{0}$开始,我们将会得到最小长度解。如果确切解不存在,算法得到的解为最佳近似解。

3.Kaczmarz 算法的收敛性分析

Kaczmarz 算法实现过程简单,易于实现。对于收敛速度问题,当由系统定义的超平面接近正交时,算法收敛速度非常快。而当有两个或更多超平面接近平行时,算法收敛速度就会非常慢。这一问题可以通过对方程进行排序来解决,使相邻的方程定义的超平面尽量相互正交。例如在层析成像问题中,我们通过排序使相邻的方程(射线)不要经过相同的单元格。

§4.2 代数重建技术

1.代数重建技术基本原理

1970 年,Richard Gordon、Robert Bender 和 Gabor Herman 发展了 Kaczmarz 法,称之为代数重建技术(Algebraic Reconstruction Technique,ART),主要应用于计算机断层扫描的影像重建。本节仍以层析成像问题为例来说明 ART 算法的基本原理。如图 4.2-1 所示,对于系统方程$\boldsymbol{G}_{N\times M}\boldsymbol{m}_{M\times 1}=\boldsymbol{d}_{N\times 1}$来说,系统的每一行代表一条射线,而矩阵 $\boldsymbol{G}$ 的 M 个行元素依次与模型参数 $\boldsymbol{m}$ 的 M 个分量相对应,其行元素的大小正好是该射线经过相应单元格的路径长度,也就是说,如果射线经过某个单元格,则与该单元格对应的 $\boldsymbol{G}$ 的行元素不为零;否则,对应的 $\boldsymbol{G}$ 的行元素为零。

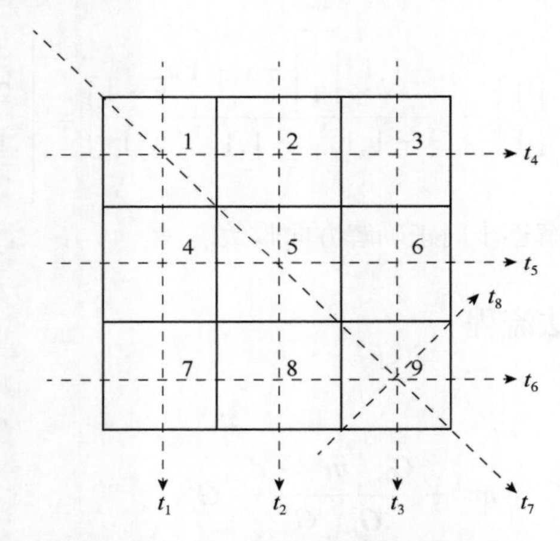

图 4.2-1　地震层析成像问题射线路径与系统方程示意图

$$\begin{bmatrix} 1 & 0 & 0 & 1 & 0 & 0 & 1 & 0 & 0 \\ 0 & 1 & 0 & 0 & 1 & 0 & 0 & 1 & 0 \\ 0 & 0 & 1 & 0 & 0 & 1 & 0 & 0 & 1 \\ 1 & 1 & 1 & 0 & 0 & 0 & 0 & 0 & 0 \\ 0 & 0 & 0 & 1 & 1 & 1 & 0 & 0 & 0 \\ 0 & 0 & 0 & 0 & 0 & 0 & 1 & 1 & 1 \\ \sqrt{2} & 0 & 0 & 0 & \sqrt{2} & 0 & 0 & 0 & \sqrt{2} \\ 0 & 0 & 0 & 0 & 0 & 0 & 0 & 0 & \sqrt{2} \end{bmatrix} \begin{bmatrix} s_1 \\ s_2 \\ s_3 \\ s_4 \\ s_5 \\ s_6 \\ s_7 \\ s_8 \\ s_9 \end{bmatrix} = \begin{bmatrix} t_1 \\ t_2 \\ t_3 \\ t_4 \\ t_5 \\ t_6 \\ t_7 \\ t_8 \end{bmatrix}$$

在模型参数修正量计算公式(4.1-7)中包含矩阵 $\boldsymbol{G}$ 的一行与当前解相乘运算,分式的分子是第 i+1 个方程的右端项(d_{i+1})与 $\boldsymbol{G}$ 的第 i+1 行与当前解向量之积($\boldsymbol{G}_{i+1,\cdot}\boldsymbol{m}^{(i)}$)的差值。分母是$\boldsymbol{G}_{i+1,\cdot}$

的L_2范数的平方。实际上,Kaczmarz 算法是确定第 i+1 个方程的预测误差,然后根据所需的校正量对第 i+1 个方程的模型参数向量 $\boldsymbol{m}$ 进行修正。

ART 算法是对 Kaczmarz 算法进行了一个粗略近似,即将 $\boldsymbol{G}$ 的第 i+1 行所有非零元素用 1 替代。定义

$$q_{i+1}=\boldsymbol{G}_{i+1,\cdot}\boldsymbol{m}^{(i)}=l\left[1,0,\cdots,1_j,\cdots,0_M\right]_{i+1}\begin{bmatrix}m_1\\ \vdots\\ m_j\\ \vdots\\ m_M\end{bmatrix}=\sum_{\substack{\text{第}i+1\text{条射线上}\\ \text{的第}j\text{个单元格}}}m_j l \tag{4.2-1}$$

为沿第 i+1 条射线的近似旅行时,则$q_{i+1}-d_{i+1}$可看作第 i+1 条射线的旅行时误差。其中,l 为剖分单元格的尺寸,m_j为该行第 j 个非零元素对应的单元格慢度。

现考查 $\boldsymbol{G}$ 中的非零元素用 1 替代后公式(4.1-7)的情况,由式(4.2-1)知,分式$\dfrac{\boldsymbol{G}_{i+1,\cdot}\boldsymbol{m}^{(i)}-d_{i+1}}{\boldsymbol{G}_{i+1,\cdot}\boldsymbol{G}_{i+1,\cdot}^{\mathrm{T}}}$的分子等于$q_{i+1}-d_{i+1}$,而分母$\boldsymbol{G}_{i+1,\cdot}\boldsymbol{G}_{i+1,\cdot}^{\mathrm{T}}$的值则等于$\boldsymbol{G}_{i+1,\cdot}$中的非零元素的个数$N_{i+1}$。此时分式变为$\dfrac{q_{i+1}-d_{i+1}}{l\,N_{i+1}}$,然后该分式再与一个沿射线路径元素为 1 的向量($\boldsymbol{G}_{i+1,\cdot}^{\mathrm{T}}$)相乘。因此 ART 算法的修正公式可写为:

$$m_j^{(i+1)}=\begin{cases}m_j^{(i)}-\dfrac{q_{i+1}-d_{i+1}}{l\,N_{i+1}} & \text{第 } i+1 \text{ 条射线经过 } j \text{ 单元}(\boldsymbol{G}_{i+1,j}^{\mathrm{T}}\neq\boldsymbol{0})\\ m_j^{(i)} & \text{第 } i+1 \text{ 条射线不经过 } j \text{ 单元}(\boldsymbol{G}_{i+1,j}^{\mathrm{T}}=\boldsymbol{0})\end{cases} \tag{4.2-2}$$

这个过程的效果是将旅行时误差所需的校正量平均分配到第 i+1 条射线经过的所有单元格上。

如果考虑路径长度因单元而异的实际情况,设L_{i+1}是第 i+1 条射线的实际长度($\boldsymbol{G}_{i+1,\cdot}$的非零元素之和再乘以 l),可将公式(4.2-2)进一步修正为:

$$m_j^{(i+1)}=\begin{cases}m_j^{(i)}+\dfrac{d_{i+1}}{L_{i+1}}-\dfrac{q_{i+1}}{l\,N_{i+1}} & \text{第 } i+1 \text{ 条射线经过 } j \text{ 单元}(\boldsymbol{G}_{i+1,j}^{\mathrm{T}}\neq\boldsymbol{0})\\ m_j^{(i)} & \text{第 } i+1 \text{ 条射线不经过 } j \text{ 单元}(\boldsymbol{G}_{i+1,j}^{\mathrm{T}}=\boldsymbol{0})\end{cases} \tag{4.2-3}$$

2.ART 迭代重建算法流程

对于给定的线性系统 $\boldsymbol{Gm}=\boldsymbol{d}$:

① 令$\boldsymbol{m}^{(0)}=\boldsymbol{0}$。

② for $i=0,1,\cdots,N$,计算第 i 条射线经过的单元数N_i($\boldsymbol{G}_{i,\cdot}$中非零元素个数)。

③ for $i=0,1,\cdots,N$,计算第 i 条射线的实际长度L_{i+1}($\boldsymbol{G}_{i,\cdot}$的非零元素之和乘以 l)。

④ for $i=0,1,\cdots,N-1$;$j=1,2,\cdots,M$,计算

$$m_j^{(i+1)}=\begin{cases}m_j^{(i)}+\dfrac{d_{i+1}}{L_{i+1}}-\dfrac{q_{i+1}}{l\,N_{i+1}} & \text{第 } i+1 \text{ 条射线经过 } j \text{ 单元}(\boldsymbol{G}_{i+1,j}^{\mathrm{T}}\neq\boldsymbol{0})\\ m_j^{(i)} & \text{第 } i+1 \text{ 条射线不经过 } j \text{ 单元}(\boldsymbol{G}_{i+1,j}^{\mathrm{T}}=\boldsymbol{0})\end{cases}$$

⑤按下式判断解是否收敛,如不收敛,令$\boldsymbol{m}^{(0)}=\boldsymbol{m}^{(N)}$,返回步骤④进行迭代。否则返回估计解$\boldsymbol{m}=\boldsymbol{m}^{(N)}$。

$$\frac{\|\boldsymbol{m}^{(N)}-\boldsymbol{m}^{(0)}\|_2^2}{1+\|\boldsymbol{m}^{(0)}\|_2^2}<\varepsilon(=10^{-6})$$

ART 算法的主要优点是节省内存,只需保存射线经过的单元格的信息,而不需记录每个单元格内各射线的长度;此外,与 Kaczmarz 算法相比减少了乘法运算的次数。缺点是计算精度略逊于 Kaczmarz 算法,反演解的收敛速度慢,抗噪能力差,迭代不稳定。由于该算法在模型参数修改时逐射线、逐单元进行迭代,而通过每个单元的射线数不尽相同,因而在一个 ART 迭代循环中对各单元参数的修正次数是不同的。

§4.3 联合迭代重建技术

1.联合迭代重建技术基本原理

ART 算法的一个问题是其计算精度低于 Kaczmarz 算法。为进一步提高代数重建技术的反演精度,Blundell 于 1993 年提出了联合迭代重建技术(Simultaneous Iterative Reconstruction Technique,SIRT),该方法在一定程度上提高了反演精度,但牺牲了一定的计算速度。SIRT 算法的基本思想是将经过第j个单元格的所有射线的修正量都计算出来,然后取所有射线修正量的平均值作为模型参数的修正量,即同时考虑了不同射线对同一单元格慢度修正量的贡献。SIRT 算法实质是 ART 算法的一个变种。

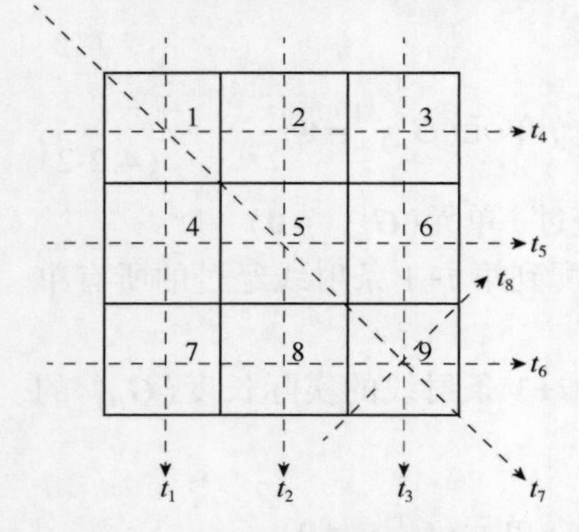

图 4.3-1 地震层析成像问题射线路径与系统方程示意图

那么如何判断第j个单元格有几条射线通过?实际上可以通过考查矩阵$\boldsymbol{G}$的第j列有多少个元素非零来判断,如图 4.3-1 所示,对于第 1 个单元有 3 条射线经过,显然矩阵$\boldsymbol{G}$的第 1 列有 3 个非零元素。

$$\begin{bmatrix}1&0&0&1&0&0&1&0&0\\0&1&0&0&1&0&0&1&0\\0&0&1&0&0&1&0&0&1\\1&1&1&0&0&0&0&0&0\\0&0&0&1&1&1&0&0&0\\0&0&0&0&0&0&1&1&1\\\sqrt{2}&0&0&0&\sqrt{2}&0&0&0&\sqrt{2}\\0&0&0&0&0&0&0&0&\sqrt{2}\end{bmatrix}\begin{bmatrix}s_1\\s_2\\s_3\\s_4\\s_5\\s_6\\s_7\\s_8\\s_9\end{bmatrix}=\begin{bmatrix}t_1\\t_2\\t_3\\t_4\\t_5\\t_6\\t_7\\t_8\end{bmatrix}$$

2.SIRT 联合迭代重建算法流程

对于给定的线性系统 $\boldsymbol{Gm}=\boldsymbol{d}$：

①令 $\boldsymbol{m}^{(0)}=\boldsymbol{0}$。

②for $j=1,\cdots,M$，计算第 j 个单元格经过的射线总条数 K_j（$\boldsymbol{G}_{.,j}$ 中非零元素个数）。

③for $i=0,1,\cdots,N$，计算第 i 条射线经过的单元格总数 N_i（$\boldsymbol{G}_{i,.}$ 中非零元素个数）。

④for $i=0,1,\cdots,N$，计算第 i 条射线的实际长度 L_{i+1}（$\boldsymbol{G}_{i,.}$ 的非零元素之和乘以 l）。

⑤令 $\Delta m=0$。

⑥for $i=0,1,\cdots,N-1$；$j=1,2,\cdots,M$，计算

$$\Delta m_j=\Delta m_j+\begin{cases}\dfrac{d_{i+1}}{L_{i+1}}-\dfrac{q_{i+1}}{l\,N_{i+1}} & \text{第 } i+1 \text{ 条射线经过 } j \text{ 单元}(\boldsymbol{G}_{i+1,j}^{\mathrm{T}}\neq\boldsymbol{0})\\ 0 & \text{第 } i+1 \text{ 条射线不经过 } j \text{ 单元}(\boldsymbol{G}_{i+1,j}^{\mathrm{T}}=\boldsymbol{0})\end{cases}$$

⑦for $j=1,2,\cdots,M$，令 $m_j=m_j+\dfrac{\Delta m_j}{K_j}$。

⑧判断解是否收敛，如不收敛，令 $\boldsymbol{m}^{(0)}=\boldsymbol{m}^{(N)}$ 返回步骤⑤进行迭代。否则返回当前解。

SIRT 算法的主要优点是精度高于 ART 算法，总是收敛的，特别是在测量数据不是很准确时，更显出其在重建质量上的优越性。不足是计算量大于 ART 算法。

§4.4　共轭梯度迭代算法

1.共轭梯度迭代算法基本原理

本节将介绍利用共轭梯度法（Conjugate Gradient Method）求解一个线性对称正定系统 $\boldsymbol{AX}=\boldsymbol{b}$ 的原理和迭代算法。考虑二次最优化问题：

$$\min \Phi(\boldsymbol{X})=\frac{1}{2}\boldsymbol{X}^{\mathrm{T}}\boldsymbol{AX}-\boldsymbol{b}^{\mathrm{T}}\boldsymbol{X} \tag{4.4-1}$$

其中，$\boldsymbol{A}$ 为 $N\times N$ 阶的对称正定矩阵，要求 $\boldsymbol{A}$ 正定的目的是保证目标函数 $\Phi(\boldsymbol{X})$ 收敛且有唯一极小值。

可以通过计算目标函数对 $\boldsymbol{X}$ 的偏导数（梯度）并令其等于零来求极小值，即

$$\nabla\Phi(\boldsymbol{X})=\boldsymbol{AX}-\boldsymbol{b}=\boldsymbol{0} \tag{4.4-2}$$

极小点处的 $\boldsymbol{X}$ 满足 $\boldsymbol{AX}-\boldsymbol{b}=\boldsymbol{0}$。因此，求方程 $\boldsymbol{AX}=\boldsymbol{b}$ 的解等效于求 $\Phi(\boldsymbol{X})$ 的极小值问题。

共轭梯度法通过在迭代中构造一组关于矩阵 $\boldsymbol{A}$ 共轭的 N 维向量基 $\boldsymbol{p}_0,\boldsymbol{p}_1,\cdots,\boldsymbol{p}_{N-1}$ 的方式，非常简单地解决了 $\Phi(\boldsymbol{X})$ 的极小化问题。迭代过程中所构造的向量 $\boldsymbol{p}_i$ 须满足条件：

$$\boldsymbol{p}_i^{\mathrm{T}}\boldsymbol{A}\,\boldsymbol{p}_j=\boldsymbol{0}\qquad i\neq j \tag{4.4-3}$$

对于具有上述性质的向量集，则称它们是关于矩阵 $\boldsymbol{A}$ 相互共轭的向量。

现将 $\boldsymbol{X}$ 用上述共轭向量基展开为如下形式：

$$X = \sum_{i}^{N-1} \alpha_i \boldsymbol{p}_i \tag{4.4-4}$$

因此，

$$\Phi(X) = \frac{1}{2}\left(\sum_{i}^{N-1} \alpha_i \boldsymbol{p}_i\right)^{\mathrm{T}} \boldsymbol{A}\left(\sum_{i}^{N-1} \alpha_i \boldsymbol{p}_i\right) - \boldsymbol{b}^{\mathrm{T}}\left(\sum_{i}^{N-1} \alpha_i \boldsymbol{p}_i\right) \tag{4.4-5}$$

上式可写为：

$$\Phi(X) = \frac{1}{2}\sum_{i}^{N-1} \alpha_i \alpha_j \boldsymbol{p}_i^{\mathrm{T}} \boldsymbol{A} \boldsymbol{p}_i - \boldsymbol{b}^{\mathrm{T}}\left(\sum_{i}^{N-1} \alpha_i \boldsymbol{p}_i\right) \tag{4.4-6}$$

由于向量 $\boldsymbol{p}$ 关于 $\boldsymbol{A}$ 相互共轭，上式可简化为：

$$\Phi(X) = \frac{1}{2}\sum_{i}^{N-1} \alpha_i^2 \boldsymbol{p}_i^{\mathrm{T}} \boldsymbol{A} \boldsymbol{p}_i - \boldsymbol{b}^{\mathrm{T}}\left(\sum_{i}^{N-1} \alpha_i \boldsymbol{p}_i\right) \tag{4.4-7}$$

或

$$\Phi(X) = \frac{1}{2}\sum_{i}^{N-1} (\alpha_i^2 \boldsymbol{p}_i^{\mathrm{T}} \boldsymbol{A} \boldsymbol{p}_i - 2\alpha_i \boldsymbol{b}^{\mathrm{T}} \boldsymbol{p}_i) \tag{4.4-8}$$

上式表明 $\Phi(X)$ 由 N 项组成，且每一项彼此独立。因此只要保证第 i 项的系数 α_i 使该项最小，从而使各项之和达到最小，第 i 项为：

$$\alpha_i^2 \boldsymbol{p}_i^{\mathrm{T}} \boldsymbol{A} \boldsymbol{p}_i - 2\alpha_i \boldsymbol{b}^{\mathrm{T}} \boldsymbol{p}_i \tag{4.4-9}$$

上式关于 α_i 求导，并令导数等于零，可得使第 i 项最小的最优系数 α_i，即

$$\alpha_i = \frac{\boldsymbol{b}^{\mathrm{T}} \boldsymbol{p}_i}{\boldsymbol{p}_i^{\mathrm{T}} \boldsymbol{A} \boldsymbol{p}_i} \tag{4.4-10}$$

因此，只要找到一组关于 $\boldsymbol{A}$ 共轭的向量基 $\boldsymbol{p}_i$ 和最优系数 α_i，则式(4.4-4)就是 $\Phi(X)$ 的最优解。

2.构造共轭向量的方法

共轭梯度算法的迭代过程实际上是构造了一系列解向量 $\boldsymbol{X}_i$、残差向量 $\boldsymbol{r}_i=\boldsymbol{b}-\boldsymbol{A}\boldsymbol{X}_i$ 和共轭向量基 $\boldsymbol{p}_i$。算法从 $\boldsymbol{X}_0=\boldsymbol{0}$、$\boldsymbol{r}_0=\boldsymbol{b}$、$\boldsymbol{p}_0=\boldsymbol{r}_0$、$\alpha_0=\dfrac{\boldsymbol{r}_0^{\mathrm{T}}\boldsymbol{r}_0}{\boldsymbol{p}_0^{\mathrm{T}}\boldsymbol{A}\boldsymbol{p}_0}$ 开始迭代。第 $k+1$ 次迭代产生的向量须满足如下条件：

①所有残差向量相互正交，即 $\boldsymbol{r}_{k+1}^{\mathrm{T}}\boldsymbol{r}_i=0(i\leqslant k)$。

②所有残差向量与共轭向量基 $\boldsymbol{p}_i$ 相互正交，即 $\boldsymbol{r}_{k+1}^{\mathrm{T}}\boldsymbol{p}_i=0(i\leqslant k)$。

③所有向量基 $\boldsymbol{p}$ 关于 $\boldsymbol{A}$ 相互共轭，即 $\boldsymbol{p}_{k+1}^{\mathrm{T}}\boldsymbol{A}\boldsymbol{p}_i=0(i\leqslant k)$。

现用数学归纳法对上述条件进行证明：

假设前 k 次迭代已得到解向量 $\boldsymbol{X}_0,\boldsymbol{X}_1,\cdots,\boldsymbol{X}_k$，残差向量 $\boldsymbol{r}_0,\boldsymbol{r}_1,\cdots,\boldsymbol{r}_k$，向量基 $\boldsymbol{p}_0,\boldsymbol{p}_1,\cdots,\boldsymbol{p}_k$ 和最优系数 $\alpha_0,\alpha_1,\cdots,\alpha_k$。并假设这 $k+1$ 个向量 $\boldsymbol{p}_i$ 关于 $\boldsymbol{A}$ 共轭，残差向量 $\boldsymbol{r}_i$ 相互正交，且 $\boldsymbol{r}_i^{\mathrm{T}}\boldsymbol{p}_j=0(i\neq j)$。

则对于第 $k+1$ 次迭代：

令

$$X_{k+1}=X_k+\alpha_k p_k \tag{4.4-11}$$

$$r_{k+1}=r_k-\alpha_k A p_k \tag{4.4-12}$$

上式正好是残差向量的修正公式,这是因为:

$$\begin{aligned} r_{k+1} &= b-A X_{k+1} \\ &= b-A(X_k+\alpha_k p_k) \\ &= (b-A X_k)-\alpha_k A p_k \\ &= r_k-\alpha_k A p_k \end{aligned} \tag{4.4-13}$$

令

$$\beta_{k+1}=\frac{\|r_{k+1}\|_2^2}{\|r_k\|_2^2}=\frac{r_{k+1}^{\mathrm{T}} r_{k+1}}{r_k^{\mathrm{T}} r_k} \tag{4.4-14}$$

$$p_{k+1}=r_{k+1}+\beta_{k+1} p_k \tag{4.4-15}$$

在下面的计算中,还需知道$b^{\mathrm{T}} p_k=r_k^{\mathrm{T}} r_k$,证明如下:

$$\begin{aligned} b^{\mathrm{T}} p_k &= (r_k+A X_k)^{\mathrm{T}} p_k \\ &= r_k^{\mathrm{T}} p_k+p_k^{\mathrm{T}} A X_k \\ &= r_k^{\mathrm{T}}(r_k+\beta_k p_{k-1})+p_k^{\mathrm{T}} A X_k \\ &= r_k^{\mathrm{T}} r_k+\beta_k r_k^{\mathrm{T}} p_{k-1}+p_k^{\mathrm{T}} A(\alpha_0 p_0+\cdots+\alpha_{k-1} p_{k-1}) \\ &= r_k^{\mathrm{T}} r_k+0+0 \\ &= r_k^{\mathrm{T}} r_k \end{aligned} \tag{4.4-16}$$

因此,由式(4.4-10)知,

$$\alpha_k=\frac{b^{\mathrm{T}} p_k}{p_k^{\mathrm{T}} A p_k}=\frac{r_k^{\mathrm{T}} r_k}{p_k^{\mathrm{T}} A p_k}=\frac{\|r_k\|_2^2}{p_k^{\mathrm{T}} A p_k} \tag{4.4-17}$$

下面证明当 $i \leqslant k$ 时,r_{k+1}与r_i相互正交,即$r_{k+1}^{\mathrm{T}} r_i=0$。

①对于任意的 $i<k$,有

$$\begin{aligned} r_{k+1}^{\mathrm{T}} r_i &= (r_k-\alpha_k A p_k)^{\mathrm{T}} r_i \\ &= r_k^{\mathrm{T}} r_i-\alpha_k p_k^{\mathrm{T}} A r_i \\ &= r_k^{\mathrm{T}} r_i-\alpha_k r_i^{\mathrm{T}} A p_k \end{aligned} \tag{4.4-18}$$

此处由于 A 为对称矩阵,所以$p_k^{\mathrm{T}} A r_i=(A r_i)^{\mathrm{T}} p_k=r_i^{\mathrm{T}} A p_k$。

由假设条件,r_k与之前迭代产生的所有残差向量r_i相互正交,所以

$$r_{k+1}^{\mathrm{T}} r_i=0-\alpha_k r_i^{\mathrm{T}} A p_k \tag{4.4-19}$$

又由式(4.4-15)知,$p_i=r_i+\beta_i p_{i-1}$,所以有

$$r_{k+1}^{\mathrm{T}} r_i=0-\alpha_k(p_i-\beta_i p_{i-1})^{\mathrm{T}} A p_k \tag{4.4-20}$$

而p_i和p_{i-1}与p_k互为 A 的共轭向量,所以

$$r_{k+1}^{\mathrm{T}} r_i=0 \tag{4.4-21}$$

②当 $i=k$ 时,同样可以得到$r_{k+1}^{\mathrm{T}} r_i=0$:

$$\begin{aligned} r_{k+1}^{\mathrm{T}} r_i &= (r_k-\alpha_k A p_k)^{\mathrm{T}} r_k \\ &= r_k^{\mathrm{T}} r_k-\alpha_k p_k^{\mathrm{T}} A r_k \end{aligned}$$

$$
\begin{aligned}
&= \boldsymbol{r}_k^{\mathrm{T}} \boldsymbol{r}_k - \alpha_k \boldsymbol{p}_k^{\mathrm{T}} \boldsymbol{A}(\boldsymbol{p}_k - \beta_k \boldsymbol{p}_{k-1}) \\
&= \boldsymbol{r}_k^{\mathrm{T}} \boldsymbol{r}_k - \alpha_k (\boldsymbol{p}_k - \beta_k \boldsymbol{p}_{k-1})^{\mathrm{T}} \boldsymbol{A} \boldsymbol{p}_k \\
&= \boldsymbol{r}_k^{\mathrm{T}} \boldsymbol{r}_k - \alpha_k \boldsymbol{p}_k^{\mathrm{T}} \boldsymbol{A} \boldsymbol{p}_k + \alpha_k \beta_k \boldsymbol{p}_{k-1}^{\mathrm{T}} \boldsymbol{A} \boldsymbol{p}_k \\
&= \boldsymbol{r}_k^{\mathrm{T}} \boldsymbol{r}_k - \boldsymbol{r}_k^{\mathrm{T}} \boldsymbol{r}_k + 0 = 0
\end{aligned} \tag{4.4-22}
$$

接下来,证明当 $i \leqslant k$ 时,$\boldsymbol{r}_{k+1}$与$\boldsymbol{p}_i$相互正交,即$\boldsymbol{r}_{k+1}^{\mathrm{T}} \boldsymbol{p}_i = 0$。

$$
\begin{aligned}
\boldsymbol{r}_{k+1}^{T} \boldsymbol{p}_i &= \boldsymbol{r}_{k+1}^{\mathrm{T}} (\boldsymbol{r}_i + \beta_i \boldsymbol{p}_{i-1}) = \boldsymbol{r}_{k+1}^{\mathrm{T}} \boldsymbol{r}_i + \beta_i \boldsymbol{r}_{k+1}^{\mathrm{T}} \boldsymbol{p}_{i-1} \\
&= 0 + \beta_i \boldsymbol{r}_{k+1}^{\mathrm{T}} \boldsymbol{p}_{i-1} = \beta_i (\boldsymbol{r}_k^{\mathrm{T}} - \alpha_k \boldsymbol{A} \boldsymbol{p}_k)^{\mathrm{T}} \boldsymbol{p}_{i-1} \\
&= \beta_i (\boldsymbol{r}_k^{\mathrm{T}} \boldsymbol{p}_{i-1} - \alpha_k \boldsymbol{p}_{k-1}^{\mathrm{T}} \boldsymbol{A} \boldsymbol{p}_k) \\
&= \beta_i (0 - 0) = 0
\end{aligned} \tag{4.4-23}
$$

最后,证明当 $i \leqslant k$ 时,向量共轭,即$\boldsymbol{p}_{k+1}^{\mathrm{T}} \boldsymbol{A} \boldsymbol{p}_i = 0$。

①当 $i<k$ 时,有

$$
\begin{aligned}
\boldsymbol{p}_{k+1}^{\mathrm{T}} \boldsymbol{A} \boldsymbol{p}_i &= (\boldsymbol{r}_{k+1} + \beta_{k+1} \boldsymbol{p}_k)^{\mathrm{T}} \boldsymbol{A} \boldsymbol{p}_i \\
&= \boldsymbol{r}_{k+1}^{\mathrm{T}} \boldsymbol{A} \boldsymbol{p}_i + \beta_{k+1} \boldsymbol{p}_k^{\mathrm{T}} \boldsymbol{A} \boldsymbol{p}_i \\
&= \boldsymbol{r}_{k+1}^{\mathrm{T}} \boldsymbol{A} \boldsymbol{p}_i + 0 \\
&= \boldsymbol{r}_{k+1}^{\mathrm{T}} \left[\frac{1}{\alpha_i} (\boldsymbol{r}_i - \boldsymbol{r}_{i+1}) \right] \\
&= \frac{1}{\alpha_i} (\boldsymbol{r}_{k+1}^{\mathrm{T}} \boldsymbol{r}_i - \boldsymbol{r}_{k+1}^{\mathrm{T}} \boldsymbol{r}_{i+1}) = 0
\end{aligned} \tag{4.4-24}
$$

②当 $i=k$ 时,有

$$
\begin{aligned}
\boldsymbol{p}_{k+1}^{\mathrm{T}} \boldsymbol{A} \boldsymbol{p}_k &= (\boldsymbol{r}_{k+1} + \beta_{k+1} \boldsymbol{p}_k)^{\mathrm{T}} \boldsymbol{A} \boldsymbol{p}_k \\
&= (\boldsymbol{r}_{k+1} + \beta_{k+1} \boldsymbol{p}_k)^{\mathrm{T}} \left[\frac{1}{\alpha_i} (\boldsymbol{r}_k - \boldsymbol{r}_{k+1}) \right] \\
&= \frac{1}{\alpha_k} (\boldsymbol{r}_{k+1}^{\mathrm{T}} \boldsymbol{r}_k - \boldsymbol{r}_{k+1}^{\mathrm{T}} \boldsymbol{r}_{k+1} + \beta_{k+1} \boldsymbol{p}_k^{\mathrm{T}} \boldsymbol{r}_k - \beta_{k+1} \boldsymbol{p}_k^{\mathrm{T}} \boldsymbol{r}_{k+1}) \\
&= \frac{1}{\alpha_{\mathrm{k}}} (0 - \boldsymbol{r}_{k+1}^{\mathrm{T}} \boldsymbol{r}_{k+1} + \beta_{k+1} \boldsymbol{p}_k^{\mathrm{T}} \boldsymbol{r}_k - 0) \\
&= \frac{1}{\alpha_k} [\beta_{k+1} (\boldsymbol{r}_k + \beta_k \boldsymbol{p}_{k-1})^{\mathrm{T}} \boldsymbol{r}_k - \boldsymbol{r}_{k+1}^{\mathrm{T}} \boldsymbol{r}_{k+1}] \\
&= \frac{1}{\alpha_k} (\beta_{k+1} \boldsymbol{r}_k^{\mathrm{T}} \boldsymbol{r}_k + \beta_{k+1} \beta_k \boldsymbol{p}_{k-1}^{\mathrm{T}} \boldsymbol{r}_k - \boldsymbol{r}_{k+1}^{\mathrm{T}} \boldsymbol{r}_{k+1}) \\
&= \frac{1}{\alpha_k} (\boldsymbol{r}_{k+1}^{\mathrm{T}} \boldsymbol{r}_{k+1} + 0 - \boldsymbol{r}_{k+1}^{\mathrm{T}} \boldsymbol{r}_{k+1}) = 0
\end{aligned} \tag{4.4-25}
$$

由以上推导可知,算法通过迭代生成一系列共轭向量。理论上通过 N 次迭代可找到系统的极小解。而实际上由于舍入误差的存在,只能得到一个极小解附近的近似解。

3.共轭梯度迭代算法流程

对于给定的正定对称系统 $\boldsymbol{AX}=\boldsymbol{b}$,给定初始解$\boldsymbol{X}_0$,令$\boldsymbol{\beta}_0=\boldsymbol{0}$,$\boldsymbol{p}_{-1}=\boldsymbol{0}$,$\boldsymbol{r}_0=\boldsymbol{b}-\boldsymbol{AX}_0$,$k=0$。

①如果 $k>0$，令$\beta_k=\dfrac{\|\boldsymbol{r}_k\|_2^2}{\|\boldsymbol{r}_{k-1}\|_2^2}$。

②令$\boldsymbol{p}_k=\boldsymbol{r}_k+\beta_k\boldsymbol{p}_{k-1}$。

③令$\alpha_k=\dfrac{\|\boldsymbol{r}_k\|_2^2}{\boldsymbol{p}_k^{\mathrm{T}}\boldsymbol{A}\boldsymbol{p}_k}$。

④令$\boldsymbol{X}_{k+1}=\boldsymbol{X}_k+\alpha_k\boldsymbol{p}_k$。

⑤令$\boldsymbol{r}_{k+1}=\boldsymbol{r}_k-\alpha_k\boldsymbol{A}\boldsymbol{p}_k$。

⑥令 $k=k+1$。

⑦重复上述步骤直到解收敛。

共轭梯度法的主要优点是只需存储向量$\boldsymbol{X}_k$、$\boldsymbol{p}_k$、$\boldsymbol{r}_k$和对称矩阵 $\boldsymbol{A}$。如果 $\boldsymbol{A}$ 为大型稀疏矩阵，则可以采用稀疏矩阵处理技术来高效地存储 $\boldsymbol{A}$，因此该方法适于求解超大型问题。

4.共轭梯度最小二乘法

上述共轭梯度方法只适用于对称正定系统，不能直接用于一般的最小二乘问题。对于任意超定问题 $\boldsymbol{Gm}=\boldsymbol{d}$，可通过如下变换，使其变为正定对称系统。

$$\boldsymbol{G}^{\mathrm{T}}\boldsymbol{G}\boldsymbol{m}=\boldsymbol{G}^{\mathrm{T}}\boldsymbol{d} \tag{4.4-26}$$

在算法实现时，避免舍入误差至关重要，其中误差的一个重要来源就是$\boldsymbol{G}^{\mathrm{T}}\boldsymbol{G}\boldsymbol{m}-\boldsymbol{G}^{\mathrm{T}}\boldsymbol{d}$ 的计算，实验结果表明按$\boldsymbol{G}^{\mathrm{T}}(\boldsymbol{G}\boldsymbol{m}-\boldsymbol{d})$方式计算，结果将更为精确。

令$\boldsymbol{s}_k=\boldsymbol{d}-\boldsymbol{G}\boldsymbol{m}_k$，$\boldsymbol{r}_k=\boldsymbol{G}^{\mathrm{T}}\boldsymbol{s}_k$，则

$$\begin{aligned}\boldsymbol{s}_{k+1}&=\boldsymbol{d}-\boldsymbol{G}\boldsymbol{m}_{k+1}\\&=\boldsymbol{d}-\boldsymbol{G}(\boldsymbol{m}_k+\alpha_k\boldsymbol{p}_k)\\&=(\boldsymbol{d}-\boldsymbol{G}\boldsymbol{m}_k)-\alpha_k\boldsymbol{G}\boldsymbol{p}_k\\&=\boldsymbol{s}_k-\alpha_k\boldsymbol{G}\boldsymbol{p}_k\end{aligned} \tag{4.4-27}$$

根据这个技巧，可类似得出最小二乘共轭梯度算法流程：

对于给定的超定问题 $\boldsymbol{Gm}=\boldsymbol{d}$，令 $k=0$，$\boldsymbol{m}_0=\boldsymbol{0}$，$\boldsymbol{p}_{-1}=\boldsymbol{0}$，$\boldsymbol{\beta}_0=0$，$\boldsymbol{s}_0=\boldsymbol{d}$，$\boldsymbol{r}_0=\boldsymbol{G}^{\mathrm{T}}\boldsymbol{s}_0$。

①如果 $k>0$，令$\beta_k=\dfrac{\|\boldsymbol{r}_k\|_2^2}{\|\boldsymbol{r}_{k-1}\|_2^2}$。

②令$\boldsymbol{p}_k=\boldsymbol{r}_k+\beta_k\boldsymbol{p}_{k-1}$。

③令$\alpha_k=\dfrac{\|\boldsymbol{r}_k\|_2^2}{(\boldsymbol{G}\boldsymbol{p}_k)^{\mathrm{T}}(\boldsymbol{G}\boldsymbol{p}_k)}$。

④令$\boldsymbol{m}_{k+1}=\boldsymbol{m}_k+\alpha_k\boldsymbol{p}_k$。

⑤令$\boldsymbol{s}_{k+1}=\boldsymbol{s}_k-\alpha_k\boldsymbol{G}\boldsymbol{p}_k$。

⑥令$\boldsymbol{r}_{k+1}=\boldsymbol{G}^{\mathrm{T}}\boldsymbol{s}_{k+1}$。

⑦令 $k=k+1$。

⑧重复上述步骤直到解收敛。

习　题

1.什么是 Kaczmarz 迭代算法？简述其算法流程和特点(优点和不足)。

2.对于系统方程 $\begin{bmatrix} 0 & 1 \\ -1 & 1 \end{bmatrix}\begin{bmatrix} x \\ y \end{bmatrix} = \begin{bmatrix} 1 \\ -1 \end{bmatrix}$，设模型的初始值为 $\boldsymbol{m}^{(0)} = \begin{bmatrix} 0 \\ 0 \end{bmatrix}$，请采用 Kaczmarz 算法写出前两轮迭代过程。

3.简述 ART 迭代算法的基本思想、算法流程和特点(优点和不足)。

4.简述 SIRT 迭代算法的基本思想、算法流程和特点(优点和不足)。

5.简述共轭梯度迭代算法中构造共轭向量的基本过程。

6.请按如下图所示地震层析成像反演问题中射线路径情况，

(1)写出该问题的数据核 $\boldsymbol{G}$ 的具体形式。

(2)给出反问题的具体矩阵表达形式。

(3)给出地震层析成像迭代算法中的 Kaczmarz 迭代算法、ART 迭代算法及 SIRT 算法的模型修正公式。

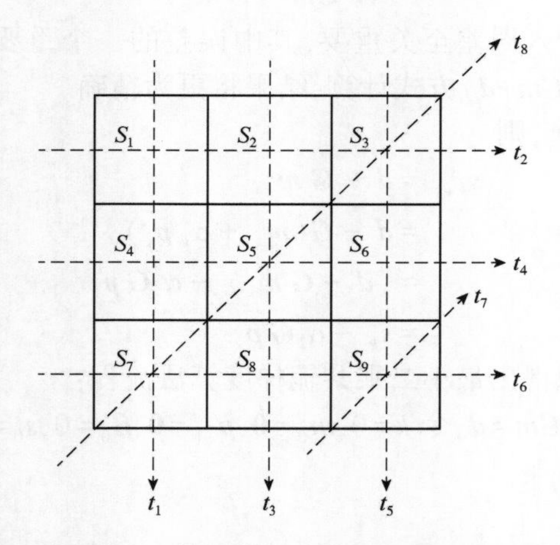

图中，正方形网格长度为1，s 为均匀地质体在网格内的慢度，t 为射线旅行时。

7.请简要给出适合于任意系统 $\boldsymbol{Gm}=\boldsymbol{d}$ 的共轭梯度迭代算法程序设计流程。

第5章　非线性反问题的梯度优化算法

当反演问题的观测数据与模型之间不存在线性关系时,我们称这一类问题为非线性反演问题。之前介绍的线性反演方法不适用于非线性问题。本章主要讨论非线性问题的迭代优化算法。

§5.1　梯度优化算法的基本原理

对于一个非线性问题,将目标函数写为:

$$E_{\mathrm{d}}(\boldsymbol{m}) = [\boldsymbol{d} - g(\boldsymbol{m})]^{\mathrm{T}} \boldsymbol{W}_{\mathrm{d}}[\boldsymbol{d} - g(\boldsymbol{m})] \tag{5.1-1}$$

或先验约束下的目标函数:

$$E(\boldsymbol{m}) = [\boldsymbol{d} - g(\boldsymbol{m})]^{\mathrm{T}} \boldsymbol{W}_{\mathrm{d}}[\boldsymbol{d} - g(\boldsymbol{m})] + \varepsilon^2 (\boldsymbol{m} - \langle \boldsymbol{m} \rangle)^{\mathrm{T}} \boldsymbol{W}_{\mathrm{m}}(\boldsymbol{m} - \langle \boldsymbol{m} \rangle) \tag{5.1-2}$$

本章以无约束非线性超定反演问题为例来说明梯度优化算法的基本原理,式(5.1-1)可简写为:

$$\begin{aligned} E(\boldsymbol{m}) &= [\boldsymbol{d} - g(\boldsymbol{m})]^{\mathrm{T}} \boldsymbol{W}_{\mathrm{d}}[\boldsymbol{d} - g(\boldsymbol{m})] \\ &= \|\boldsymbol{d}^{\mathrm{obs}} - \boldsymbol{d}^{\mathrm{pre}}\|_2^2 \\ &= \sum_{i=1}^{N} (\|\boldsymbol{d}^{\mathrm{obs}} - \boldsymbol{d}^{\mathrm{pre}}\|)^2 \end{aligned} \tag{5.1-3}$$

反问题可陈述为寻找使 $\boldsymbol{d}^{\mathrm{obs}}$ 与 $\boldsymbol{d}^{\mathrm{pre}}$ 之间的误差最小的解 $\boldsymbol{m}^*$,其求解过程与寻找一组使目标函数具有极小值的模型参数等价,这种寻找目标函数极小值的问题也称为最优化。最优化又可分为最大化和最小化两种类型。例如,对于实际问题,我们希望最大化其相关性或最小化其数据残差。优化方法的目的是研究如何有效地寻找目标函数的最小值。以一个只有单个模型参数的误差函数为例,如图5.1-1所示,函数具有多个波峰和波谷。

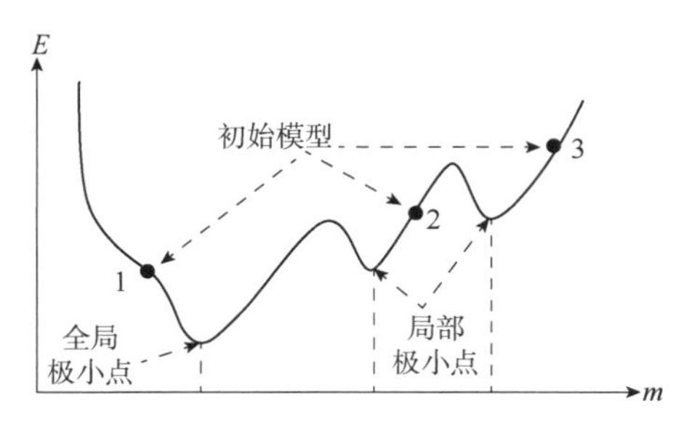

图5.1-1　单模型参数的目标函数示意图

这种情况对于非线性问题来说是很常见的。图中的每个极小值称为局部最小值,最小的局部最小值称为全局最小值。一旦选定了合适的目标函数,我们总希望能够找到目标函数的全局最小值。

对于优化问题的求解方法有两大类,一类是全局优化算法,另一类是局部优化算法。全局优化算法是在整个模型空间寻找全局极小解,避免陷入局部极值。常见的全局优化算法方法主要有蒙特卡洛方法、模拟退火法、遗传算法、神经网络方法等。局部优化算法通常指的是梯度优化算法,该类方法常沿目标函数下降方向迭代搜索模型参数,对当前模型的更新利用了目标函数的一阶导数或二阶导数,因此称为梯度优化算法。但当遇到第一个局部极小值时,算法停止搜索。梯度优化算法也常常被称为贪心算法,即该类方法只根据当前已有的信息(如目标函数下降)就做出选择,并不是从整体最优考虑,所做的选择只是某种意义上的局部最优。

常见的梯度优化算法主要有最速下降法(Steepest Descent method)、牛顿法(Newton's method)、高斯牛顿法(Gauss-Newton method)、阻尼最小二乘算法(Levenberg-Marquardt method)、共轭梯度法(Conjugate Gradient method)、柯西牛顿法(Quasi-Neton method)、DFP法(Davidon-Fletcher-Powell method)、BFGS 方法(Broyden-Fletcher-Goldfarb-Shanno method)等方法。它们都是利用目标函数及其导数来寻找目标函数的极小值。

由于目标函数通常是未知(待求)变量的非线性函数,因此,梯度法通常通过迭代来寻找目标函数极小值。所有梯度法的迭代过程都基本相似,如式(5.1-4)所示:

$$\boldsymbol{m}_{k+1} = \boldsymbol{m}_k + \alpha_k \boldsymbol{s}_k \tag{5.1-4}$$

其中,$\boldsymbol{m}_{k+1}$ 为第 $k+1$ 次迭代产生的新解;$\boldsymbol{m}_k$ 为第 k 次迭代的当前解;α_k 为搜索步长;$\boldsymbol{s}_k$ 为搜索方向。$\boldsymbol{s}_k$ 决定了迭代搜索的方向,而 α_k 决定了沿搜索方向前进的距离。梯度法需要从某个初始值 $\boldsymbol{m}_0$ 开始迭代,迭代过程包含两大关键步骤,即搜索方向 $\boldsymbol{s}_k$ 和搜索步长 α_k 的确定。不同梯度优化算法的区别在于它们在确定 $\boldsymbol{s}_k$ 方面所采用的方法不同。确定最佳搜索步长 α_k 所采用的方法称为线性搜索算法。所有的梯度法都是直接或间接利用目标函数的梯度来确定搜索方向的。梯度优化算法的迭代过程示意图如图 5.1-2 所示。

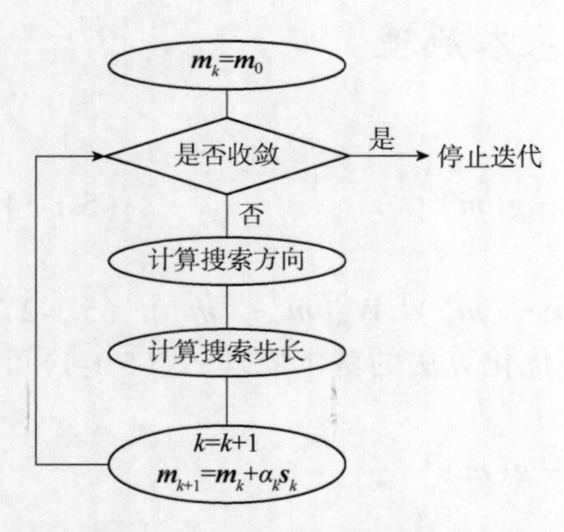

图 5.1-2　梯度优化算法的迭代过程示意图

§5.2　常见的梯度优化算法

1.最速下降法

1847 年,法国数学家 Cauchy 提出了最速下降法。其基本原理是沿着目标函数的负梯度方向 $-\nabla E(\boldsymbol{m})$,即沿最速下降方向迭代求解。最速下降法的迭代公式为:

$$\boldsymbol{m}_{k+1} = \boldsymbol{m}_k + \alpha_k \boldsymbol{s}_k = \boldsymbol{m}_k - \alpha_k \nabla E(\boldsymbol{m}_k) \tag{5.2-1}$$

该方法在 m_k 远离极小点且 $-\nabla E(\boldsymbol{m}_k) \neq \boldsymbol{0}$ 时,可保证目标函数值持续下降,即保证 $E(\boldsymbol{m}_{k+1}) < E(\boldsymbol{m}_k)$。但在极小点附近由于 $\nabla E(\boldsymbol{m}_k)$ 趋近于零而使迭代的校正量逐渐消失,因此极小点附近的收敛速度非常慢,降低了该方法解决实际问题的有效性。

2.牛顿法

牛顿法利用了目标函数的一阶和二阶导数信息,以期得到比最速下降法(只用一阶导数,即梯度)更好的效果。它是通过使目标函数的二阶近似达到最小而确定搜索方向的。目标函数的二阶近似可通过泰勒级数展开并忽略三次以上(包括三次)的项得到:

$$E(\boldsymbol{m}_{k+1}) \approx E(\boldsymbol{m}_k) + \nabla E_k^{\mathrm{T}}(\boldsymbol{m}_{k+1} - \boldsymbol{m}_k) + \frac{1}{2}(\boldsymbol{m}_{k+1} - \boldsymbol{m}_k)^{\mathrm{T}} \boldsymbol{H}_k(\boldsymbol{m}_{k+1} - \boldsymbol{m}_k) \quad (5.2\text{-}2)$$

其中, $\nabla E_k = \nabla E(\boldsymbol{m}_k)$; $\boldsymbol{H}_k$ 为二阶偏导数矩阵(也称 Hessian 矩阵),其具体形式为:

$$\boldsymbol{H} = \nabla^2 E(\boldsymbol{m}) = \begin{bmatrix} \frac{\partial^2 E}{\partial m_1^2} & \cdots & \frac{\partial^2 E}{\partial m_1 \partial m_M} \\ & \ddots & \\ \vdots & \frac{\partial^2 E}{\partial m_j^2} & \vdots \\ & \ddots & \\ \frac{\partial^2 E}{\partial m_M \partial m_1} & \cdots & \frac{\partial^2 E}{\partial m_M^2} \end{bmatrix} \quad (5.2\text{-}3)$$

要使式(5.2-2)达到极小,有 $E(\boldsymbol{m}_{k+1})$ 的一阶导数等于零,即

$$\nabla E(\boldsymbol{m}_{k+1}) \approx \nabla E_k + \boldsymbol{H}_k(\boldsymbol{m}_{k+1} - \boldsymbol{m}_k) = 0 \quad (5.2\text{-}4)$$

重新整理上式可得牛顿法的迭代公式:

$$\boldsymbol{m}_{k+1} = \boldsymbol{m}_k - \boldsymbol{H}_k^{-1} \nabla E_k \quad (5.2\text{-}5)$$

由以上推导可知,当目标函数是二次函数时,牛顿法从任意初始值 $\boldsymbol{m}_0$ 开始,通过一次迭代即可达到目标函数极小值。该方法在 $\boldsymbol{m}_0$ 接近极小值附近时收敛速度非常快。然而,当目标函数不是二次函数时,该方法可能不收敛。为弥补这一缺陷,Reklaitis 等人在式(5.2-5)中引入了迭代步长,即:

$$\boldsymbol{m}_{k+1} = \boldsymbol{m}_k - \alpha_k \boldsymbol{H}_k^{-1} \nabla E_k \quad (5.2\text{-}6)$$

这种方法称为修正的牛顿法,其搜索方向定义为:

$$\boldsymbol{s}_k = -\boldsymbol{H}_k^{-1} \nabla E_k \quad (5.2\text{-}7)$$

当目标函数的一阶和二阶导数可以准确有效地计算时,修正的牛顿法是没有任何问题的。然而对于目标函数复杂、多个未知变量的问题,使用该方法求解是不现实的,其原因如下:

①二阶导数的计算往往非常困难、计算量大、有时甚至无法计算。

②每一次迭代都需计算 Hessian 矩阵的逆,当 Hessian 矩阵为奇异或接近奇异时,求逆运算可能会失败或得到不可靠的结果。

③如果 Hessian 矩阵不是正定的,则搜索方向可能不是目标函数的下降方向。

3.高斯-牛顿法

式(5.1-3)中的目标函数还可写为:

$$E(\boldsymbol{m}) = \|\boldsymbol{d}^{\mathrm{obs}} - \boldsymbol{d}^{\mathrm{pre}}\|_2^2 = \|F(\boldsymbol{m})\|_2^2 = \sum_{i=1}^{N} [F_i(\boldsymbol{m})]^2 \quad (5.2\text{-}8)$$

其中,

$$F(\boldsymbol{m}) = \begin{bmatrix} F_1 \\ \vdots \\ F_i \\ \vdots \\ F_N \end{bmatrix} = \begin{bmatrix} F_1(\boldsymbol{m}) \\ \vdots \\ F_i(\boldsymbol{m}) \\ \vdots \\ F_N(\boldsymbol{m}) \end{bmatrix} = \begin{bmatrix} d_1^{\text{obs}} - d_1^{\text{pre}} \\ \vdots \\ d_i^{\text{obs}} - d_i^{\text{pre}} \\ \vdots \\ d_N^{\text{obs}} - d_N^{\text{pre}} \end{bmatrix} \tag{5.2-9}$$

根据上述定义,目标函数的梯度 $\nabla E(\boldsymbol{m})$ 为:

$$\nabla E(\boldsymbol{m}) = 2\frac{\partial F(\boldsymbol{m})}{\partial \boldsymbol{m}^{\text{T}}}F(\boldsymbol{m}) = 2J(\boldsymbol{m})^{\text{T}}F(\boldsymbol{m}) \tag{5.2-10}$$

其中, $J(\boldsymbol{m})$ 称为雅克比矩阵:

$$\nabla F(\boldsymbol{m}) = J(\boldsymbol{m}) = \begin{bmatrix} \frac{\partial F_1}{\partial m_1} & & \cdots & & \frac{\partial F_1}{\partial m_M} \\ & \ddots & & & \\ \vdots & & \frac{\partial F_i}{\partial m_j} & & \vdots \\ & & & \ddots & \\ \frac{\partial F_N}{\partial m_1} & & \cdots & & \frac{\partial F_N}{\partial m_M} \end{bmatrix} \tag{5.2-11}$$

同理,式(5.2-10)对 $\boldsymbol{m}$ 求偏导数,得二阶偏导数 Hessian 矩阵为:

$$\boldsymbol{H} = \nabla^2 E(\boldsymbol{m}) = 2J(\boldsymbol{m})^{\text{T}}J(\boldsymbol{m}) + Q(\boldsymbol{m}) \tag{5.2-12}$$

其中,

$$Q(\boldsymbol{m}) = 2\sum_{l=1}^{N} F_l(\boldsymbol{m})\,\nabla^2 F_l(\boldsymbol{m}) \tag{5.2-13}$$

高斯-牛顿法忽略了式(5.2-12)中的 $Q(\boldsymbol{m})$ 项,从而 Hessian 矩阵近似为:

$$\boldsymbol{H}_k \approx 2J(\boldsymbol{m})^{\text{T}}J(\boldsymbol{m}) \tag{5.2-14}$$

因此,高斯-牛顿法的迭代公式为:

$$\boldsymbol{m}_{k+1} = \boldsymbol{m}_k - \alpha_k\left[J(\boldsymbol{m})^{\text{T}}J(\boldsymbol{m})\right]^{-1}\nabla E_k \tag{5.2-15}$$

相应的搜索方向为:

$$\boldsymbol{s}_k = -\boldsymbol{H}_k^{-1}\nabla E_k = -\left[J(\boldsymbol{m})^{\text{T}}J(\boldsymbol{m})\right]^{-1}\nabla E_k \tag{5.2-16}$$

需要指出的是,因相同原因,牛顿法存在的缺点,高斯-牛顿法同样存在。

4.Levenberg-Marquardt(LM)法

由前面的推导可知,当 $\boldsymbol{m}_0$ 远离极小点 $\boldsymbol{m}^*$ 时,最速下降法的收敛速度快,而在极小点 $\boldsymbol{m}^*$ 附近时,牛顿法和高斯-牛顿法的收敛速度快。LM 方法通过将 Hessian 矩阵做如下修正,将最速下降法和牛顿法的优点结合起来:

$$\boldsymbol{H}_k \approx J(\boldsymbol{m})^{\text{T}}J(\boldsymbol{m}) + \beta_k\boldsymbol{I} \tag{5.2-17}$$

其中, $\boldsymbol{I}$ 为单位矩阵; β_k 为一个能始终保证 $\boldsymbol{H}_k$ 为正定的非负常数。因此,LM 法的搜索方向定义为:

$$s_k=-\left[J(m)^{T}J(m)+\beta_k I\right]^{-1}\nabla E_k \tag{5.2-18}$$

当 β_k 足够大时，$\beta_k I$ 在 Hessian 矩阵中占据优势，Hessian 矩阵的逆变为：

$$H_k^{-1}\approx\left[J(m)^{T}J(m)+\beta_k I\right]^{-1}\approx\frac{1}{\beta_k}I \tag{5.2-19}$$

此时的搜索方向与最速下降法的搜索方向一致：

$$s_k=-\frac{1}{\beta_k}\nabla E_k \tag{5.2-20}$$

当 β_k 非常小时，Hessian 矩阵的逆变为：

$$H_k^{-1}\approx\left[J(m)^{T}J(m)+\beta_k I\right]^{-1}\approx\left[J(m)^{T}J(m)\right]^{-1} \tag{5.2-21}$$

此时的搜索方向与高斯-牛顿法的搜索方向一致：

$$s_k=-\left[J(m)^{T}J(m)\right]^{-1}\nabla E_k \tag{5.2-22}$$

因此，在迭代开始时（远离极小点）应将 β_k 的值设得足够大，使目标函数沿最速下降方向前进，而随着迭代次数的增加（目标函数值距极小点越来越近）应减小 β_k 值，使目标函数按高斯-牛顿法收敛。

5.共轭梯度法

由式（5.2-2）知，目标函数可由泰勒级数的二阶近似表示为：

$$E(m_{k+1})\approx E(m_k)+\nabla E_k^{T}(m_{k+1}-m_k)+\frac{1}{2}(m_{k+1}-m_k)^{T}H_k(m_{k+1}-m_k) \tag{5.2-23}$$

上式可写为如下形式：

$$E(\Delta m)=\frac{1}{2}(\Delta m)^{T}H(\Delta m)-(-\nabla E^{T})\Delta m \tag{5.2-24}$$

其中，$\Delta m=m_{k+1}-m_k$；$E(\Delta m)=E(m_{k+1})-E(m_k)$。

显然，式（5.2-24）与式（4.4-1）具有相同的形式，因此式（5.2-24）可以通过共轭梯度迭代算法来实现。

第一次迭代模型参数的修正公式为：

$$m_1=m_0+\alpha_0 p_0 \tag{5.2-25}$$

其中，$p_0=r_0=-\nabla E_0$。因此，共轭梯度法第一次迭代时搜索方向为目标函数的最速下降方向（负梯度），以后每次迭代产生的搜索方向与目标函数的梯度共轭。

令 $\alpha_0=\dfrac{r_0^{T}r_0}{p_0^{T}H_0p_0}$，则式（5.2-25）变为：

$$m_1=m_0+\frac{r_0^{T}r_0}{p_0^{T}H_0p_0}p_0 \tag{5.2-26}$$

则第 $k+1$ 次迭代模型参数的修正公式为：

$$m_{k+1}=m_k+\frac{r_k^{T}r_k}{p_k^{T}H_kp_k}p_k \tag{5.2-27}$$

具体实现步骤可参见第 4 章 § 4.4 节。

6.柯西-牛顿法

牛顿法的主要缺点是海森(Hessian)矩阵以及它的逆计算困难且费时,有时甚至逆不存在。柯西-牛顿法的基本思想是用另外一个矩阵 $\boldsymbol{A}_k$(BFGS 方法)来近似海森矩阵 $\boldsymbol{H}_k$ 或用另外一个矩阵 $\boldsymbol{B}_k$(DFP 方法)来近似海森矩阵的逆 $\boldsymbol{H}_k^{-1}$。矩阵 $\boldsymbol{A}_k$ 和 $\boldsymbol{B}_k$ 是对称正定矩阵,可以根据目标函数的梯度在每一次迭代中生成并更新。因此,柯西牛顿法的主要迭代过程如下:

①确定搜索方向 $\boldsymbol{s}_k = -\boldsymbol{B}_k\boldsymbol{g}_k$。

②确定搜索步长 α_k。

③更新模型参数 $\boldsymbol{m}_{k+1} = \boldsymbol{m}_k + \alpha_k\boldsymbol{s}_k$。

④更新矩阵,$\boldsymbol{B}_{k+1} = \boldsymbol{B}_k + \Delta\boldsymbol{B}_k$。

初始矩阵 $\boldsymbol{B}_0$ 可以是任意对称正定矩阵,实际中常令其等于单位矩阵,即 $\boldsymbol{B}_0 = \boldsymbol{I}$。

方程(5.2-4)可重写为:

$$\Delta\boldsymbol{m}_k = \boldsymbol{H}_k^{-1}\boldsymbol{g}_k \approx \boldsymbol{B}_k\boldsymbol{g}_k \tag{5.2-28}$$

其中,

$$\Delta\boldsymbol{m}_k = \boldsymbol{m}_{k+1} - \boldsymbol{m}_k \tag{5.2-29}$$

$$\boldsymbol{g}_k = \nabla E(\boldsymbol{m}_{k+1}) - \nabla E_k \tag{5.2-30}$$

由于 $\Delta\boldsymbol{m}_k$ 和 $\boldsymbol{g}_k$ 有在搜索步长 α_k 确定之后才能够计算,且由于 $\boldsymbol{H}_k^{-1} \approx \boldsymbol{B}_k$,所以 $\boldsymbol{B}_k$ 通常只能将二者近似表示为 $\Delta\boldsymbol{m}_k \approx \boldsymbol{B}_k\boldsymbol{g}_k$。因此,1987 年,Fletcher 提出用 $\boldsymbol{B}_{k+1}$ 来准确表示二者的关系,即

$$\Delta\boldsymbol{m}_k = \boldsymbol{B}_{k+1}\boldsymbol{g}_k \tag{5.2-31}$$

矩阵 $\boldsymbol{B}$ 的迭代修正公式可写为:

$$\boldsymbol{B}_{k+1} = \boldsymbol{B}_k + \Delta\boldsymbol{B}_k \tag{5.2-32}$$

其中,$\Delta\boldsymbol{B}_k$ 称为海森矩阵的第一类校正矩阵,定义为:

$$\Delta\boldsymbol{B}_k = bz\,z^{\mathrm{T}} \tag{5.2-33}$$

其中,b 是一个常数;z 是一个待定的列向量。将式(5.2-33)代入式(5.2-32),得

$$\boldsymbol{B}_{k+1} = \boldsymbol{B}_k + bz\,z^{\mathrm{T}} \tag{5.2-34}$$

再将上式代入式(5.2-31),得

$$\Delta\boldsymbol{m}_k = \boldsymbol{B}_k\boldsymbol{g}_k + bz(z^{\mathrm{T}}\boldsymbol{g}_k) \tag{5.2-35}$$

其中,$(z^{\mathrm{T}}\boldsymbol{g}_k)$ 是一个标量。因此,上式可改写为:

$$bz = \frac{\Delta\boldsymbol{m}_k - \boldsymbol{B}_k\boldsymbol{g}_k}{z^{\mathrm{T}}\boldsymbol{g}_k} \tag{5.2-36}$$

因此,满足式(5.2-36)的 b 和 z 可定义为:

$$z = \Delta\boldsymbol{m}_k - \boldsymbol{B}_k\boldsymbol{g}_k \tag{5.2-37}$$

$$b = \frac{1}{z^{\mathrm{T}}\boldsymbol{g}_k} = \frac{1}{(\Delta\boldsymbol{m}_k - \boldsymbol{B}_k\boldsymbol{g}_k)^{\mathrm{T}}\boldsymbol{g}_k} \tag{5.2-38}$$

将式(5.2-37)和式(5.2-38)代入式(5.2-34),得

$$\boldsymbol{B}_{k+1} = \boldsymbol{B}_k + \frac{(\Delta\boldsymbol{m}_k - \boldsymbol{B}_k\boldsymbol{g}_k)(\Delta\boldsymbol{m}_k - \boldsymbol{B}_k\boldsymbol{g}_k)^{\mathrm{T}}}{(\Delta\boldsymbol{m}_k - \boldsymbol{B}_k\boldsymbol{g}_k)^{\mathrm{T}}\boldsymbol{g}_k} \tag{5.2-39}$$

海森矩阵的第一类修正公式(5.2-39)存在两个缺点:一是第一类修正公式无法保证 $\boldsymbol{B}_k$ 始终为正定;二是当公式(5.2-39)中分母为零时,会发生迭代失败。柯西牛顿法的上述缺点在 DFP 法和 BFGS 方法中通过海森矩阵的第二类修正公式得到了改进。

7.DFP 法(Davidon-Fletcher-Powell method)

海森矩阵的第二类校正矩阵 ΔB_k 定义为如下形式:

$$\Delta \boldsymbol{B}_k = b_1 z_1 z_1^{\mathrm{T}} + b_2 z_2 z_2^{\mathrm{T}} \tag{5.2-40}$$

其中,b_1 和 b_2 为常数;z_1 和 z_2 为待定向量。将上式代入式(5.2-32),得

$$\boldsymbol{B}_{k+1} = \boldsymbol{B}_k + b_1 z_1 z_1^{\mathrm{T}} + b_2 z_2 z_2^{\mathrm{T}} \tag{5.2-41}$$

再将上式代入式(5.2-31),得

$$\Delta \boldsymbol{m}_k = \boldsymbol{B}_k \boldsymbol{g}_k + b_1 z_1 (z_1^{\mathrm{T}} \boldsymbol{g}_k) + b_2 z_2 (z_2^{\mathrm{T}} \boldsymbol{g}_k) \tag{5.2-42}$$

其中,$(z_1^{\mathrm{T}} \boldsymbol{g}_k)$ 和 $(z_2^{\mathrm{T}} \boldsymbol{g}_k)$ 是标量。尽管满足上式的 z_1、z_2 不唯一,但如下形式是其中之一,可用来确定 z_1、z_2:

$$z_1 = \Delta \boldsymbol{m}_k \tag{5.2-43}$$

$$z_2 = \boldsymbol{B}_k \boldsymbol{g}_k \tag{5.2-44}$$

$$b_1 = \frac{1}{z_1^{\mathrm{T}} \boldsymbol{g}_k} = \frac{1}{(\Delta \boldsymbol{m}_k)^{\mathrm{T}} \boldsymbol{g}_k} \tag{5.2-45}$$

$$b_2 = -\frac{1}{z_2^{\mathrm{T}} \boldsymbol{g}_k} = -\frac{1}{\boldsymbol{g}_k^{\mathrm{T}} \boldsymbol{B}_k \boldsymbol{g}_k} \tag{5.2-46}$$

将式(5.2-43)~式(5.2-46)代入式(5.2-41),得

$$\boldsymbol{B}_{k+1}^{\mathrm{DFP}} = \boldsymbol{B}_k + \frac{\Delta \boldsymbol{m}_k (\Delta \boldsymbol{m}_k)^{\mathrm{T}}}{(\Delta \boldsymbol{m}_k)^{\mathrm{T}} \boldsymbol{g}_k} - \frac{(\boldsymbol{B}_k \boldsymbol{g}_k)(\boldsymbol{B}_k \boldsymbol{g}_k)^{\mathrm{T}}}{\boldsymbol{g}_k^{\mathrm{T}} \boldsymbol{B}_k \boldsymbol{g}_k} \tag{5.2-47}$$

上式由 Davidon(1959 年)首先提出,后来 Fletcher 和 Powell(1963 年)再次提出,目前被称为 DFP 方法。该方法在实际问题的处理中具有很好的应用效果,比最速下降法计算效率更高。但该方法在搜索步长不精确的情况下,执行效率较差,因为只有搜索步长能够精确确定时,矩阵 $\boldsymbol{B}_{k+1}$ 才能保持正定。

8.BFGS 方法(Broyden-Fletcher-Goldfarb-Shanno method)

在 BFGS 方法中,海森矩阵 $\boldsymbol{H}_k$ 用一个对称正定矩阵 $\boldsymbol{A}_k$ 来近似,即 $\boldsymbol{H}_k \approx \boldsymbol{A}_k$。因此 $\boldsymbol{A}_k = \boldsymbol{B}_k^{-1}$,$\boldsymbol{A}_{k+1} = \boldsymbol{B}_{k+1}^{-1}$,式(5.2-28)和式(5.2-31)可由 $\boldsymbol{A}_k$ 和 $\boldsymbol{A}_{k+1}$ 表示为:

$$\boldsymbol{g}_k \approx \boldsymbol{A}_k \Delta \boldsymbol{m}_k \tag{5.2-48}$$

$$\boldsymbol{g}_k \approx \boldsymbol{A}_{k+1} \Delta \boldsymbol{m}_k \tag{5.2-49}$$

矩阵 $\boldsymbol{A}$ 的迭代修正公式可写为:

$$\boldsymbol{A}_{k+1} = \boldsymbol{A}_k + \Delta \boldsymbol{A}_k \tag{5.2-50}$$

其中,$\Delta \boldsymbol{A}_k$ 称为海森矩阵的第二类校正矩阵,定义为:

$$\Delta \boldsymbol{A}_k = a_1 \boldsymbol{y}_1 \boldsymbol{y}_1^{\mathrm{T}} + a_2 \boldsymbol{y}_2 \boldsymbol{y}_2^{\mathrm{T}} \tag{5.2-51}$$

其中，a_1 和 a_2 为常数；$\boldsymbol{y}_1$ 和 $\boldsymbol{y}_2$ 待定向量。将上式代入式(5.2-50)，得

$$\boldsymbol{A}_{k+1}=\boldsymbol{A}_k+a_1\boldsymbol{y}_1\boldsymbol{y}_1^{\mathrm{T}}+a_2\boldsymbol{y}_2\boldsymbol{y}_2^{\mathrm{T}} \tag{5.2-52}$$

再将上式代入式(5.2-49)，得

$$\boldsymbol{g}_k=\boldsymbol{A}_k\Delta\boldsymbol{m}_k+a_1\boldsymbol{y}_1(\boldsymbol{y}_1^{\mathrm{T}}\Delta\boldsymbol{m}_k)+a_2\boldsymbol{y}_2(\boldsymbol{y}_2^{\mathrm{T}}\Delta\boldsymbol{m}_k) \tag{5.2-53}$$

其中，$(\boldsymbol{y}_1^{\mathrm{T}}\Delta\boldsymbol{m}_k)$ 和 $(\boldsymbol{y}_2^{\mathrm{T}}\Delta\boldsymbol{m}_k)$ 是标量。尽管满足上式的 $\boldsymbol{y}_1$、$\boldsymbol{y}_2$ 不唯一，但如下形式是其中之一，可用来确定 $\boldsymbol{y}_1$、$\boldsymbol{y}_2$：

$$\boldsymbol{y}_1=\boldsymbol{g}_k \tag{5.2-54}$$

$$\boldsymbol{y}_2=\boldsymbol{A}_k\Delta\boldsymbol{m}_k \tag{5.2-55}$$

$$a_1=\frac{1}{\boldsymbol{y}_1^{\mathrm{T}}\Delta\boldsymbol{m}_k}=\frac{1}{\boldsymbol{g}_k^{\mathrm{T}}\Delta\boldsymbol{m}_k} \tag{5.2-56}$$

$$a_2=-\frac{1}{\boldsymbol{y}_2^{\mathrm{T}}\Delta\boldsymbol{m}_k}=-\frac{1}{(\Delta\boldsymbol{m}_k)^{\mathrm{T}}\boldsymbol{A}_k\Delta\boldsymbol{m}_k} \tag{5.2-57}$$

将式(5.2-54) ~ 式(5.2-57)代入式(5.2-52)，得

$$\boldsymbol{A}_{k+1}=\boldsymbol{A}_k+\frac{\boldsymbol{g}_k\boldsymbol{g}_k^{\mathrm{T}}}{\boldsymbol{g}_k^{\mathrm{T}}\Delta\boldsymbol{m}_k}-\frac{(\boldsymbol{A}_k\Delta\boldsymbol{m}_k)(\boldsymbol{A}_k\Delta\boldsymbol{m}_k)^{\mathrm{T}}}{(\Delta\boldsymbol{m}_k)^{\mathrm{T}}\boldsymbol{A}_k\Delta\boldsymbol{m}_k} \tag{5.2-58}$$

由于搜索方向的计算需要海森矩阵的逆 $\boldsymbol{H}_k^{-1}$，因此还需要推导 $\boldsymbol{A}_{k+1}$ 的逆($\boldsymbol{A}_{k+1}^{-1}\approx\boldsymbol{H}_{k+1}^{-1}$)。矩阵的逆可通过如下 Sherman-Morrison-Woodbury 公式得到：

$$(\boldsymbol{A}+\boldsymbol{u}\boldsymbol{v}^{\mathrm{T}})^{-1}=\boldsymbol{A}^{-1}-\frac{(\boldsymbol{A}^{-1}\boldsymbol{u})(\boldsymbol{v}^{\mathrm{T}}\boldsymbol{A}^{-1})}{1+\boldsymbol{v}^{\mathrm{T}}\boldsymbol{A}^{-1}\boldsymbol{u}} \tag{5.2-59}$$

其中，$\boldsymbol{u}$ 和 $\boldsymbol{v}$ 为任意列向量。

对 $\boldsymbol{A}_{k+1}$ 应用两次上述公式，并用 $\boldsymbol{B}_{k+1}$ 和 $\boldsymbol{B}_k$ 替换 $\boldsymbol{A}_{k+1}^{-1}$ 和 $\boldsymbol{A}_k^{-1}$，得

$$\boldsymbol{B}_{k+1}^{\mathrm{BFGS}}=\boldsymbol{B}_k+\frac{\Delta\boldsymbol{m}_k(\Delta\boldsymbol{m}_k)^{\mathrm{T}}}{(\Delta\boldsymbol{m}_k)^{\mathrm{T}}\boldsymbol{g}_k}\left[1+\frac{\boldsymbol{g}_k^{\mathrm{T}}\boldsymbol{B}_k\boldsymbol{g}_k}{(\Delta\boldsymbol{m}_k)^{\mathrm{T}}\boldsymbol{g}_k}\right]-\frac{\boldsymbol{B}_k\boldsymbol{g}_k(\Delta\boldsymbol{m}_k)^{\mathrm{T}}+\Delta\boldsymbol{m}_k\boldsymbol{g}_k^{\mathrm{T}}\boldsymbol{B}_k}{(\Delta\boldsymbol{m}_k)^{\mathrm{T}}\boldsymbol{g}_k} \tag{5.2-60}$$

上述修正公式由 Broyden、Fletcher、Goldfarb 和 Shanno 在 1970 年分别独立提出，因此称该方法为 BFGS 方法。BFGS 方法是柯西牛顿法中性能最好的方法，该方法对搜索步长的计算误差不敏感，比 DFP 方法具有更好的稳定性。

§5.3 迭代步长的线性搜索算法

搜索方向 $\boldsymbol{s}_k$ 确定后，接下来的任务是在每一次迭代中利用线性搜索算法寻找能够最大限度地降低目标函数值的最优步长 α^*，即

$$\alpha^*=\min_{\alpha}E(\alpha)=\min_{\alpha}E(\boldsymbol{m}_k+\alpha\boldsymbol{s}_k) \tag{5.3-1}$$

当 m_k 和 α_k 给定后，上述线性搜索问题变为单变量最优化问题。这类问题可利用二次多项式、三次多项式或混合多项式(二次、三次多项式)算法进行求解。后两种方法使用的前提条件是要求导数 $E'(\alpha)$ 是可用的。

1.二次多项式法

二次多项式法是通过将 $E(\alpha)$ 用二次多项式逼近，如：

$$E(\alpha) = a\alpha^2 + b\alpha + c \tag{5.3-2}$$

来寻找最优步长 α^* 的。待定系数 a、b 和 c 可通过解由 α 的不同值所得到的 $E(\alpha)$ 组成的联立方程得到。

由式(5.3-2)知，目标函数 $E(\alpha)$ 的一阶导数和二阶导数分别为：

$$E'(\alpha) = 2a\alpha + b \tag{5.3-3}$$

$$E''(\alpha) = 2a \tag{5.3-4}$$

由极值点条件 $E'(\alpha) = 0$ 得

$$\alpha^* = -\frac{b}{2a} \tag{5.3-5}$$

要使该极值点为极小值，需满足 $E''(\alpha) > 0$，有

$$a > 0 \tag{5.3-6}$$

常数 a、b 和 c 由 $E(\alpha = 0)$、$E'(\alpha = 0)$ 和 $E(\alpha_1)$ 三个方程联立得到

$$E_0 = E(\alpha = 0) = c \tag{5.3-7}$$

$$E'_0 = E'(\alpha = 0) = b \tag{5.3-8}$$

$$E_1 = E(\alpha_1) = a\alpha_1^2 + b\alpha_1 + c \tag{5.3-9}$$

其中，α_1 为预先设定的初始步长。将式(5.3-7)和式(5.3-8)代入式(5.3-9)得

$$a = \frac{E_1 - \alpha_1 E'_0 - E_0}{\alpha_1^2} \tag{5.3-10}$$

将式(5.3-8)和式(5.3-10)代入式(5.3-5)得，

$$\alpha^* = -\frac{\alpha_1^2 E'_0}{2(E_1 - \alpha_1 E'_0 - E_0)} \tag{5.3-11}$$

另一方面，上式中的 E_0、E'_0、E_1 可由前一次的迭代结果进行计算。由目标函数 $E(\boldsymbol{m}_k + \alpha\boldsymbol{s}_k)$ 知

$$E(\alpha = 0) = E(\boldsymbol{m}_k + 0 \cdot \boldsymbol{s}_k) = E(\boldsymbol{m}_k) \tag{5.3-12}$$

目标函数 $E(\alpha) = E(\boldsymbol{m}_k + \alpha\boldsymbol{s}_k)$ 对 α 的一阶导数为：

$$E'(\alpha) = \frac{\partial E(\boldsymbol{m}_k + \alpha\boldsymbol{s}_k)}{\partial\alpha} = \boldsymbol{s}_k^{\mathrm{T}} \nabla E(\boldsymbol{m}_k + \alpha\boldsymbol{s}_k) \tag{5.3-13}$$

令 $\alpha = 0$，则

$$E'(\alpha = 0) = \boldsymbol{s}_k^{\mathrm{T}} \nabla E(\boldsymbol{m}_k) \tag{5.3-14}$$

因此，$E'(\alpha = 0)$ 可由前一次迭代的结果得到。又因 $\boldsymbol{s}_k$ 为目标函数的下降方向，则

$$E'(\alpha = 0) < 0 \tag{5.3-15}$$

对于 E_1，有

$$E_1 = E(\alpha_1) = E(\boldsymbol{m}_k + \alpha_1\boldsymbol{s}_k) \tag{5.3-16}$$

由式(5.3-15)和式(5.3-8)知，$b < 0$。又由式(5.3-5)、式(5.3-6)得

$$\alpha^* = -\frac{b}{2a} > 0 \tag{5.3-17}$$

因此，α^* 与目标函数的极小值点对应。

2.三次多项式法

二次多项式法的一个缺点是目标函数的所有信息没有被充分利用，如导数 $E'(\alpha)$，当 $E'(\alpha)$ 存在时。三次多项式法则弥补了二次多项式法的这一缺点。

三次多项式法是通过将 $E(\alpha)$ 用三次多项式逼近，如：

$$E(\alpha)=\frac{1}{3}a\alpha^3-b\alpha^2+c\alpha+d \tag{5.3-18}$$

来寻找最优步长 α^* 的。待定系数 a、b、c 和 d 可通过解由 α 的两个不同值所得到的 $E(\alpha)$ 和 $E'(\alpha)$ 所组成的四个联立方程得到。

三次多项式法利用了更高阶的多项进行逼近，且同时利用了目标函数的导数信息。因此，三次多项式法比二次多项式法的计算精度高。但是，当目标函数导数的解析形式不存在时（如目标函数是未知变量的隐函数时），$E'(\alpha)$ 必须用有限差分进行近似，显然其计算量将大大增加。

在三次多项式法中，目标函数的一阶导数和二阶导数分别为：

$$E'(\alpha)=a\alpha^2-2b\alpha+c \tag{5.3-19}$$

$$E''(\alpha)=2a\alpha-2b \tag{5.3-20}$$

由极值点条件 $E'(\alpha)=0$ 得，

$$\alpha^*=\frac{b\pm\sqrt{b^2-ac}}{a} \tag{5.3-21}$$

要使该极值点为极小值，还需满足 $E''(\alpha)>0$，则有

$$a\alpha^*-b>0 \tag{5.3-22}$$

将式(5.3-21)代入式(5.3-22)知，只有式(5.3-21)中的正负号取正号时，才能满足式(5.3-22)大于零。因此，

$$\alpha^*=\frac{b+\sqrt{b^2-ac}}{a} \tag{5.3-23}$$

常数 a、b、c 和 d 由 $E(\alpha=0)$、$E'(\alpha=0)$、$E(\alpha_1)$ 和 $E(\alpha_2)$ 四个方程联立得到，

$$E_0=E(\alpha=0)=d \tag{5.3-24}$$

$$E'_0=E'(\alpha=0)=c \tag{5.3-25}$$

$$E_1=E(\alpha_1)=\frac{1}{3}a\alpha_1^3-b\alpha_1^2+c\alpha_1+d \tag{5.3-26}$$

$$E_2=E(\alpha_2)=\frac{1}{3}a\alpha_2^3-b\alpha_2^2+c\alpha_2+d \tag{5.3-27}$$

将式(5.3-24)、式(5.3-25)代入式(5.3-26)和式(5.3-27)，写成矩阵形式：

$$\begin{bmatrix}\frac{1}{3}\alpha_1^3 & -\alpha_1^2\\ \frac{1}{3}\alpha_2^3 & -\alpha_2^2\end{bmatrix}\begin{bmatrix}a\\ b\end{bmatrix}=\begin{bmatrix}E_1-\alpha_1E'_0-E_0\\ E_2-\alpha_2E'_0-E_0\end{bmatrix} \tag{5.3-28}$$

由克莱姆法则得，

$$a=\frac{3[\alpha_2^2(E_0+\alpha_1 E'_0-E_1)-\alpha_1^2(E_0+\alpha_2 E'_0-E_2)]}{(\alpha_1\alpha_2)^2(\alpha_2-\alpha_1)} \tag{5.3-29}$$

$$b=\frac{\alpha_2^3(E_0+\alpha_1 E'_0-E_1)-\alpha_1^3(E_0+\alpha_2 E'_0-E_2)}{(\alpha_1\alpha_2)^2(\alpha_2-\alpha_1)} \tag{5.3-30}$$

最后，将式(5.3-25)、式(5.3-29)和式(5.3-30)代入式(5.3-23)可得到使目标函数取极小的最优步长 α^* 。

§5.4　梯度法实现中的其他问题

在梯度优化算法的实现中，常涉及雅克比矩阵和梯度向量的计算。对于非线性反演而言，目标函数是模型参数 $\boldsymbol{m}$ 的隐函数，因此，雅克比矩阵和梯度向量需要用差分的办法来代替微分。

1.雅克比矩阵的计算

由于目标函数为：

$$E(\boldsymbol{m})=\|\boldsymbol{d}^{\mathrm{obs}}-\boldsymbol{d}^{\mathrm{pre}}\|_2^2=\|F(\boldsymbol{m})\|_2^2=\sum_{i=1}^{N}[F_i(\boldsymbol{m})]^2 \tag{5.4-1}$$

其中，

$$F(\boldsymbol{m})=\begin{bmatrix}F_1\\ \vdots\\ F_i\\ \vdots\\ F_N\end{bmatrix}=\begin{bmatrix}F_1(\boldsymbol{m})\\ \vdots\\ F_i(\boldsymbol{m})\\ \vdots\\ F_N(\boldsymbol{m})\end{bmatrix}=\begin{bmatrix}\boldsymbol{d}_1^{\mathrm{obs}}-\boldsymbol{d}_1^{\mathrm{pre}}\\ \vdots\\ \boldsymbol{d}_i^{\mathrm{obs}}-\boldsymbol{d}_i^{\mathrm{pre}}\\ \vdots\\ \boldsymbol{d}_N^{\mathrm{obs}}-\boldsymbol{d}_N^{\mathrm{pre}}\end{bmatrix} \tag{5.4-2}$$

$$\nabla E(\boldsymbol{m})=2\frac{\partial F(\boldsymbol{m})}{\partial \boldsymbol{m}^{\mathrm{T}}}F(\boldsymbol{m})=2J(\boldsymbol{m})^{\mathrm{T}}F(\boldsymbol{m}) \tag{5.4-3}$$

对应的雅克比矩阵为：

$$\nabla F(\boldsymbol{m})=J(\boldsymbol{m})=\begin{bmatrix}\frac{\partial F_1}{\partial m_1} & \cdots & \frac{\partial F_1}{\partial m_M}\\ & \ddots & \\ \vdots & \frac{\partial F_i}{\partial m_j} & \vdots\\ & & \ddots \\ \frac{\partial F_N}{\partial m_1} & \cdots & \frac{\partial F_N}{\partial m_M}\end{bmatrix} \tag{5.4-4}$$

则式(5.4-4)中雅克比矩阵的每一个元素可用前向差分方法近似为：

$$\frac{\partial F_i}{\partial m_j}=\frac{\partial \boldsymbol{d}_i^{\mathrm{pre}}}{\partial m_j}=\frac{\boldsymbol{d}_i^{\mathrm{pre}}(m_1,\cdots,m_j+\Delta m,\cdots,m_M)-\boldsymbol{d}_i^{\mathrm{pre}}(m_1,\cdots,m_j,\cdots,m_M)}{\Delta m} \tag{5.4-5}$$

实际计算时,令 Δm 为一个较小的数,如取 $\Delta m=0.01$。

2.梯度的计算

由式(5.4-3)知,目标函数的梯度为:

$$\nabla E=2J(\boldsymbol{m})^{\mathrm{T}}F(\boldsymbol{m})=2\begin{bmatrix}\frac{\partial F_1}{\partial m_1} & \cdots & \frac{\partial F_N}{\partial m_1}\\ & \ddots & \\ \vdots & \frac{\partial F_i}{\partial m_j} & \vdots\\ & & \ddots \\ \frac{\partial F_1}{\partial m_M} & \cdots & \frac{\partial F_N}{\partial m_M}\end{bmatrix}\begin{bmatrix}F_1\\ \vdots\\ F_i\\ \vdots\\ F_N\end{bmatrix} \tag{5.4-6}$$

其中,

$$\frac{\partial F_i}{\partial m_j}=\frac{\partial \boldsymbol{d}_i^{\mathrm{pre}}}{\partial m_j}=\frac{\boldsymbol{d}_i^{\mathrm{pre}}(m_1,\cdots,m_j+\Delta m,\cdots,m_M)-\boldsymbol{d}_i^{\mathrm{pre}}(m_1,\cdots,m_j,\cdots,m_M)}{\Delta m} \tag{5.4-7}$$

$$F_i=\boldsymbol{d}_i^{\mathrm{obs}}-\boldsymbol{d}_i^{\mathrm{pre}} \tag{5.4-8}$$

习 题

1.常见的梯度优化算法有哪些?请给出梯度优化算法的迭代过程示意图。

2.分析求解目标函数极小值的最优化方法中的最速下降法、牛顿法、高斯牛顿法、阻尼最小二乘算法的相似点及区别?并给出每一种方法的搜索方向的表达式。

3.简述利用二次多项式法确定搜索步长的推导过程。

4.柯西-牛顿法的基本思想是什么?请给出其迭代过程,并推导海森矩阵的近似矩阵的迭代公式。

5.对于目标函数是模型参数 $\boldsymbol{m}$ 的隐函数的非线性反演问题,在采用梯度法求解时,如何计算雅克比矩阵和梯度向量?

第6章　非线性反问题的全局优化算法

在实际工作中,绝大多数地球物理问题都是非线性问题,即观测数据是模型参数的高度非线性函数,解决这类问题有两大类方法。一类是上一章介绍的局部优化算法,该类方法能否得到真实解,强烈地依赖于初始模型的选择。若初始模型在真实模型附近,搜索能达到最小值(或最大值)对应的真实模型。若离真实模型较远,在某局部极值对应的模型附近,则搜索陷入局部极值。另一类是全局优化算法,该类算法是在整个模型空间寻找全局极小解,避免陷入局部极值。常见的全局优化算法方法主要有蒙特卡洛方法、模拟退火法、遗传算法、机器学习与神经网络算法等。这些全局优化算法在地球物理反演领域已经得到了广泛的研究与应用。本章就遗传算法和机器学习与人工神经网络方法进行介绍。

§6.1　基本遗传算法

1.遗传算法概述

1)遗传算法基本概念

遗传算法(Genetic Algorithms,GA)由美国的John Holland于1975年在专著《自然界和人工系统的适应性》(*Adaptation in Nature and Artificial Systems*)中首先提出。该算法是基于生物进化的过程,源于达尔文的进化论,即生物的进化总是遵循适者生存、优胜劣汰的规则,因此也被称为模拟进化法(Fogel,1991),是一类借鉴生物界自然选择和自然遗传机制的随机化搜索算法。

遗传算法在自然与社会现象模拟、工程计算等方面得到了广泛应用。在各个不同的应用领域,为了取得更好的结果,人们对GA进行了大量改进,通常将Holland提出的算法称为基本遗传算法,简称GA或SGA(Simple Genetic Algorithm),将其他的"GA类"算法称为GAs(Genetic Algorithms),可以把GA看作是GAs的一种特例。基本遗传算法的遗传进化操作过程简单,容易理解,是其他一些遗传算法的雏形和基础。本节主要介绍基本遗传算法的原理与实现。

GA进行遗传操作的基本对象是个体或染色体(chromosome)。每个染色体是一个知识结构,代表反演问题的一个可能解。染色体通常用字符串或者位串来表示,若干长度的串称为构成染色体的基因(gene),染色体的长度由问题规模大小决定。

所有染色体组成群体(population),代表遗传算法的搜索空间。简单遗传算法采用随机方法生成若干个个体的集合,该集合被称为初始种群。初始种群中个体的数量称为种群规模。遗传算法对群体中含染色体的数量很敏感,从维持群体中个体的多样性、防止陷入局部解的角度来考虑,似乎种群规模越大越好,但是这会明显增加计算量,还可能影响个体竞争。

遗传算法对一个个体(解)的好坏用适应度函数值(fitness function)来评价,个体(染色体)的适应度值越大,代表解越优,生存的概率越高。适应度函数是遗传算法进化过程的驱动力,也是进行自然选择的唯一标准。它的设计应结合求解问题本身的要求而定,要能有效指导搜索空间沿优化参数组合方向,逐渐逼近最佳参数组合,从而不会导致搜索收敛或陷入局部极值,同时要易于计算。对于求目标函数最大值的优化问题,且目标函数总取正值时,可以直接设定个体的适应度 $F(X)$ 等于相应的目标函数值 $f(X)$。对于求目标函数最小值的优化问题,理论上只需简单地对目标函数值取负值就可将其转化为求目标函数最大值的优化问题。

2)遗传算法的搜索机制

遗传算法的搜索机制是模拟自然选择和自然遗传过程中发生的繁殖、交叉和基因突变现象。是从一初始模型集出发,计算这些模型集成员的目标函数值,并根据各成员的目标函数值大小(个体适应度),通过遗传操作(选择、交叉和变异)对模型参数染色体进行各种各样的修改,产生新一代的候选解群,重复此过程,直到满足某种收敛指标为止,使模型群体(集)朝最优解逐渐演化,如图 6.1-1 所示。

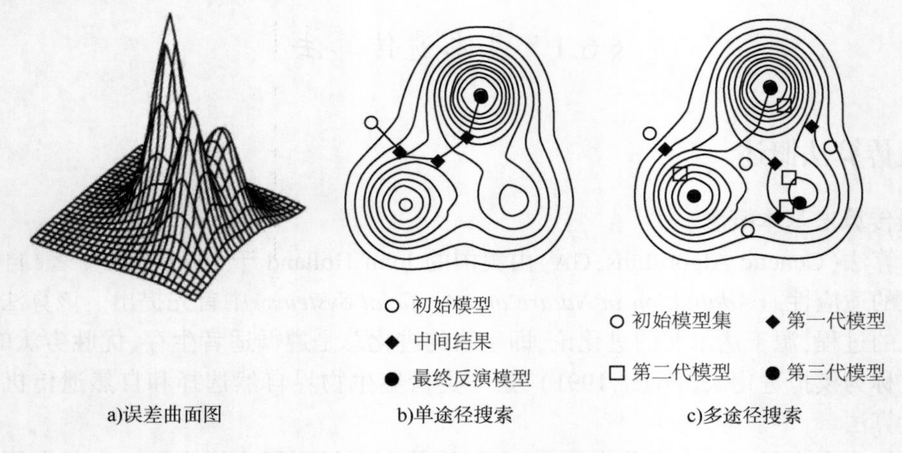

图 6.1-1 遗传算法的多途径搜索示意图

遗传算法中的遗传代数相当于迭代反演中的迭代次数。在迭代过程中,对模型群体中成员的染色体进行交换和变异操作,实际上就是对模型空间进行多途径的搜索。由于是对每一条染色体(每一条染色体对应一个模型参数)同时进行操作,所以算法本身具有并行性,搜索效率比一般的非线性反演方法高。

2.遗传算法的基本操作

遗传算法可以认为是一个进化过程(即迭代过程),遗传操作包括编码、解码、选择、交叉、变异。

1) 编码

编码是将问题解的表示映射成遗传空间解的表示,通过某种编码机制把对象抽象为由特定符号按一定顺序排成的串。正如研究生物遗传是从染色体着手,而染色体则是由基因排成的串。地球物理反演中,将模型空间的解的表示映射到遗传空间的解的表示的过程称为编码。显然,一般地球物理反演问题模型空间中的解为十进制数,也就是地层速度、密度、电阻率等参数的大小,而遗传空间中的解通常被称为个体。通常将编码之前的某个解的实际值称为解的表现型,将编码后的对应的个体称为解的基因型。

对编码的基本要求是两个空间的解需要一一对应,并且编码应尽量简明。编码的形式可以是多种多样的,二进制码、浮点数编码、格雷码、符号编码或其他形式的编码都可实现个体的字符化。其中,二进制编码最简单,是用一个无符号的二进制编码的染色体表示模型参数,二进制码各位相当于"基因",可能取 0 或 1,编码的长度(位数)取决于相应模型参数的范围和所要求的分辨率。

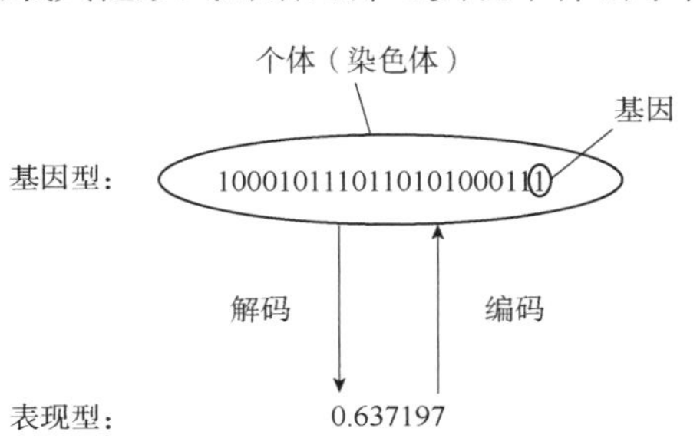

图 6.1-2　基本遗传算法的编码、解码操作示意图

基本遗传算法使用二进制串进行编码,如图 6.1-2所示。假设某一参数的取值范围是 $[u_{\min}, u_{\max}]$,用长度为 λ 的二进制编码符号串来表示该参数,则它总共能够产生 2^{λ} 种不同的编码,参数编码时的对应关系如下:

$$
\begin{aligned}
&00000000\cdots00000000 = 0 && u_{\min}\\
&00000000\cdots00000001 = 1 && u_{\min} + \delta\\
&00000000\cdots00000010 = 2 && u_{\min} + 2\delta\\
&\cdots\cdots\\
&11111111\cdots11111111 = 2^{\lambda} - 1 && u_{\max}
\end{aligned}
$$

其中,δ 为二进制编码的编码精度,其公式为:

$$\delta = \frac{u_{\max} - u_{\min}}{2^{\lambda} - 1} \tag{6.1-1}$$

例 1:设模型参数 $-3.0 \leqslant x \leqslant 12.1$,精度要求 $\delta = 1/10000$,则进行二进制编码时需要多少位二进制码{0/1}来表示?

解:由公式(6.1-1)得

$$
\begin{aligned}
2^{\lambda} &= \frac{u_{\max} - u_{\min}}{\delta} + 1\\
&= \frac{12.1 + 3.0}{1/10000} + 1\\
&= 151001
\end{aligned}
$$

又因 $2^{17} \leqslant 151001 \leqslant 2^{18}$,则 x 需要 18 位 {0/1} 符号表示。

2) 解码

解码是将问题解的基因型形式转换为其表现型形式。假设某一个体的编码是:

$$x: b_{\lambda}\, b_{\lambda-1}\, b_{\lambda-2} \cdots b_2\, b_1$$

则对应的解码公式为：

$$x = u_{\min} + \left(\sum_{i=\lambda}^{1} b_i 2^{i-1} \right) \frac{u_{\max} - u_{\min}}{2^{\lambda} - 1} \tag{6.1-2}$$

例 2:设例 1 中某一模型参数对应的编码为 $x =$ 010001001011010000,请对该编码进行解码。

解: 由公式(6.1-2)得

$$\begin{aligned} x &= u_{\min} + \left(\sum_{i=\lambda}^{1} b_i 2^{i-1} \right) \frac{u_{\max} - u_{\min}}{2^{\lambda} - 1} \\ &= -3.0 + (2^{16} + 2^{12} + 2^{9} + 2^{7} + 2^{6} + 2^{4}) \times \frac{12.1 + 3.0}{2^{18} - 1} \\ &= -3.0 + 703 \times \frac{15.1}{262143} \\ &= 1.052426 \end{aligned}$$

模型参数的二进制编码和解码是一种数学上的抽象,通过编码把具体模型参数转化为基因编码,形成的编码字符串就相当于一组遗传基因信息。根据遗传学原理,这些基因信息将通过繁殖传到下一代,并按照“适者生存”的原则决定群体的发展和消亡。在传代过程中,通过选择操作,基因会部分地发生交叉和变异,即字符串中的一些子串被保留,有的被改变,以保证遗传过程按照优化的目标演化。

3)选择

遗传算法使用选择操作来实现对群体中的个体进行优胜劣汰操作。适应度高的个体被遗传到下一代群体中的概率大。适应度低的个体,被遗传到下一代群体中的概率小。选择操作的任务就是按某种方法从父代群体中选取一些个体,遗传到下一代群体。基本遗传算法中的选择操作采用轮盘赌选择方法。轮盘赌选择又称比例选择算子,它的基本思想是:各个个体被选中的概率与其适应度函数值大小成正比。设群体大小为 M,个体 i 的适应度为 F_i ,则个体 i 被选中遗传到下一代群体的概率 P_i (选择概率)为:

$$P_i = F_i / \left(\sum_{i=1}^{M} F_i \right) \tag{6.1-3}$$

轮盘赌选择的原理如图 6.1-3 所示,指针固定不动,外圈的圆环可以自由转动,圆环上的刻度代表各个个体的适应度 F_i 。当圆环旋转若干圈后停止,指针指定的位置便是被选中的个体。

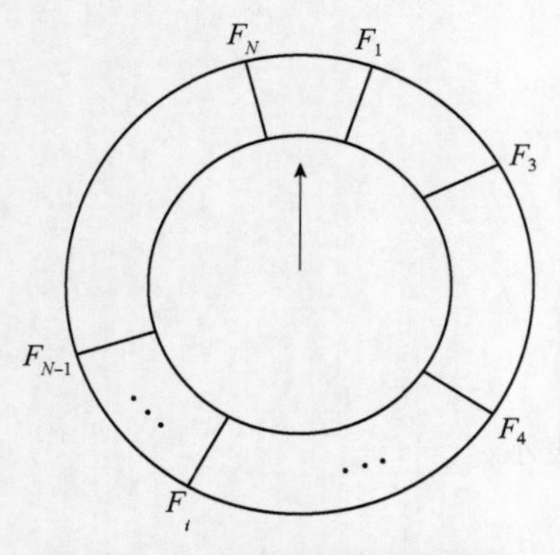

图 6.1-3 轮盘赌选择原理示意图

轮盘赌选择过程可描述如下:

①顺序计算群体内各个体的适应度 F_i ,同时计算相应的累计值 S_i ,最后一个累计值为 S_M 。

②在 $[0, S_M]$ 区间内产生均匀分布的随机数 r。

③依次用 S_i 与 r 比较,第一个出现 S_i 大于或等于 r 的个体 j 被选为复制对象。

④重复步骤②和③,直至新群体的个体数目等于父代群体的规模。

为便于进一步理解轮盘赌选择的操作过程,表 6.1-1 给出了一个轮盘赌选择过程的示例。

轮盘赌选择过程示例　　表 6.1-1

个体序号	1	2	3	4	5	6	7	8	9	10
适应度 F_i	8	2	17	7	2	12	11	7	3	7
适应度累计值 S_i	8	10	27	34	36	48	59	66	69	76
随机数 r	23	49	76	13	1	27	57	25	37	58
被选中的个体序号	3	7	10	3	1	3	7	3	6	7

从统计意义讲,适应度高的个体,其刻度长,被选中的可能性大;反之,适应度低的个体被选中的可能性小,但有时也会被“破格”选中。也就是说,个体适应度愈高,被选中的概率愈大。但是,适应度低的个体也有可能被选中,以便增加下一代群体的多样性。

4) 交叉

一旦模型被选中,就会发生交叉的遗传操作。交叉操作是对两个相互配对的染色体按某种方式相互交换其部分基因,从而形成两个新的个体。在地球物理反演中,交叉会引起配对模型之间某些信息的交换,从而生成新的模型对。交叉运算是遗传算法区别于其他进化算法的重要特征,它在遗传算法中起关键作用,是产生新个体的主要方法。交叉是允许对配对模型之间的遗传信息进行共享的机制。基本遗传算法中交叉算子采用单点交叉算子,是随机选择二进制串中的一个位置(交叉点)。交叉点右侧的所有基因在两个模型之间进行交换,生成两个新模型,如图 6.1-4 所示。

交叉前

00000|01110000000010000

11100|00000111111000101

交叉后

00000|00000111111000101

11100|01110000000010000

| —— 交叉点

图 6.1-4　单点交叉操作示意图

单点交叉算子的具体计算过程如下:

①对群体中的个体进行两两随机配对。若群体大小为 M,则共有 $M/2$ 对相互配对的个体组。

②每一对相互配对的个体,随机设置某一基因位之后的位置为交叉点。若染色体的长度为 λ ,则共有($\lambda - 1$) 个可能的交叉点位置。

③对每一对相互配对的个体,依设定的交叉概率 P_c 在其交叉点处相互交换两个个体的部分染色体,从而产生出两个新的个体。

交叉概率 P_c、群体中个体的数目 M 以及群体中被交换个体的数目 M_c 满足如下关系:

$$P_c = \frac{M_c}{M} \tag{6.1-4}$$

表 6.1-2 给出了一个交叉操作示例。某群体有 M 个个体,交叉的个体是随机确定的,每个个体含 8 个等位基因。针对每个个体产生一个[0, 1] 区间的均匀随机数。假设交叉概率 $P_c = 0.6$,则随机数小于 0.6 的对应个体与其随机确定的另一个个体交叉,交叉点随机确定。

交 叉 操 作 示 例　　表 6.1-2

个体编号	个　体	随　机　数	交叉操作	新　个　体
1	11011000	0.728	11011000	
2	10101011	0.589	101010 ⋮ 11	101010 01

续上表

个体编号	个 体	随 机 数	交叉操作	新 个 体
3	00101100	0.678	00101100	
4	10001101	0.801	100011 ⋮ 01	100011 11
…	…	…	…	…

染色体单点交叉操作的交叉点位置对交换后染色体的变化有较大的影响,如果交换点位置偏低,则交换前后模型的染色体变化不大。如果交换点位置很高,则交换前后模型的染色体变化特别大。为了使染色体的基因交换比较彻底,可以通过一个交叉概率 P_c 来控制选择操作的效果。如果 P_c 较小,那么交换点的位置就比较靠低位,此时的交叉操作是低位交换,交换前后模型的染色体变化不是太大。如果 P_c 的值较大,那么交叉点的位置就比较靠高位,此时交叉操作可以在较大的染色体空间进行,交叉前后模型的染色体变化可以很彻底。

5)变异

由于搜索空间的性质和初始模型群体的优劣,遗传算法搜索过程中往往会出现所谓的"早熟收敛"现象,即在进化过程中早期陷入局部解而中止进化。采用合适的变异操作可提高群体中个体的多样性,从而防止这种现象的出现。

变异操作是依据变异概率 P_m 将个体编码串中的某些基因值用其他基因值来替换,从而形成新的个体。基本遗传算法中变异算子采用基本位变异算子,即对个体编码串随机指定的某一位或某几位基因做变异运算。对于基本遗传算法中用二进制编码字符串所表示的个体,某一基因位上的原有基因值为 0,则变异操作将其变为 1;反之,若原有基因值为 1,则变异操作将其变为 0,如图 6.1-5所示。

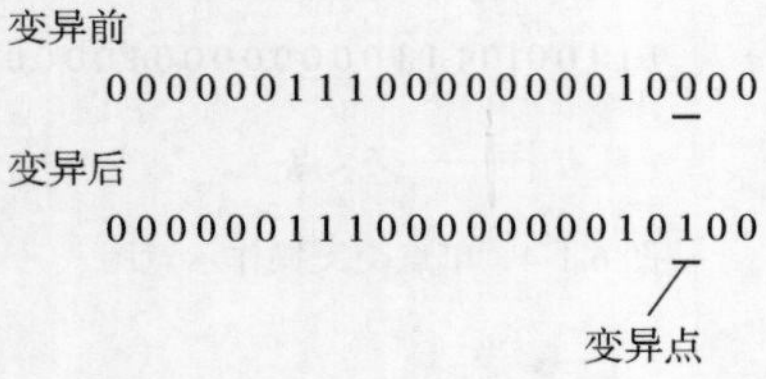

变异前

000000111000000000010000

变异后

000000111000000000010100

变异点

图 6.1-5 基本位变异操作意图

基本位变异操作的具体执行过程如下:

①对个体的每一个基因位,依变异概率 P_m 指定其为变异点。

②对每一个指定的变异点,对其基因值做取反运算或用其他等位基因值来代替,从而产生出一个新的个体。

变异是针对个体的某一个或某一些基因座上的基因值执行的,因此变异概率也是针对基因而言,即变异概率 P_m、每代中变异的基因数目 B、群体中个体的数目 M 以及个体基因串长度 λ 满足如下关系:

$$P_m = \frac{B}{M\lambda} \tag{6.1-5}$$

表 6.1-3 给出了一个变异操作示例。某群体有 10 个个体,每个个体含 4 个基因。变异字符的位置是随机确定的,针对每个个体的每个基因产生一个[0, 1] 区间具有 3 位有效数字的均匀随机数。假设变异概率 P_m = 0.01,则随机数小于 0.01 的对应基因值产生变异。表 6.1-3中 3 号个体的第 4 位的随机数为 0.001,小于 0.01,该基因产生变异,使 3 号个体由 0010 变为 0011。其余基因的随机数均大于 0.01,不产生变异。

变 异 操 作 示 例　　　表 6.1-3

个体编号	10个体	随机数	新个体
1	1010	0.801　0.102　0.266　0.373	
2	1100	0.120　0.796　0.105　0.840	
3	0010	0.760　0.473　0.894　0.001	0011
…	…	…	…

遗传算法中的变异运算是产生新个体的辅助方法,它决定了遗传算法的局部搜索能力,同时保持种群的多样性。交叉运算和变异运算的相互配合,共同完成对搜索空间的全局搜索和局部搜索。

3.遗传算法的基本流程

图 6.1-6 是遗传算法的基本流程示意图。具体步骤包括:

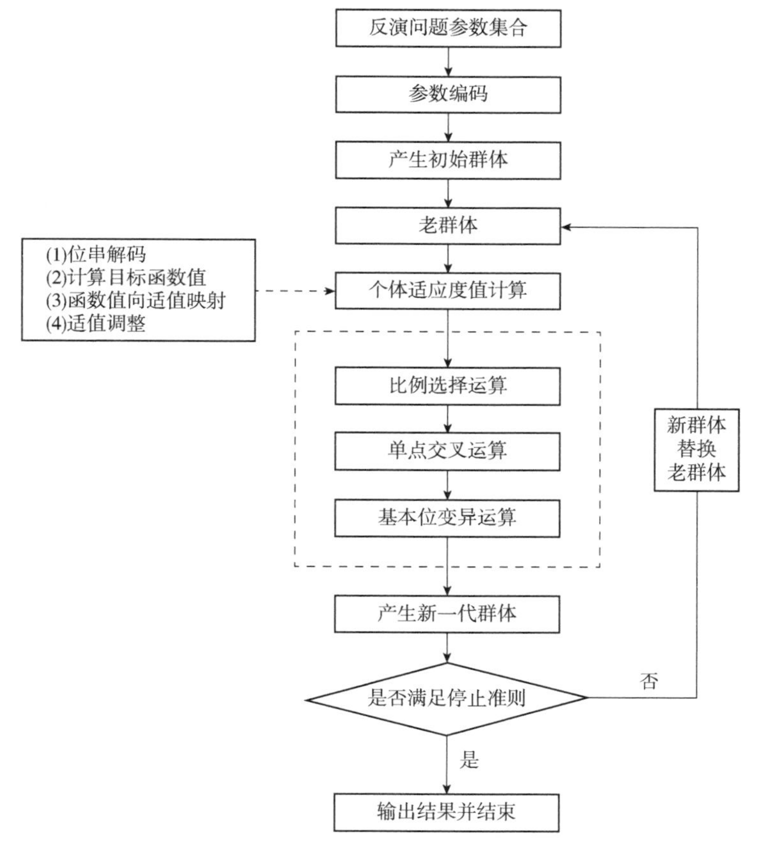

图 6.1-6　遗传算法基本流程示意图

①产生初始群体:选择合适的编码策略,将反演问题参数集合转化成基因串,形成初始群体,设置最大进化代数 T 和种群规模 M。

②个体评价:计算群体中各个个体(染色体)的适应度 F_i。

③种群进化:选择合适的选择概率 P_i、交叉概率 P_c 和变异概率 P_m 作用于群体,把选择概率高的个体和由交叉、变异运算产生的新个体遗传到下一代,形成新的群体。

④终止条件判断:若群体的平均目标函数(或后验概率)都聚集在模型空间中的一个有限范围,此时认为算法收敛,终止计算;否则,以当前群体替换老群体重复第②、③步,直到满足终止条件为止,作为反演问题的解输出。

遗传算法要实现全局收敛,首先要求任意初始种群经有限步都能到达全局最优解,其次算法必须由保优操作来防止最优解的遗失。与算法收敛性有关的因素主要包括种群规模 M、选择概率 P_i、交叉概率 P_c 和变异概率 P_m。

种群数目是一个重要的控制参数。通常,种群太小则不能提供足够的采样点,以致算法性能很差;种群太大,尽管可以增加优化信息,阻止早熟收敛的发生,但无疑会增加计算量,造成收敛时间太长,表现为收敛速度缓慢。

选择操作使高适应度个体能够以更大的概率生存,从而提高了遗传算法的全局收敛性。如果在算法中采用最优保存策略,即将父代群体中最佳个体保留下来,不参加交叉和变异操作,使之直接进入下一代,最终可使遗传算法以概率 1 收敛于全局最优解。

交叉操作用于个体对,产生新的个体,实质上是在解空间中进行有效搜索。交叉概率 P_c 太大,种群中个体更新很快,会造成高适应度值的个体很快被破坏掉;交叉概率 P_c 太小,交叉操作很少进行,从而会使搜索停滞不前,造成算法的不收敛。

变异操作是对种群模式的扰动,有利于增加种群的多样性。但是,变异概率 P_m 太小则很难产生新模式,变异概率太大则会使遗传算法成为随机搜索算法。

一般,种群规模 M 控制在 20~100,交叉概率 P_c 取 0.4~0.9,变异概率 P_m 取 0.001~0.01。

4.遗传算法数学基础

遗传算法有效性的理论依据为模式定理和积木块假设。模式定理保证了较优的模式(遗传算法的较优解)的样本呈指数级增长,从而满足了寻找最优解的必要条件,即遗传算法存在着寻找到全局最优解的可能性。而积木块假设指出,遗传算法具备寻找到全局最优解的能力,即具有低阶、短距、高平均适应度的模式(积木块)在遗传算子作用下,相互结合,能生成高阶、长距、高平均适应度的模式,最终生成全局最优解。Holland 的模式定理通过计算有用相似性奠定了遗传算法的数学基础。该定理是遗传算法的主要定理,在一定程度上解释了遗传算法的机理、数学特性以及很强的计算能力等特点。

1)模式定理(Schema Theorem)

定义 6.1:模式是指种群个体基因串中的相似样板,用来描述基因串中某些特征位相同的结构。在二进制编码中,模式是基于三个字符集{0,1,*}的字符串,符号 * 代表任意字符,即 0 或者 1。

例如模式 H=10**1,描述了在位置 1、2、5 具有形式"1、0、1"的所有字符串,即(10001,10011,10101, 10111)。由此可以看出,模式的概念提供了一种简洁的用于描述在某些位置上具有结构相似性的 0、1 字符串集合的方法。

引入模式后可以看到,一个长度为 k 的二进制字符串实际上隐含着 3^k 个模式,一个模式可以隐含在多个串中,不同的串之间通过模式相互联系。遗传算法中串的运算实质上是模式的运算。因此,通过分析模式在遗传操作下的变化,就可以了解什么性质被保留,什么性质被放弃,这正是模式定理所揭示的内涵。

定义 6.2:模式 H 中确定位置的个数称为模式 H 的阶,记作 $O(H)$。例如 $O(10**1)=3$ 。

定义 6.3:模式 H 中从左到右第一个确定位置和最后一个确定位置之间的距离称为模式 H 的定义距,记作 $\delta(H)$。例如:$\delta(10**1)=\delta(01**1)=5-1=4$,$\delta(*01**0*1)=8-2=6$。

定义 6.4:模式中所包含的位串的个数称为模式的维数,也称为模式的容量,记作 $D(H)$,$D(H)=2^{k-O(H)}$。

模式的阶用来反映不同模式间确定性的差异。模式的阶数越高,模式的确定性就越高,所匹配的样本数就越少。在遗传操作中,即使阶数相同的模式,也会有不同的性质,而模式的定义距就反映了这种性质的差异。

模式定理:在遗传算子选择、交叉和变异的作用下,具有低阶、短定义距以及平均适应度高于种群平均适应度的模式在遗传迭代过程中呈指数增长。模式定理可表达为

$$m(H,t+1) \geqslant m(H,t)\frac{f(H)}{\bar{f}}\left[1-P_{c}\frac{\delta(H)}{k-1}-O(H)P_{m}\right] \tag{6.1-6}$$

其中,$m(H,t)$ 表示在 t 代群体中存在模式 H 的串的个数;$f(H)$ 表示在 t 代群体中包含模式 H 的串的平均适应度;$\bar{f}$ 表示 t 代群体中所有串的平均适应度;k 表示串的长度;P_c表示交叉概率;P_m表示变异概率;$m(H,t+1)$ 为经选择、交叉、变异操作后,$t+1$ 代群体中包含模式 H 的串的个数。

从编码空间来看,$m(H,t)$ 是当前群体中包含于模式 H 的个体数量,反映了所对应的模式空间的分布情况,该数量越大说明群体搜索越集中于模式 H 代表的子空间。

从模式空间来看,$m(H,t)$ 是模式 H 在当前群体中的个体采样数量,反映了所对应的编码空间的分布情况。该数量越大说明群体中的个体越趋向相似和一致,在编码空间的搜索范围越小。

式(6.1-6)表明,在遗传算法的运算过程中,下一代群体中模式 H 的数量正比于 H 所在染色体平均适应度与种群平均适应度的比值。当某些染色体的适应度高于当前种群的平均适应度时,包含这些模式的串在下一代中出现的机会将增大,否则在下一代中出现的机会将减小。右端括号中的第二和第三项分别表示因交叉操作和变异操作而破坏的模式的个数。根据模式理论,随着遗传算法一代一代地进行,那些定义长度短的、位数少的、高适应度的模式将越来越多,因而可期望最后得到的位串的性能越来越得到改善,并最终趋向全局最优点。另外,由于遗传算法总能以一定的概率遍历到解空间的每一个部分,因此在选择算子的条件下总能得到问题的最优解。

下面通过推导、分析遗传算法的选择、交叉和变异三种基本遗传操作对模式的作用来讨论模式定理。令 $A(t)$ 表示第 t 代中串的种群,以 $A_j(t)$ $(j=1,2,\cdots,n)$ 表示第 t 代中第 j 个个体串。

(1)选择算子

在选择算子作用下,与某一模式 H 所匹配的样本数的增减依赖于模式的平均适应度与

群体平均适应度之比，平均适应度高于群体平均适应度的模式将呈指数级增加；而平均适应度低于群体平均适应度的模式将呈指数级减少。

设在第 t 代种群 $A(t)$ 中模式 H 所能匹配的样本数，即种群 $A(t)$ 中存在模式 H 的串的个数为 m，记为 $m(H,t)$。在选择中，一个位串 A_j 以概率 $P_j = f_j / \sum f_i$ 被选中并进行复制，其中 f_j 是个体 $A_j(t)$ 的适应度。假设一代中群体大小为 n，且个体两两互不相同，则模式 H 在第 $t+1$ 代中的样本数为：

$$m(H,t+1) = m(H,t)\,n\frac{f(H)}{\sum f_i} \tag{6.1-7}$$

其中，$f(H)$ 为在 t 代群体中包含模式 H 的串的平均适应度。

令群体平均适应度为 $\bar{f} = \sum f_i / n$，则有

$$m(H,t+1) = m(H,t)\frac{f(H)}{\bar{f}} \tag{6.1-8}$$

现假定模式 H 的平均适应度高于群体平均适应度，且设高出部分为 $c\bar{f}$，c 为常数，则有

$$m(H,t+1) = m(H,t)\frac{\bar{f} + c\bar{f}}{\bar{f}} = (1+c)m(H,t) \tag{6.1-9}$$

假设从 $t=0$ 开始，c 保持为常值，则有

$$m(H,t+1) = m(H,0)(1+c) \tag{6.1-10}$$

（2）交叉算子

下面讨论交叉算子对模式的影响，这里只考虑单点交叉的情况。模式 H 只有当交叉点落在定义距之外才能生存。其破坏概率 $P_d = \delta(H)/(k-1)$，对应的生存概率 $P_s = 1 - \delta(H)/(k-1)$，其中 k 为染色体（串）的长度。例如位串长度 $k=7$，有如下包含两个模式的位串 A 为：

A=0111100

$H_1 = *1****0$，$\delta(H_1) = 5$

$H_2 = ***10**$，$\delta(H_2) = 1$

随机产生的交叉位置在 3 和 4 之间

A= 011⋮1000

H_1 = * 1 * ⋮ * * * 0

H_2 = * ** ⋮1 0 **

模式 H_1 的定义长度 $\delta(H_1) = 5$，若交叉点始终是随机地从 $k-1=7-1=6$ 个可能的位置选取，则模式 H_1 被破坏的概率为 $P_d = \delta(H_1)/(1-1) = 5/6$，存活概率为 $P_s = 1-P_d = 1/6$。类似的，模式 H_2 的定义长度 $\delta(H_2) = 1$，它被破坏的概率为 $P_d = 1/6$，存活概率为 $P_s = 1-P_d = 5/6$。因此，模式 H_1 比模式 H_2 在交叉中更容易受到破坏。

一般情况下，任意模式的交叉存活概率的下限为

$$P_s \geqslant 1 - \frac{\delta(H)}{k-1} \tag{6.1-11}$$

在上面的讨论中,均假设交叉概率 P_c 为 1。若交叉概率为 P_c 不为 1,则存活率为

$$P_s \geqslant 1 - P_c \frac{\delta(H)}{k-1} \tag{6.1-12}$$

在选择交叉之后,模式的数量则为

$$m(H,t+1) = m(H,t)\frac{f(H)}{\bar{f}}P_s \tag{6.1-13}$$

即

$$m(H,t+1) \geqslant m(H,t)\frac{f(H)}{\bar{f}}\left[1 - P_c \frac{\delta(H)}{k-1}\right] \tag{6.1-14}$$

因此,在复制和交叉的综合作用之下,模式 H 的数量变化取决于其平均适应度的高低和定义长度的长短,$f(H)$越大,$\delta(H)$ 越小,则 H 的数量就越多。

(3)变异算子

变异是对位串中的单个位置以概率 P_m进行随机替换,因而它可能破坏特定的模式。一个模式 H 要存活,意味着它所有的确定位置(“0”或“1”的位)都存活。由于单个位置的基因值存活的概率为 $1-P_m$,而且由于每个变异的发生是统计独立的,因此,一个特定模式仅当它的 $O(H)$ 个确定位置都存活是才存活,从而经变异后特定模式 H 的存活率为$(1-P_m)^{O(H)}$,由于一般情况下 $P_m<<1$,所以 H 的生存概率为

$$(1-P_m)^{O(H)} \approx 1 - O(H)P_m \tag{6.1-15}$$

综合考虑选择、交叉和变异操作的共同作用,模式 H 在下一代中的数量可表示为

$$m(H,t+1) \geqslant m(H,t)\frac{f(H)}{\bar{f}}\left[1 - P_c \frac{\delta(H)}{k-1}\right][1 - O(H)P_m] \tag{6.1-16}$$

也可近似表示为

$$m(H,t+1) \geqslant m(H,t)\frac{f(H)}{\bar{f}}\left[1 - P_c \frac{\delta(H)}{k-1} - O(H)P_m\right]$$

即公式(6.1-6)。

模式定理保证了较优模式的样本数呈指数增长,从而使遗传算法找到全局最优解的可能性存在,这主要是因为选择操作使最好的模式有更多的复制,交叉算子不容易破坏高频率出现的、短定义距的模式,而一般变异概率又相当小,因而它对这些重要的模式几乎没有影响,为解释遗传算法机理提供了数学基础。但模式定理还存在以下缺点:

①模式定理只对二进制编码适用。

②模式定理只是指出具备什么条件的木块会在遗传过程中按指数增长或衰减,无法据此推断算法的收敛性。

③没有解决算法设计中控制参数选取问题。

2)积木块假设(Building Block Hypochesis)

遗传算法通过短定义距、低阶以及高适应度的模式(积木块),在遗传操作作用下相互结合,最终接近全局最优解。

满足这个假设的条件有两个:①表现型相近的个体基因型类似;②遗传因子间相关性

较弱。

定义 6.5 短定义距、低阶以及高适应度值的模式称为积木块。

积木块假设：低阶、短距、高平均适应度的模式（积木块）在遗传算子作用下相互结合，能生成高阶、长距、高平均适应度的模式可最终生成全局最优解。与积木块一样，一些好的模式在遗传算法操作下相互结合，产生适应度更高的串，从而找到更优的可行解，这正是积木块假设所揭示的内容。

下面用图 6.1-7 来说明遗传算法中积木块生成最优解的过程。例如，假设每代种群规模为 9，S_i 表示每代群体中第 i 个个体，问题的最优解由积木块 AA、BB、CC 组成，图 6.1-7a）为初始种群，个体 S_1、S_6 含有 AA，个体 S_3、S_7 含有 BB，个体 S_4、S_9 含有 CC。当种群进化一代后产生第二代种群［图 6.1-7b）］，个体 S_1、S_4、S_6 含有 AA，个体 S_2、S_6、S_7 含有 BB，个体 S_5、S_9 含有 CC。个体 S_6 含有 AA、BB。当种群进化到第三代种群［图 6.1-7c）］，在群体中出现了含有积木块 AA、BB、CC 的个体 S_6，个体 S_6 就是问题的最优解。

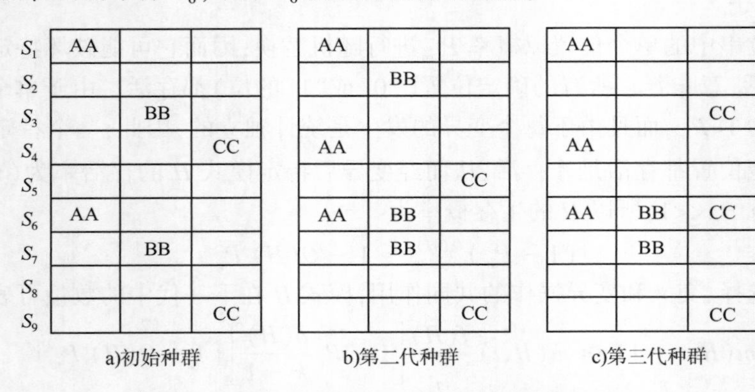

图 6.1-7 遗传算法中积木块生成最优解的过程示意图

3) Markov 链模型

遗传算法的收敛性是人们关心的另一个重要问题。遗传算法的收敛性通常是指遗传算法所生成的迭代种群（或其分布）收敛到某一稳定状态（或分布），或其适应值函数的最大或平均值随迭代趋于优化问题的最优值。遗传算法的当前种群只与前一代种群有关，因此遗传算法种群迭代序列可以用一个 Markov 链来描述。

定义 6.6：$\{X(t) \mid t=0,1,\cdots,\}$ 是一个随机过程，$X(t)$ 所取状态是长度为 k 的 n 个二进制码串组成的向量，所有这种可能的向量组成状态空间 I，显然，共有 2^{kn} 个状态。称 $X(t)$ 为基本遗传算法的 Markov 链。

Markov 链模型用于遗传算法分析有直接、不受遗传算子具体形式限制的优点。又由于遗传算法的选择、交叉和变异操作都是独立随机进行的，当前群体与其前一代群体及遗传操作算子有关，而与其前一代群体之前的各代群体无关，即群体无后效性。并且各代群体之间的转换概率与时间的起点无关，故用于描述遗传算法的 Markov 链是齐次 Markov 链。另外，这类方法所得收敛性一般是指相应的 Markov 链趋于某一平稳分布，这与优化中通常所指的收敛性定义不同，它并不保证 GAs 将一定或以概率 1 收敛到问题的全局最优解。

但是模式定理中模式适应度难以计算和分析，A. D. Berthke 首次提出应用 Walsh 函数进行遗传算法的模式处理，并引入模式变换的概念，采用 Walsh 函数的离散形式有效地计算出模式的平均适应度，并对遗传算法进行了有效的分析。

4）欺骗问题

根据模式定理，如果低阶、高适应度模式中包含了最优解的话，遗传算法就可能找出它来；但是如果低阶、高适应度模式中未包含最优串的具体取值，则遗传算法只能找出次优解。

在遗传算法中，将所有妨碍适应度高的个体生成，从而影响遗传算法正常工作的问题统称为欺骗问题。

定义 6.7：竞争模式　若模式 H 和 H' 中，* 位置是完全一致的，但任一确定位的编码均不同，则称 H 和 H' 互为竞争模式。例如，10*** 与 01*** 是竞争模式，10*** 与 11*** 不是竞争模式。

定义 6.8：欺骗性　假定 $f(x)$ 的最大值对应的 x 集合为 $x*$，H 为包含 $x*$ 的 m 阶模式，H 的竞争模式为 H'，而且 $f(H)<f(H')$，则 f 为 m 阶欺骗。

例如，对于一个三位二进制编码的模式，如果 $f(111)$ 为最大值，下列 12 个不等式中任意一个不等式成立，则存在欺骗问题。

模式阶数为 1 时：$f(**1)<f(**0)$，$f(*1*)<f(*0*)$，$f(1**)<f(0**)$

模式阶数为 2 时：$f(*11)<f(*00)$，$f(1*1)<f(0*0)$，$f(11*)<f(00*)$

$f(*11)<f(*01)$，$f(1*1)<f(0*1)$，$f(11*)<f(01*)$

$f(*11)<f(*10)$，$f(1*1)<f(1*0)$，$f(11*)<f(10*)$

造成上述欺骗问题的主要原因是编码不当或适应度函数选择不当。如果它们均是单调关系，则不会存在欺骗性问题，但是对于一个非线性问题，难于实现其单调性。过去，将适应度函数的非单调问题与欺骗问题同等看待，认为遗传算法只有在单调问题里有效。但是，如果单调问题不使用遗传算法或者不使用概率搜索，一般的搜索法可能是适用的，没有遗传算法存在的必要。即使是单调的，只有存在需要高机能交叉操作（非单调且非欺骗问题），才能使遗传算法的存在有意义，这不外乎使交叉操作成为遗传算法本质作用的一个证明。

5.遗传算法的改进

自从 1975 年 Holland 系统地提出遗传算法的完整结构和理论以来，许多学者一直致力于推动遗传算法的发展，对编码方式、控制参数的确定、选择方式和交叉机理等进行了深入的探究，引入了动态策略和自适应策略以改善遗传算法的性能，提出了各种变形的遗传算法。其基本途径概括起来有以下几个方面：

1）对编码方式的改进

二进制编码优点在于编码、解码操作简单，交叉、变异等操作便于实现，缺点在于精度要求较高时，个体编码串较长，使算法的搜索空间急剧扩大，遗传算法的性能降低。格雷编码克服了二进制编码的不连续问题，采用浮点数编码改善了遗传算法的计算复杂性。

2）对遗传算子的改进

①选择方式上，采用排序法。首先，对群体中的所有个体按其适应度大小进行降序排序；其次，根据具体求解问题，设计一个概率分配表，将各个概率值按上述排列次序分配给各个个体；最后，以各个个体所分配到的概率值作为其遗传到下一代的概率，基于这些概率用

轮盘选择法来产生下一代群体。

②采用均匀交叉方式进行交叉操作。首先,随机产生一个与个体编码长度相同的二进制屏蔽字 $P = W_1W_2\cdots W_n$;接着,按下列规则从 A、B 两个父代个体中产生两个新个体 X、Y:

若 $W_i = 0$,则 X 的第 i 个基因继承 A 的对应基因,Y 的第 i 个基因继承 B 的对应基因;

若 $W_i = 1$,则 A、B 的第 i 个基因相互交换,从而生成 X、Y 的第 i 个基因。

③采用逆序变异方式进行变异操作。比如变异前染色体为 3 4 8 | 7 9 6 5 | 2 1,变异后则为 3 4 8 | 5 6 9 7 | 2 1。

3)对控制参数的改进

Srinvivas 等人提出自适应遗传算法,即 P_c 和 P_m 能够随适应度自动改变,当种群的各个个体适应度趋于一致或趋于局部最优时,使二者增加;而当种群适应度比较分散时,使二者减小,同时对适应度高于群体平均适应度的个体,采用较低的 P_c 和 P_m,使性能优良的个体进入下一代,而对低于平均适应度的个体,采用较高的 P_c 和 P_m,使性能较差的个体被淘汰。

4)对执行策略的改进

(1)分层遗传算法

对于一个问题,首先随机生成 $N \times n$ 个样本($n \geqslant 2$, $N \geqslant 2$),然后将它们分成 N 个子种群,每个子种群包括 n 个样本,对每个子种群独立地运行各自的遗传算法,记它们为 GA_i ($i=1,2,\cdots,N$)。这 N 个遗传算法最好在设置特性上有较大差异,这样就可以为将来的高层遗传算法产生更多种类的优良模式。

在每个子种群的遗传算法运行到一定代数后,将 N 个遗传算法的结果种群记录到二维数组 $R[i,j]$($i=1,2,\cdots,N$; $j=1,2,\cdots,n$)表示GA_i的结果种群的第 j 个个体。同时将 N 个结果种群的平均适应度值记录到数组 $A[i]$($i=1,2,\cdots,N$)表示GA_i的结果种群平均适应度。高层遗传算法与普通遗传算法的操作相类似,也可以分为以下三个步骤:

①选择(种群之内选择)。基于数组 $A[i]$($i=1,2,\cdots,N$),即 N 个遗传算法的平均适应度,对数组 R 代表的结果种群进行选择操作,一些结果种群由于它们的平均适应度高而被复制,甚至复制多次;另一些结果种群由于它们的种群平均适应度低而被淘汰。

②交叉(种群之间交叉)。如果 $R[i=1,2,\cdots,N]$ 和 $R[j=1,2,\cdots,n]$ 被随机地匹配到一起,而且从位置 x 进行交叉($1\leqslant i,j\leqslant n$; $1\leqslant x\leqslant n-1$)则 $R[i, x+1, x+2,\cdots, x+n]$ 和 $R[j, x+1, x+2,\cdots, x+n]$ 相互交换相应的部分。这一步骤相当于交换GA_i和GA_j中结果种群的($n-x$)个个体。

③变异。以很小的概率将以少量随机生成的新个体替换 $R[1\cdots N, 1\cdots n]$ 中随机抽取的个体。

至此,分层遗传算法的第一轮运行结束,各遗传算法GA_i($i=1,2,\cdots,N$)可以从相应于新的 $R[i,j]$($i=1,2,\cdots,N$; $j=1,2,\cdots,n$)种群继续各自的操作。

(2)自适应遗传算法(AGA)

遗传算法的参数中,交叉概率P_c和变异概率P_m的选择是影响遗传算法行为和性能的关键所在,直接影响算法的收敛性。P_c越大,新个体产生速率就越快。然而,P_c过大时遗传模式被破坏的可能也越大,使得具有高适应度的个体结构很快就会被破坏;但是如果P_c过小,就不易产生新的个体结构。若P_m取值过大，那么遗传算法就变成了纯粹的随机搜索算法。P_c和P_m的确定在实际应用中是个烦琐和困难的事情。Srinvivas 等提出了自适应遗传算法，P_c和P_m能够随适应度自动改变：

①当种群个体适应度趋于一致或趋于局部最优时，使P_c和P_m增大，反之减小。

②对于适应度高于种群平均适应度的个体，使P_c和P_m减小，反之增大。即好的个体尽量保持，差的个体尽量被替代而淘汰。

③ 当P_c、P_m恰当时，AGA 算法能够在保持群体多样性的同时保证遗传算法的收敛性。

P_c、P_m可按如下简单公式计算：

$$P_c = \begin{cases} \dfrac{k_1(f_{max} - f')}{f_{max} - f_{avg}} & f' \geqslant f_{avg} \\ k_2 & f' < f_{avg} \end{cases}$$

$$P_m = \begin{cases} \dfrac{k_3(f_{max} - f')}{f_{max} - f_{avg}} & f' \geqslant f_{avg} \\ k_4 & f' < f_{avg} \end{cases} \tag{6.1-17}$$

其中，k_1、k_2、k_3、k_4是要选定的，通常令$k_1 = k_2, k_3 = k_4$。

上式虽然简单但存在问题，当f'或f趋于f_{max}时，P_c和P_m趋于0，f越小则P_c和P_m越大。这种调整方法对于种群处于进化后期比较合适，但在进化初期是不当的，会使初期较优的个体处于几乎不变的状态，从而使进化走向局部最优解。为此对前式假如做如下修改，使f'或f趋于f_{max}时，P_c和P_m不会为0。

$$P_c = \begin{cases} P_{c1} - \dfrac{(P_{c1} - P_{c2})(f' - f_{avg})}{f_{max} - f_{avg}} & f' \geqslant f_{avg} \\ P_{c_1} & f' < f_{avg} \end{cases}$$

$$P_m = \begin{cases} P_{m1} - \dfrac{(P_{m1} - P_{m2})(f_{max} - f)}{f_{max} - f_{avg}} & f \geqslant f_{avg} \\ P_{m2} & f < f_{avg} \end{cases} \tag{6.1-18}$$

$$P_{c1} = 0.9,\quad P_{c2} = 0.6,\quad P_{m1} = 0.1,\quad P_{m2} = 0.001$$

(3)基于小生境技术的遗传算法(SGA)

生物学上，小生境是指特定环境中的一种组织功能。在自然界中，往往特征、性状相似的物种相聚在一起，并在同类中交配繁殖后代。在 SGA 中，交配完全是随机的，虽然这种随机化的交配形式在寻优的初级阶段保持了解的多样性，但在进化的后期，大量个体集中于某一极值点上，它们的后代造成近亲繁殖。在用遗传算法求解多峰值函数的优化计算时，经常是只能找到个别的几个最优解，甚至往往得到的是局部最优解，而我们希望优化算法能够找出全部最优解。引进小生境的概念，有助于实现这样的目的。

小生境技术就是将每一类个体划分为若干类，每个类中选出若干适应度较大的个体作为一个类的优秀代表组成一个种群，再在种群中以及不同种群之间通过杂交、变异产生新一代个体群。小生境技术特别适合于复杂多峰函数的优化问题。

小生境的模拟方法主要建立在常规选择操作的改进基础上。

①预选择机制的选择策略——当新产生的子代个体的适应度越过其父代个体的适应度时,所产生的子代个体才能替代父代个体而遗传到下一代个体中,否则父代个体仍保留在下一代种群中。

②排列机制的选择策略——一个有限的生存空间中,各种不同的生物为了能够延续生存,它们之间必须相互竞争有限的资源——设计一个排挤因子CF(一般取2或3),由种群中随机选择的1/CF个个体组成排挤成员,然后依据新产生的个体与排挤成员的相似性来排挤一些与排挤成员相类似的个体,个体之间的类似性用海明距离来度量。随着排挤过程的进行,群体中的个体逐渐被分类,从而形成一个个小的生成环境,并维持群体的多样性。

③共享法的选择策略。

(4)混合遗传算法(Hybrid Genetic Algorithm)

众所周知,梯度法、模拟退火法等一些优化算法具有很强的局部搜索能力,而另一些含有问题相关的启发知识的启发式算法的运行效率也比较高。融合这些优化方法的思想,构成一个新的混合遗传算法,是提高遗传算法运行效率和求解质量的一个有效手段。目前,混合遗传算法体现在两个方面:一是引入局部搜索过程,二是增加编码变换操作过程。在构成混合遗传算法时,一般有下面三个基本原则;

①尽量采用原有算法的编码(这个"原有"指遗传原有)。

②利用原有算法全局搜索的优点。

③改进遗传算子。

遗传算法本质上是一类启发式的蒙特卡洛优化过程,是采用随机技术的一种随机搜索方法,但它不同于一般的随机搜索算法。遗传算法是对染色体模式所进行的一系列运算,即通过选择算子将当前种群中的优良模式遗传到下一代种群中,利用交叉算子进行模式重组,利用变异算子进行模式突变。通过这些遗传操作,模式逐步向较好的方向进化,最终得到问题的最优解。与其他优化方法相比,遗传算法具有如下特点:

①群体搜索,易于并行化处理;而且可以较有效地防止搜索过程收敛于局部最优解,有较大的可能求得全局最优解。

②不是盲目穷举,而是启发式搜索。

③适应度函数不受连续、可微等条件的约束,适用范围很广,非常适合解决大规模复杂问题的优化。

§6.2 机器学习与人工神经网络

1.机器学习(Machine Learning)

1)什么是机器学习

在高度信息化的今天,人们对人工智能、机器学习和深度学习等名词并不陌生。那么它们之间有什么区别和联系呢?可用一句话概括为:深度学习是一种机器学习,而机器学习是一种人工智能。再深入一点来讲,人工智能指的是包含智能要素的任何形式的技术,而不是具体的技术领域。相比之下,机器学习是指人工智能领域的一组特定的技术。机器学习本身也包括多种技术,深度学习就是其中之一。

那么什么是机器学习呢?简言之,机器学习是一种涉及数据的建模技术。换句话说,机器学习是一种从“数据”中找出“模型”的技术。之所以称之为“机器学习”,是由于其寻找“模型”的过程是通过数据训练来完成的。机器学习在建模过程中用到的数据称为“训练”数据。数据可以是文档、音频、图像等信息,而“模型”是机器学习的最终产品。这与地球物理反演问题的目的完全一致,都是从“数据”中寻求“模型”。机器学习常被用于求解那些没有解析模型的问题,其基本思想是在问题不服从某个特定方程或定律的情况下,利用训练数据建立一个模型。图 6.2-1 为机器学习过程示意图。

图 6.2-1 机器学习过程示意图

2) 机器学习面临的困难和挑战

在机器学习算法从训练数据中找到对应模型之后,就可以将该模型应用于实际数据。图 6.2-2 给出了训练后的模型应用于实际数据的示意图。图中的垂向流程表示训练过程,水平流程表示训练后的模型应用,也称为模型推广。

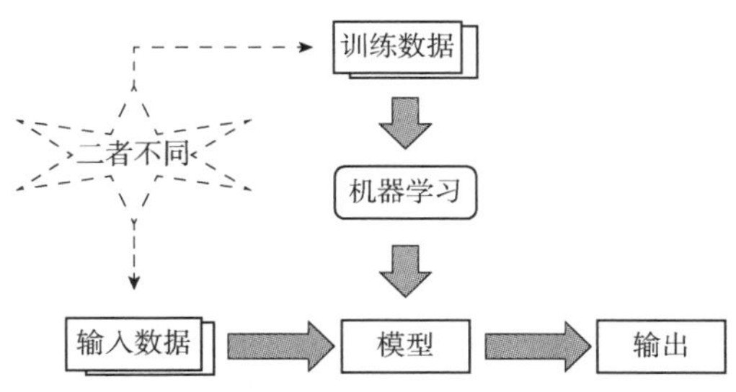

图 6.2-2 训练模型应用于实际数据示意图

用于训练的数据与实际数据(输入数据)是不同的,这种训练数据与输入数据的差异性是机器学习面临的结构性挑战。可以毫不夸张地说,机器学习的每一个问题都源于此。比如,用一个人的字迹作为训练数据得到一个模型,该模型是否能够成功识别另一个人的字迹?显然成功的概率非常低。因此,没有一种机器学习方法能够在错误的训练数据下达到预期的目标。这一问题同样适用于深度学习。由此可见,对于机器学习方法来说,获得能够充分反映野外数据特征的无偏训练数据至关重要。机器学习中,能够去除训练数据或输入数据的影响,使模型性能保持一致的处理过程称为泛化。机器学习的成功与否很大程度上取决于泛化的完成程度。

3) 过度拟合

泛化过程失败的主要原因之一就是过度拟合。下面用一个简单的数据分类问题对什么是过度拟合进行说明。如图 6.2-3 所示,需要对图 6.2-3a)中的位置(或坐标)数据分成两组,图中的点为训练数据。目标是用训练数据确定出两组数据的边界曲线。设图 6.2-3b)、c)是两种不同的训练结果,那么,哪一种模型结果更好呢?尽管图 6.2-3b)中有个别离群点,但所得结果还是较为合理的。而图 6.2-3c)通过一个较为复杂的曲线将训练数据完美地分为两组,那么是否意味着图 6.2-3c)得到的模型更好呢?现用图 6.2-3d)中的黑色方框(■)所示的输入数据对其进行测试,显然模型 c 会将该点识别成△。但从训练数据的总体趋势看,将其划分为●类更为合理。那么,对于能够使训练数据达到 100%精度的模型 c 来说,为什么对于实际输入数据却产生了不合理的识别?

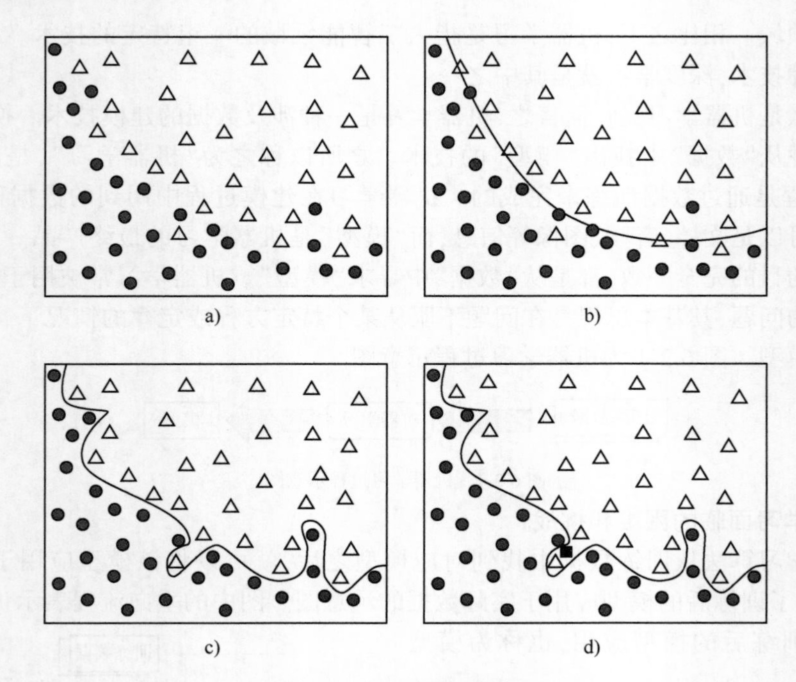

图 6.2-3　数据分类问题示例

现在再来看一下训练数据,会发现个别离群点的存在干扰了数据分组的边界,换句话说,这些训练数据包含了噪声。而机器学习是无法识别这些噪声的,如果在训练中将每一个训练数据都看成是准确无误的,并使其与模型精确拟合,将会得到一个泛化程度较差的模型,我们把这种情况称为过度拟合。

正则化和模型验证是克服机器学习中过度拟合问题的两种典型方法。其中正则化是一种将模型结构尽量简化的数值方法。简化后的模型能够以较小的性能代价避免过度拟合的影响。上面的数据分类问题就是一个很好的例子。复杂模型[图 6.2-3c)]存在过度拟合问题,而较为简单的模型[图 6.2-3b)]虽然不能对个别点进行正确分类,但对数据的整体分组特征有着更好的反映。至于如何进行正则化,我们将在后续章节进行讨论。

当数据维数较高时,无法用如图 6.2-3 所示的方法简单直观地评价模型是否存在过度拟合现象,而模型验证方法可以弥补这一不足。所谓的模型验证是指在训练时保留一部分训练数据,使其不参与训练,而用这部分数据进行模型性能检测。如果训练所得模型对保留的这部分验证数据出现拟合效果不佳的情况,则说明训练模型存在过度拟合现象。此时,我们需要进一步修改模型来阻止过度拟合情况。采用模型验证时,机器学习的训练过程可按如下步骤进行:

①将训练数据按一定比例(如 8∶2)分为两组:一组用于训练,另一组用于模型验证。

②用训练数据集训练模型。

③用验证数据集评价模型的性能:如果模型得到满意的效果,则结束训练;如果模型不能得到有效的结果,则修改模型,并重复步骤②和③。

除上述模型验证方法外,还有一种称为交叉验证的方法在机器学中更为常用。交叉验证实际上是对上述验证过程稍做改变即可完成。它仍然将训练数据分成验证数据集和训练数据集两组，只不过每次训练时，这两组数据集均有变化。这样做的原因是当验证数据固定时模型也有可能会出现过度拟合现象，而交叉验证使得验证数据具有一定的随机性，可以更好地检验模型的过度拟合程度。模型验证及交叉验证过程如图 6.2-4 所示。

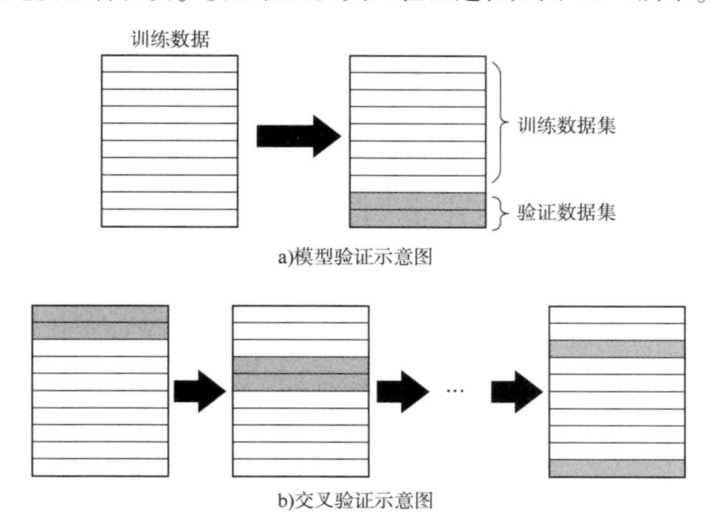

图 6.2-4 模型验证过程示意图

4）机器学习的分类

多种不同类型的机器学习技术已经在不同领域的问题应用中得到了良好的发展。根据训练方法的不同，可将机器学习分为监督学习、无监督学习、强化学习三种主要类型。其中监督学习非常类似于人类通过做练习题来获取新知识的过程，即：

①选择一个练习题，应用当前知识去解决问题，将所得答案与正确解进行对比。

②如果所得答案错误，则修改当前知识。

③对所有的练习题，重复步骤①和②。

其中，练习题和正确解可看成是监督学习中的训练数据，新知识则对应监督学习中的模型，学习者在正确解的监督下不断学习新的知识。

在监督学习中，每一组学习数据均由输入和正确输出数据对（也称训练样本）组成，即｛输入，正确输出｝。正确输出是模型在给定输入数据时期望得到正确输出结果。监督学习中的学习是对一个模型的一系列修正，以减少相同输入下模型的正确输出和当前输出之间的差异。当训练结束时，模型将产生一个与训练数据的输入相对应的正确输出。

在无监督学习中，训练数据只有输入，而不包含正确输出，即｛输入｝。无监督学习通常被用于研究数据的特征并对数据进行预处理。这个概念类似于一个学生可通过数据的结构和属性来分类问题，而没有学习如何解决问题，因为没有已知的正确输出。无监督学习算法常用于处理聚类问题，即给定一系列对象，我们希望理解并展示它们之间的关系。一种标准的做法是为每两个对象定义一种相似度，据此找出簇的划分，使得簇内对象相似度较大，簇间对象相似度相对较小。

强化学习将一组输入、某个输出和该输出对应的等级作为训练数据，即｛输入，某个输出，该输出对应等级｝。强化学习常用在需要进行最优化交互的问题中，强调利用系统与其环境之间的交互进行学习,系统根据从环境获得的反馈动态调整其参数,调参的结果又进一步作为反馈指导决策。例如,用前面棋步的结果改进性能的国际象棋程序就是一个强化学习系统。目前,针对强化学习的研究涉及众多学科,涵盖了遗传算法、神经网络、心理学和控制工程等各种领域。

本书将重点关注监督学习。与无监督学习和强化学习相比,它的应用更为广泛和重要。监督学习多应用于分类和回归等问题。

分类是机器学习最常见的一种应用。分类问题关注的是查找数据所属的类别,例如:

①垃圾邮件过滤→将邮件分为正常邮件或垃圾邮件;

②数字识别→将数字图像分为 0~9;

③人脸识别→将人脸图像划归于其中一个已注册的用户。

解决上述问题需要根据输入与正确输出数据组合对模型进行训练。在分类问题中,我们需要知道输入所属的类别,该类别与正确输出、输入数据对相对应。因此,训练数据的格式可表示为:{ 输入,类别(正确输出所属的类别) }。例如,对于图 6.2-3 的分类问题,其训练数据可表示为 { X,Y,● or △ },其中(X,Y)为数据的坐标。

回归问题不需要确定数据对应的分类,而是需要给出一个估计值。例如给定一组年龄和收入数据,要求寻找一个能够根据年龄来推断其收入的模型,这就是一个典型的回归问题,如图 6.2-5 所示。

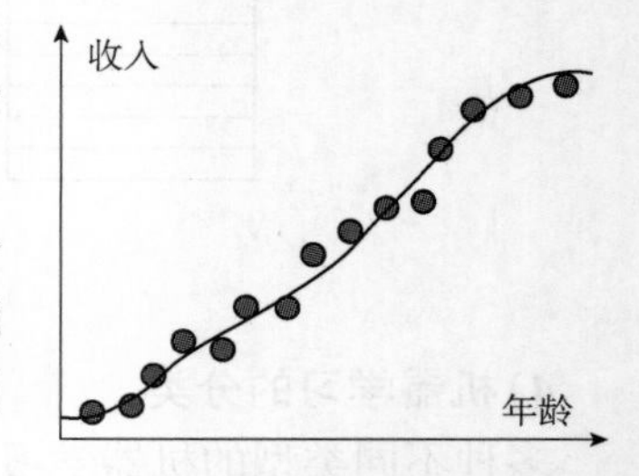

图 6.2-5　由年龄推测收入回归模型

2.人工神经网络(Artificial Neural Network)

机器学习通常将人工神经网络作为模型,被广泛应用。人工神经网络有着悠久的发展历史和大量的研究成果。随着人们对深度学习研究兴趣的急剧增长,神经网络的重要性也显著增加。那么,神经网络是怎样与机器学习联系起来的呢?实际上,机器学习的模型可以有多种不同的形式,而神经网络只是其中的一种形式。图 6.2-6 说明了机器学习与神经网络之间的关系。对比图 6.2-2,图中的“模型”由“神经网络”替换,而“机器学习”由“学习规则”替换。在神经网络中,把寻找确定模型(神经网络)的过程称为学习规则。本小节将重点介绍单层神经网络的学习规则,下一节将介绍多层网络的学习规则。

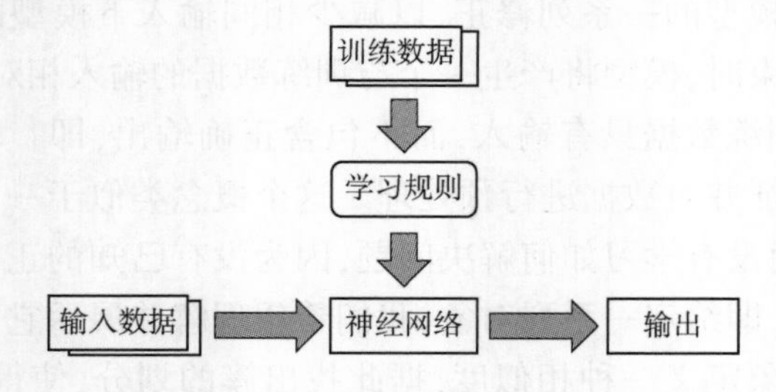

图 6.2-6　机器学习与神经网络之间的关系

1)神经网络的节点

人类用大脑存储学习到的知识,计算机用内存存储信息,尽管二者都是存储信息,但存储机制却完全不同。计算机将信息存储在存储器的特定位置,而大脑则是通过改变神经元之间的联系来存储信息。神经元本身没有存储能力,它只能将信号从一个神经元传输到另一个神经元。大脑是一个由诸多神经元组成的超大型网络,神经元之间的联系形成了特定的信息。

人工神经网络就是模仿大脑的这种机制。大脑由许多神经元连接而成,人工神经网络则通过节点之间的连接组建而成,其中的节点就对应于大脑的神经元。人工神经网络通过节点之间的连接权值来模仿大脑神经元之间的联系。大脑和神经网络之间的类比如表6.2-1 所示。

为更好地理解人工神经网络的工作机制,我们用一个如图 6.2-7 所示的简单例子进行说明。图中一个节点对应三个输入和一个输出,圆圈表示节点,箭头表示信号流向。x_1、x_2 和 x_3 为输入信号,w_1、w_2 和 w_3 为对应信号的连接权值,b 是一个与信息存储有关的偏差因子。换句话说,人工神经网络的信息是以连接权值和偏差因子的形式存储的。

大脑和神经网络之间的类比表 表 6.2-1

大脑	人工神经网络
神经元	节点
神经元连接	权值连接

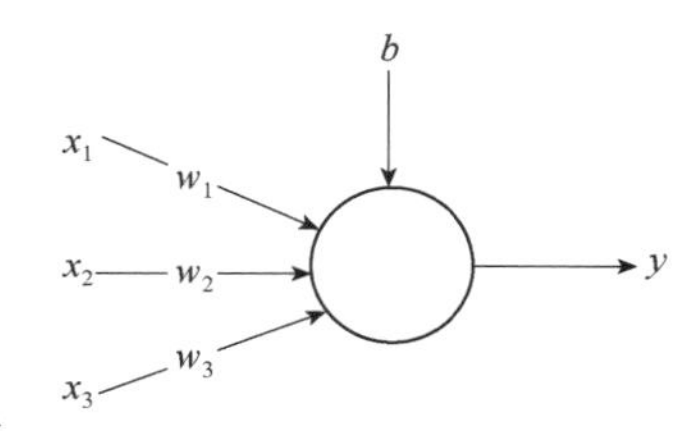

图 6.2-7　单节点网络

节点的总输入为每个信号与连接权值的加权和,对于本例,可按式(6.2-1)计算:

$$v = (w_1 \times x_1) + (w_2 \times x_2) + (w_3 \times x_3) + b \tag{6.2-1}$$

式(6.2-1)表明连接权值较大的信号对节点的影响也较大,例如当 w_1 为 0 时,信号 x_1 无法通过节点。神经网络通过调节连接权值的大小就可以模仿大脑改变神经元之间的联系。

将式(6.2-1)写为矩阵形式:

$$\boldsymbol{v} = \boldsymbol{wx} + \boldsymbol{b} \tag{6.2-2}$$

其中,$\boldsymbol{w} = [w_1 \quad w_2 \quad w_3]$;$\boldsymbol{x} = [x_1 \quad x_2 \quad x_3]^{\mathrm{T}}$。

最后,节点将加权和输入激活函数并得到该节点对应的输出。这里应注意,激活函数决定了节点的行为反应。节点的输出用式(6.2-3)表示:

$$y = \varphi(\boldsymbol{v}) = \varphi(\boldsymbol{wx} + \boldsymbol{b}) \tag{6.2-3}$$

其中,$\varphi(\cdot)$ 为对应的激活函数。神经网络中有多种类型的激活函数可备选用,激活函数将会在后面的章节具体介绍。

2)神经网络的分层结构

人工神经网络由若干网络节点相互连接而组成。根据节点连接方式的不同,可以构建多种形式的神经网络。其中最常用的一种类型就是如图 6.2-8 所示的节点层状结构组成的神经网络。由方形节点组成的输入层仅起到将输入信号传输到下一层节点作用,不进行权值加权叠加和计算激活函数运算。网络的最右侧节点组成的层称为输出层,来自这些节点的输出便是网络的最终输出结果。位于输入层和输出层之间的节点组成的层称为隐藏层。

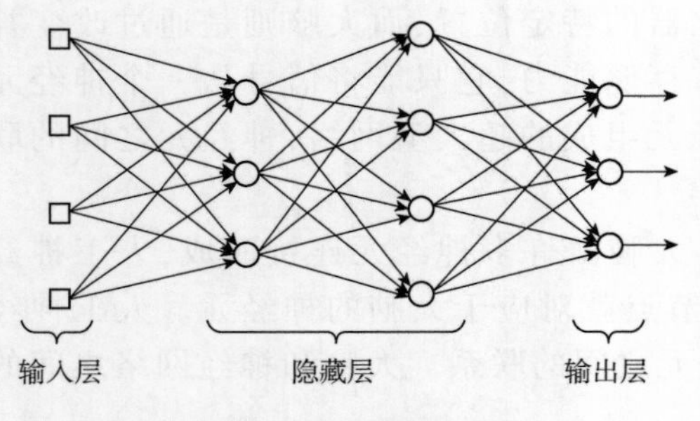

图 6.2-8　层状结构神经网络

神经网络经历了从简单结构到越来越复杂结构的逐步发展。起初的神经网络只包含输入层和输出层,被称为单层神经网络。后来隐藏层被添加到单层神经网络中,就产生了目前常用的多层神经网络。因此,多层神经网络由一个输入层、隐藏层(一个或多个)和一个输出层组成。只有单一隐藏层的网络称为浅层神经网络,而包含两个或更多隐藏层的神经网络称为深度神经网络。当前实际应用中的神经网络多为深度神经网络。

神经网络由单层神经网络开始,发展到浅层神经网络,然后再发展到深度神经网络。深度神经网络在浅神经网络出现 20 年之后,直到 2000 年代中期才得到重视。因此,在很长一段时间内,多层神经网络仅指单一隐藏层神经网络。为了便于区分,人们将包含多个隐藏层的神经网络独立命名为深度神经网络。神经网络的不同分支如图 6.2-9 所示。

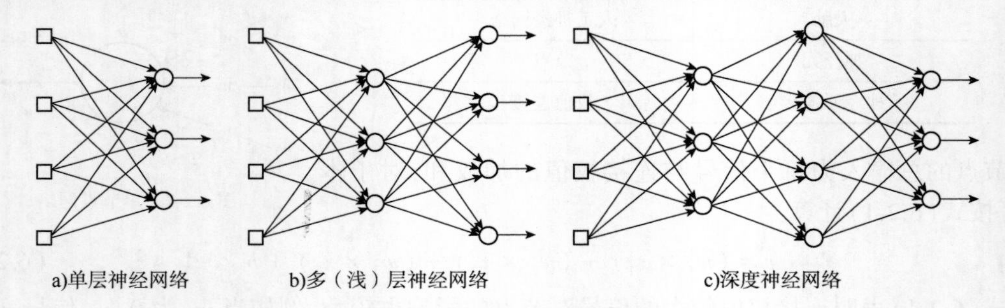

图 6.2-9　神经网络的不同分支

在分层神经网络中,信号从输入层进入,经过隐藏层,再从输出层离开。在此过程中,信号逐层前进。换句话说,层中的节点接收信号,同时将处理后的信号发送给下一层的节点。

下面用一个单隐藏层神经网络为例来说明信号在网络中的传递和处理过程。为方便理解,设每个节点的激活函数为一个线性函数 $\varphi(x) = x$,该函数使节点直接输出该节点处的加权和。

如图 6.2-10 所示,由于输入层的节点只起到传递信号的作用,不需要任何计算。接下来计算隐藏层的输出。

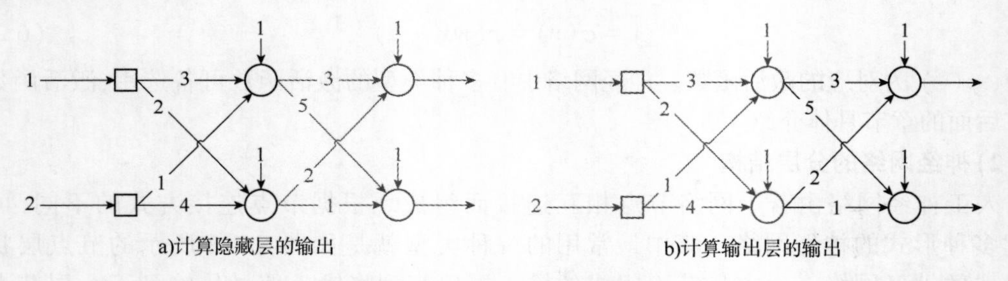

图 6.2-10　单隐藏层神经网络信号的传递和计算过程

对于隐藏层的第一个节点:

输入的加权和:$v = (3 \times 1) + (1 \times 2) + 1 = 6$

节点输出：$y=\varphi(v)=v=6$

同理，对于隐藏层的第二个节点：

输入的加权和：$v=(2\times1)+(4\times2)+1=11$

节点输出：$y=\varphi(v)=v=11$

显然，上述运算可合并为如下矩阵运算：

$$\boldsymbol{v}=\begin{bmatrix}3\times1+1\times2+1\\2\times1+4\times2+1\end{bmatrix}=\begin{bmatrix}3&1\\2&4\end{bmatrix}\begin{bmatrix}1\\2\end{bmatrix}+\begin{bmatrix}1\\1\end{bmatrix}=\begin{bmatrix}6\\11\end{bmatrix}$$

可见，隐藏层第一个节点的权值位于矩阵的第一行，第二个节点的权值位于矩阵的第二行，上式与公式(6.2-2)具有相同的形式，即可表示为：$\boldsymbol{v}=\boldsymbol{w}\boldsymbol{x}+\boldsymbol{b}$。其中，$\boldsymbol{x}$ 为输入信号向量；$\boldsymbol{b}$ 为节点的偏差向量；$\boldsymbol{w}$ 为隐藏层节点的权值矩阵，具体形式如下：

$$\boldsymbol{w}=\begin{bmatrix}\text{第一个节点的连接权值}\\\text{第二个节点的连接权值}\end{bmatrix}=\begin{bmatrix}3&1\\2&4\end{bmatrix}$$

计算得到隐藏层节点的所有输出之后，就可以计算输出层节点的输出了。所有的计算与前面的计算过程一样，只不过此时的输入信号是来自于隐藏层的输出。

用矩阵形式来计算输出层的输出结果：

输入的加权和：$\boldsymbol{v}=\begin{bmatrix}3&2\\5&1\end{bmatrix}\begin{bmatrix}6\\11\end{bmatrix}+\begin{bmatrix}1\\1\end{bmatrix}=\begin{bmatrix}41\\42\end{bmatrix}$

节点输出：$\boldsymbol{y}=\varphi(\boldsymbol{v})=\boldsymbol{v}=\begin{bmatrix}41\\42\end{bmatrix}$

由此可见，神经网络只不过是一个由分层节点组成的网络，它只执行简单的计算，并不涉及任何困难方程或复杂架构。虽然看起来很简单，但神经网络的性能已经打破了主要机器学习领域（如图像识别和语音识别）其他算法的所有记录。

需要指出的是，本例中采用线性函数作为激活函数，只是为了方便计算，这实际上是不正确的。如果隐藏层的激活函数是线性的，在数学上相当于该隐藏层不起任何作用，此时多层神经网络与一个单层网络等效。对于上例，如果将隐藏层的加权和方程代入输出层的加权和方程，可得到如下表达式：

$$\begin{aligned}\boldsymbol{v}&=\begin{bmatrix}3&2\\5&1\end{bmatrix}\begin{bmatrix}6\\11\end{bmatrix}+\begin{bmatrix}1\\1\end{bmatrix}\\&=\begin{bmatrix}3&2\\5&1\end{bmatrix}\left(\begin{bmatrix}3&1\\2&4\end{bmatrix}\begin{bmatrix}1\\2\end{bmatrix}+\begin{bmatrix}1\\1\end{bmatrix}\right)+\begin{bmatrix}1\\1\end{bmatrix}\\&=\begin{bmatrix}13&11\\17&9\end{bmatrix}\begin{bmatrix}1\\2\end{bmatrix}+\begin{bmatrix}6\\7\end{bmatrix}\end{aligned}$$

上述方程意味着例子中给出的多层神经网络与一个单层神经网络等效，如图6.2-11所示。

3）神经网络的监督学习

神经网络的监督学习可按如下步骤进行：

①用适当的值初始化连接权重。

②从训练数据（数据格式为：{ 输入，正确输出 }）中取出“输入”数据，并将它输入网络。计算得到的网络输出与“正确输出”之间的误差。

③调整连接权值来减少误差。

④对所有的训练数据,重复步骤②~③。

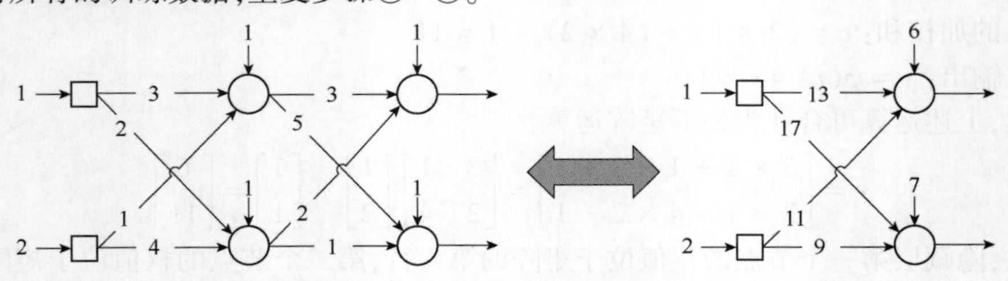

图 6.2-11 隐藏层采用线性激活函数时与一个单层神经网络等效

图 6.2-12 可帮助读者进一步理解监督学习的基本过程。

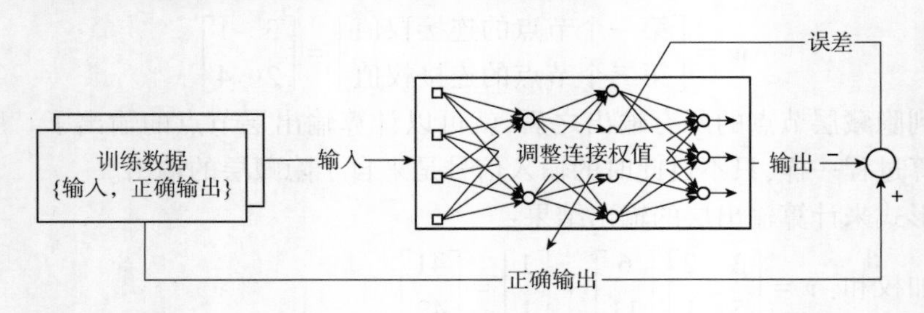

图 6.2-12 监督学习的基本过程

4) 单层网络的训练——Delta 规则

前面已经提到,神经网络以连接权值的形式存储信息。因此,为了用新的信息来训练网络,连接权值也应做出相应的调整。这种根据给定信息来修改网络权重的方法称为学习规则。学习规则是神经网络研究的重要组成部分。本小节将学习单层神经网络最具代表性的学习规则——Delta 规则。尽管单层网络的学习规则不能用于多层神经网络的训练,但对于研究神经网络学习规则的重要概念仍然非常有用。

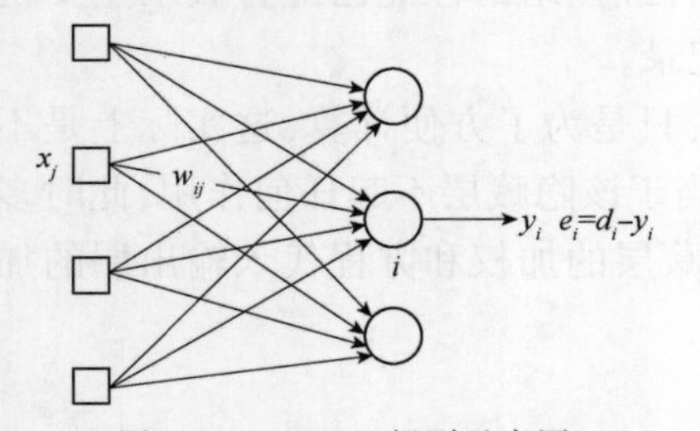

图 6.2-13 Delta 规则示意图

考虑如图 6.2-13 所示的一个单层神经网络,图中 d_i 是第 i 个输出节点对应的正确输出。

单层神经网络的 Delta 学习规则算法如下:

如果输入节点造成了输出节点的误差,那么输入节点与输出节点之间连接权值的调整量正比于输入值 x_i 和输出误差 e_i。Delta 学习规则可用方程(6.2-4)表示:

$$w_{ij} \leftarrow w_{ij} + \alpha e_i x_j \tag{6.2-4}$$

其中,x_j 是第 j 个输入节点的输出($j=1, 2, 3, 4$);e_i 是第 i 个输出节点的输出误差;w_{ij} 是输出节点 i 与输入节点 j 之间的连接权值;α 为学习率($0 < \alpha \leqslant 1$)。

学习率 α 决定了权值每次修改量的大小。如果学习率太大,网络输出在解的周围来回震荡而无法收敛。如果学习率过小,解的收敛速度则会非常慢。

采用 Delta 规则对单层神经网络进行训练的步骤可归纳如下:

①用适当的值对连接权重进行初始化。

②从训练数据(格式为:{ 输入,正确输出 })中取出“输入”数据,并将它输入网络。计算得到的网络输出 y_i 与“正确输出” d_i 之间的误差 $e_i = d_i - y_i$ 。

③根据如下 Delta 规则计算连接权值的修正量。

$$\Delta w_{ij} = \alpha e_i x_j$$

④按下式调整连接权值。

$$w_{ij} \leftarrow w_{ij} + \Delta w_{ij}$$

⑤对所有训练数据执行步骤②~④。

⑥重复步骤②~⑤直到误差达到一个可以接受的水平。

上述步骤与监督学习的过程几乎一样,唯一的区别在步骤⑥。步骤⑥要求整个训练过程不断地重复。为什么要用相同的训练数据重复训练网络呢?这是因为 Delta 规则是在重复训练的过程中寻找模型的解,而不是一次训练就能解决问题,重复训练过程可以不断地改进模型。

在上述训练中,所有训练数据经历步骤②~⑤一次就称为一次迭代或一代(an epoch)。例如 epoch = 10,即训练迭代次数为 10 次,也就是说,神经网络用相同的训练数据重复了 10 次训练。

至此,我们已经学习了神经网络训练的大部分概念。虽然用到的公式可能因学习规则的不同而不同,但基本概念是基本相同的。

5)广义 Delta 规则

目前来讲,上一小节的 Delta 规则已经过时了。在随后研究中人们发现了一种更为通用的 Delta 规则,称为广义 Delta 规则。即对于任意的激活函数,Delta 规则可用式(6.2-5)表示:

$$w_{ij} \leftarrow w_{ij} + \alpha \delta_i x_j \tag{6.2-5}$$

与前面 Delta 规则不同的是,上式将原来的误差 e_i 用 δ_i 替代, δ_i 定义为:

$$\delta_i = \varphi'(v_i) e_i \tag{6.2-6}$$

其中, e_i 是输出节点 i 的输出误差; v_i 是输出节点 i 的连接权值加权和; φ' 是输出节点 i 对应的激活函数 φ 的偏导数。

对于线性激活函数 $\varphi(x)=x$ 来说,其导数 $\varphi'(x)=1$。由式(6.2-6)可知, $\delta_i = e_i$ 。代入式(6.2-5)可得与式(6.2-4)相同的结果。这说明式(6.2-4)只适用于线性激活函数。

现以神经网络中最常用的 S 形函数作为激活函数为例,来推导 Delta 规则。如图 6.2-14 所示,S 形函数的具体表达式如下:

$$\varphi(x) = \frac{1}{1 + e^{-x}} \tag{6.2-7}$$

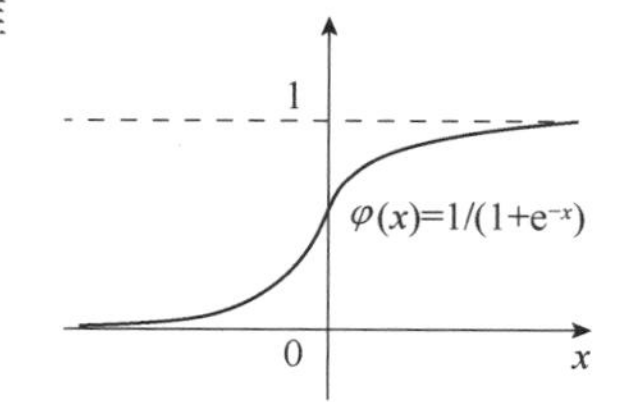

图 6.2-14 S 形函数的定义

S 形激活函数的导数为:

$$\varphi'(x) = \varphi(x)[1 - \varphi(x)] \tag{6.2-8}$$

将上式代入式(6.2-6)得:

$$\delta_i = \varphi'(v_i) e_i = \varphi(v_i)[1 - \varphi(x)] e_i \tag{6.2-9}$$

再将式(6.2-9)代入式(6.2-5)可得,将 S 形函数作为激活函数时的 Delta 规则:

$$w_{ij} \leftarrow w_{ij} + \alpha\varphi(v_i)[1 - \varphi(x)] e_i x_j \tag{6.2-10}$$

上式虽然相对复杂,但其实质依然是输入节点与输出节点之间连接权值的调整量正比于输入值 x_i 和输出误差 e_i 。

在给定学习规则之后,网络训练的主要任务是按照学习规则来修正连接权值。对于有监督机器学习，常用的算法为随机梯度下降（Stochastic Gradient Descent）法。

6）连接权值的修正算法

连接权值的修正算法有三种常用的方法，分别为随机梯度下降法、批量梯度下降法和局部批量梯度下降法。

随机梯度下降法在修正连接权值时，对每一个训练数据计算出输出误差后，立即调节连接权值。如果有 100 个训练样本点，随机梯度下降法将会修正连接权值 100 次。该方法计算连接权值修正量的公式为：

$$\Delta w_{ij} = \alpha \delta_i x_j \tag{6.2-11}$$

批量梯度下降法与随机梯度下降法不同，该方法是将所有训练数据对应的误差计算之后取平均值，然后进行权值调节，即对于所有训练数据仅进行一次权值修正。对应的连接权值修正量公式为：

$$\Delta w_{ij} = \frac{1}{N}\sum_{k=1}^{N} \Delta w_{ij}(k) \tag{6.2-12}$$

其中，$\Delta w_{ij}(k)$ 是第 k 个训练数据对应的权值修正量；N 为训练样本个数。由于修正量平均值的计算，批量梯度下降法往往会花费大量的时间进行训练。

局部批量梯度下降法将随机梯度下降法和批量梯度下降法相结合，即每次选取一部分训练数据执行批量梯度下降法，用所选数据计算权值修正量的平均值来训练网络。例如，从 100 个训练样本中任选 20 个样本执行批量梯度下降法，对于所有数据点，完成整个训练过程共需要 5 次权值调整（5 = 100/20）。该方法结合了随机梯度下降法的快速性和批量梯度下降法的稳定性，故常被用于大数据深度学习算法中。

三种方法在一个训练周期中对应的权值调整次数是不同的。设有 N 个训练样本，对于随机梯度下降法，在一个训练周期（an epoch）内，权值调整次数为 N 次，而对于批量梯度下降法则为 1 次。局部批量梯度下降法一个训练周期（an epoch）内权值调整次数介于二者之间，具体次数取决于每次局部选取训练样本的个数。三种权值调整算法权值修正量计算及训练对比如图 6.2-15 所示。

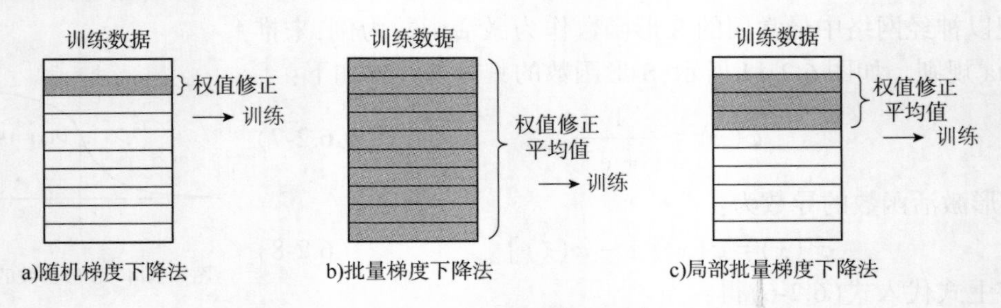

图 6.2-15　三种权值调整算法权值修正量计算及训练对比图

7）Delta 规则编程实例

现以图 6.2-7 所示的单节点网络为例来说明 Delta 规则的编程过程。设偏差 $b = 0$，采用 S 形函数作为激活函数。给定 4 组训练数据{0，0，1，**0**}、{0，1，1，**0**}、{1，0，1，**1**}、{1，1，1，**1**}用于网络监督学习。每一个样本点由输入和正确输出数据对组成，每组的最后一个黑体数字为正确输出。式（6.2-10）所示的 S 形函数学习规则在编程实现时可分解为如下三步：

$$\delta_i = \varphi(v_i)[1-\varphi(v_i)]e_i$$
$$\Delta w_{ij} = \alpha \delta_i x_j$$
$$w_{ij} \leftarrow w_{ij} + \Delta w_{ij} \tag{6.2-13}$$

下面给出随机梯度下降法和批量梯度下降法对应的 MATLAB 代码，以便读者更好地理解 Delta 规则。其中，函数 DeltaSGD 是随机梯度下降法的实现过程，函数 DeltaBatch 是批量梯度下降法的实现过程，变量 W 为权值矩阵，X 和 D 分别是训练数据对应的输入和正确输出。函数 TestDeltaSGD.m 和 TestDeltaBatch.m 分别是随机梯度下降法和批量梯度下降法对应的测试程序。二者的运行结果为：

$$\text{TestDeltaSGD}:\boldsymbol{y}=\begin{bmatrix}0.0102\\0.0083\\0.9932\\0.9917\end{bmatrix};\text{TestDeltaBatch}:\boldsymbol{y}=\begin{bmatrix}0.0102\\0.0083\\0.9932\\0.9917\end{bmatrix};\boldsymbol{D}=\begin{bmatrix}0\\0\\1\\1\end{bmatrix}$$

注意两个测试程序对网络的训练次数分别是 10000 次和 40000 次，说明与随机梯度下降法相比，批量梯度下降法要达到同等精度所需的训练时间更长。换句话说，批量梯度下降法学习速度较慢，但其优点是平均权值修正量降低了网络对训练数据的敏感性，可有效减轻网络的过度拟合。

```
% The Stochastic Gradient Descent Method
function W = DeltaSGD(W, X, D)
  alpha = 0.9;
  N = 4;
  for k = 1:N
    x = X(k, :)';
    d = D(k);
    v = W*x;
    y = Sigmoid(v);
    e = d - y;
    delta = y*(1-y)*e;
    % δ_i = φ(v_i)(1 − φ(v_i))e_i

    dW = alpha*delta*x;        % delta rule
    % Δw_ij = αδ_i x_j
    W(1) = W(1) + dW(1);
    W(2) = W(2) + dW(2);
    W(3) = W(3) + dW(3);
  % w_ij ← w_ij + Δw_ij
  end
end
%%%%%%%%%%%%%%%%%%%%%
function y = Sigmoid(x)
  y = 1 / (1 + exp(-x));   %S形激活函数
end
```

```
% The Batch Method（批处理方法）
function W = DeltaBatch(W, X, D)
  alpha = 0.9;
  dWsum = zeros(3, 1);
  N = 4;
  for k = 1:N
    x = X(k, :)';
    d = D(k);
    v = W*x;
    y = Sigmoid(v);
    e = d - y;
    delta = y*(1-y)*e;
    dW = alpha*delta*x;
    dWsum = dWsum + dW;
  end
  dWavg = dWsum / N;
  % Δw_ij = (1/N) Σ_{k=1}^{N} Δw_ij(k)
  W(1) = W(1) + dWavg(1);
  W(2) = W(2) + dWavg(2);
  W(3) = W(3) + dWavg(3);
end
%%%%%%%%%%%%%%%%%%%%%
function y = Sigmoid(x)
  y = 1 / (1 + exp(-x));   %S形激活函数
end
```

```
%TestDeltaSGD.m
clear all
X = [0 0 1;
     0 1 1;
     1 0 1;
     1 1 1;
    ];

D = [0
     0
     1
     1
    ];

W = 2*rand(1, 3) - 1;

for epoch = 1:10000          % train
  W = DeltaSGD(W, X, D);
end

N = 4;                       % inference
for k = 1:N
  x = X(k, :)';
  v = W*x;
  y = Sigmoid(v)
end
```

```
%TestDeltaBatch.m
clear all
X = [0 0 1;
     0 1 1;
     1 0 1;
     1 1 1;
    ];

D = [0
     0
     1
     1
    ];

W = 2*rand(1, 3) - 1;

for epoch = 1:40000
  W = DeltaBatch(W, X, D);
end

N = 4;
for k = 1:N
  x = X(k, :)';
  v = W*x;
  y = Sigmoid(v)
end
```

8) 单层网络的局限性

仍以图 6.2-7 所示的单节点网络为例说明单层网络的局限性,设偏差 $b=0$,采用 S 形函数作为激活函数。与之前不同,本次给定的 4 组训练数据中将第二组和第四组的正确输出调换,其他输入保持不变,即$\{0,0,1,0\}$、$\{0,1,1,1\}$、$\{1,0,1,1\}$、$\{1,1,1,0\}$。现用函数 TestDeltaSGD.m 进行测试,并对网络进行 40000 次训练,运行结果为:

$$\boldsymbol{y}=\begin{bmatrix}0.5297\\0.5000\\0.4703\\0.4409\end{bmatrix};\qquad \boldsymbol{D}=\begin{bmatrix}0\\1\\1\\0\end{bmatrix}$$

显然,运行结果与正确输出差异非常大,与之前相比,只改变了正确输出变量 $\boldsymbol{D}$,却得到了截然不同的结果。原因是什么?让我们来仔细分析一下训练数据,如果将输入数据的前三个值分别看成该数据点对应的 x、y、z 坐标,由于 z 坐标固定为 1,可将训练数据显示在一个平面上,如图 6.2-16 所示,圆圈中的数字表示每个数据点对应的正确输出。图 6.2-16a)对应本例的训练数据,图 6.2-16b)对应上一小节编程实例中的训练数据。不难看出,如果按正确输出数据(圆圈中的数字值)进行归类,图 6.2-16a)无法用一条直线将两类正确输出值(0 和 1)划分为两个区域,只能以一条复杂的曲线来划分。这一类问题称为线性不可分问题。

图 6.2-16b)则显然是线性可分问题。

由图 6.2-16a)知,本例的训练数据是线性不可分的,因此,用单层神经网络去求解时就产生了错误的结果。由此可见,单层神经网络只适用于线性可分问题。如果要克服单层神经网络的这一限制,需要在网络中加入更多的层,正是这一需求,导致了多层神经网络的诞生。

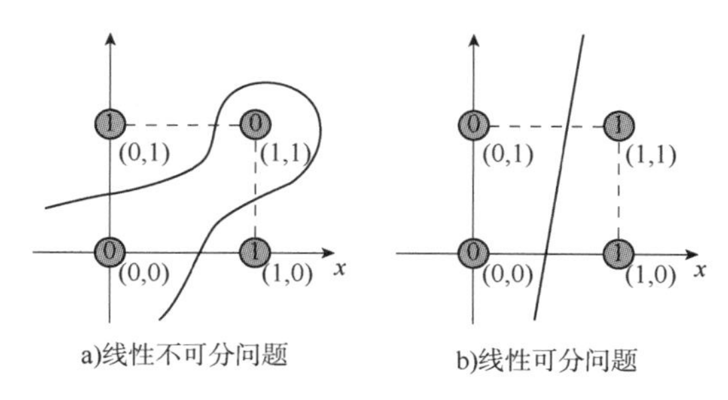

图 6.2-16 训练数据点的平面显示

3.多层神经网络的训练

任何学科的发展都不是一蹴而就的,给单层神经网络仅加入一个隐藏层就经历了近 30 年的发展。由于训练过程是神经网络存储信息的唯一方法,不可训练的网络是没有任何用处的,因此,本小节将重点介绍多层神经网络的学习规则。

对于多层神经网络,之前学习的 Delta 规则已不再适用。这是因为还没有对隐藏层中的节点误差给出定义,而误差是 Delta 规则中最基本的要素。输出节点的误差可很容易通过网络输出与其对应的“正确输出”之间的差异而求得,但训练数据并没有给隐藏层节点提供“正确输出”,就无法用与输出节点相同的方法求取其对应的误差。

1986 年,反向传播算法的出现最终解决了多层神经网络的训练问题。反向传播算法为隐藏层节点误差计算提供了一套系统的计算方法。隐藏层的误差一旦确定,就可以应用 Delta 规则进行连接权值的修正。

众所周知,神经网络的输入数据是由输入层经隐藏层到输出层向前传播的。与之相反,在反向传播算法中,输出误差从输出层开始向后移动,直到到达输入层的下一个隐藏层,这一过程称为反向传播。相当于输出误差沿网络反向传播,误差信号仍然通过网络节点之间的连线与权重相乘。

1)反向传播算法

现以一个简单多层神经网络为例进行说明,该网络由输入层、输出层和一个隐藏层组成,每一层均只有两个节点,如图 6.2-17 所示。为方便,本例忽略了节点偏差,连接权值 w 的上标代表其所在分层编号。

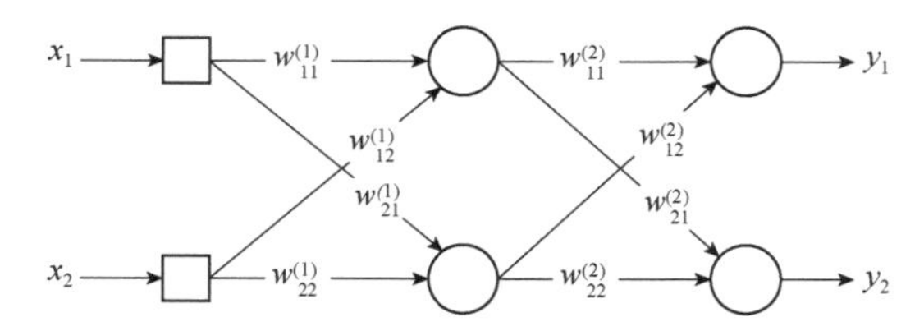

图 6.2-17 每层由两个节点组成的三层神经网络

为获得输出误差,首先需根据输入数据求取网络输出。对于本例,隐藏层节点的权值加权输入可按式(6.2-14)计算:

$$\begin{bmatrix} v_1^{(1)} \\ v_2^{(1)} \end{bmatrix} = \begin{bmatrix} w_{11}^{(1)} & w_{12}^{(1)} \\ w_{21}^{(1)} & w_{22}^{(1)} \end{bmatrix} \begin{bmatrix} x_1 \\ x_2 \end{bmatrix} = \boldsymbol{W}_1 \boldsymbol{x} \tag{6.2-14}$$

将上式代入激活函数,可得到隐藏层节点的输出为:

$$\begin{bmatrix} y_1^{(1)} \\ y_2^{(1)} \end{bmatrix} = \begin{bmatrix} \varphi(v_1^{(1)}) \\ \varphi(v_2^{(1)}) \end{bmatrix} \tag{6.2-15}$$

$$\begin{bmatrix} v_1 \\ v_2 \end{bmatrix} = \begin{bmatrix} w_{11}^{(2)} & w_{12}^{(2)} \\ w_{21}^{(2)} & w_{22}^{(2)} \end{bmatrix} \begin{bmatrix} y_1^{(1)} \\ y_2^{(1)} \end{bmatrix} = \boldsymbol{W}_2 \boldsymbol{y}^{(1)} \tag{6.2-16}$$

再将式(6.2-16)代入激活函数,可得网络的最终输出为:

$$\begin{bmatrix} y_1 \\ y_2 \end{bmatrix} = \begin{bmatrix} \varphi(v_1) \\ \varphi(v_2) \end{bmatrix} \tag{6.2-17}$$

用反向传播算法进行网络训练,首先需要计算每个节点的 δ 值,如图 6.2-18 所示。

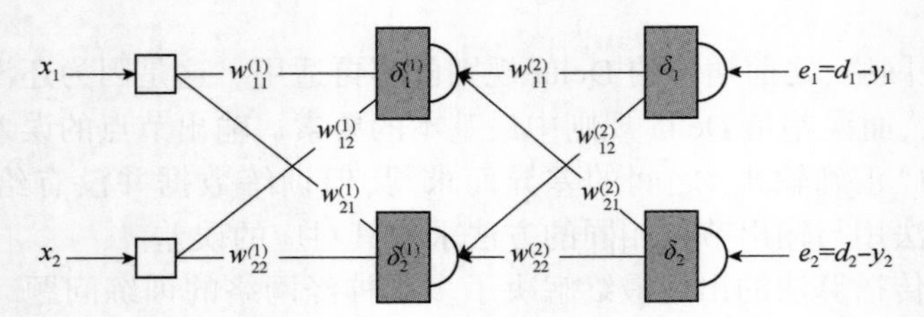

图 6.2-18 反向传播算法误差 Delta 示意图

对于输出节点,可根据广义 Delta 规则给出,即:

$$\begin{aligned} e_1 &= d_1 - y_1 \\ \delta_1 &= \varphi'(v_1) e_1 \\ e_2 &= d_2 - y_2 \\ \delta_2 &= \varphi'(v_2) e_2 \end{aligned} \tag{6.2-18}$$

其中,$\varphi'(\cdot)$ 是 输出节点激活函数的导数; y_i 是输出节点的输出; d_i 是训练数据给定的“正确输出”; v_i 是对应节点的连接权值加权和。

对于隐藏层,其节点误差 e 定义为来自该节点右侧一层各节点向后传播的 δ 的加权和,进一步根据广义 Delta 规则可计算出该节点对应的 δ ,即:

$$\begin{aligned} e_1^{(1)} &= w_{11}^{(2)} \delta_1 + w_{21}^{(2)} \delta_2 \\ \delta_1^{(1)} &= \varphi'(v_1^{(1)}) e_1^{(1)} \\ e_2^{(1)} &= w_{12}^{(2)} \delta_1 + w_{22}^{(2)} \delta_2 \\ \delta_2^{(1)} &= \varphi'(v_2^{(1)}) e_2^{(1)} \end{aligned} \tag{6.2-19}$$

其中,$v_1^{(1)}$ 和 $v_2^{(1)}$ 是相应节点对应的前向传播加权输入。由此可见,输出层节点与隐藏层节点计算 δ 的过程是一样的,唯一的区别是误差 e 的计算过程不同。

由以上过程可以看出,隐藏层节点的误差可由反向传回该节点的 δ 与相应连接权值的加权叠加计算得到,而该节点反向输出的 δ 则可由其误差与激活函数导数的乘积计算得到。该过程由输出层开始,对于所有的隐藏层都重复这一过程,这也是反向传播算法的真正含义。

式(6.2-19)中的两个误差计算公式可合并为一个矩阵方程:

$$\begin{bmatrix} e_1^{(1)} \\ e_2^{(1)} \end{bmatrix} = \begin{bmatrix} w_{11}^{(2)} & w_{21}^{(2)} \\ w_{12}^{(2)} & w_{22}^{(2)} \end{bmatrix} \begin{bmatrix} \delta_1 \\ \delta_2 \end{bmatrix} = \boldsymbol{W}_2^{\mathrm{T}} \begin{bmatrix} \delta_1 \\ \delta_2 \end{bmatrix} \tag{6.2-20}$$

式(6.2-20)表明,可以根据权值矩阵的转置与 $\boldsymbol{\delta}$ 向量的乘积来计算误差,这一性质对于算法实现来讲是非常有用的。

按照上述算法,计算得到所有隐藏层节点对应的 δ 之后,就可以按公式(6.2-11)对网络进行训练了。

反向传播算法训练多层神经网络的步骤总结如下:

①用适当的值对连接权重进行初始化。

②从训练数据(格式为:{输入,正确输出})中取出"输入"数据,并将它输入网络得到网络输出,计算网络输出与"正确输出"之间的误差和输出节点的 δ 。

$$\boldsymbol{e} = \boldsymbol{d} - \boldsymbol{y}$$

$$\boldsymbol{\delta} = \varphi'(\boldsymbol{v})\boldsymbol{e}$$

③将输出节点的 $\boldsymbol{\delta}$ 向后反传,并计算与其紧接的(左侧)一层节点的 $\boldsymbol{\delta}$ 。

$$\boldsymbol{e}^{(k)} = \boldsymbol{W}^{\mathrm{T}}\boldsymbol{\delta}$$

$$\boldsymbol{\delta}^{(k)} = \varphi'(\boldsymbol{v}^{(k)})\,\boldsymbol{e}^{(k)}$$

④重复步骤③直到 $\boldsymbol{\delta}$ 反传至与输入层紧接的隐藏层。

⑤根据如下学习规则调整连接权值:

$$\Delta w_{ij} = \alpha\,\delta_i\,x_j$$

$$w_{ij} \leftarrow w_{ij} + \Delta w_{ij}$$

⑥对每一个训练数据点重复步骤②~⑤。

⑦重复步骤②~⑥直到神经网络得到有效训练。

2)反向传播算法编程实例

现考虑上一小节单层神经网络学习失败的线性不可分问题,用到的训练数据为{0,0,1,0}、{0,1,1,1}、{1,0,1,1}、{1,1,1,0}。如果忽略输入数据 z 坐标的值,该问题实际上是一个异或(XOR)操作问题,如果用这套数据训练网络,将会得到一个异或操作模型。构建一个如图 6.2-19 所示的三层网络,输入层和隐藏层分别由 3 个节点和 4 个节点组成,输出层只

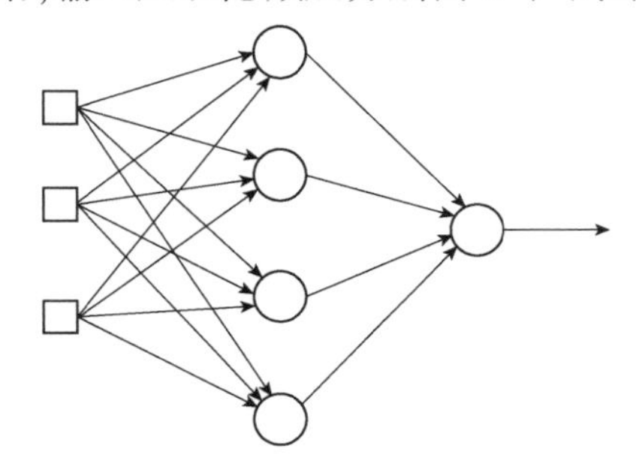

图 6.2-19 由三个输入节点和一个输出节点组成的三层神经网络

有一个输出节点。输入层和输出层节点的激活函数仍采用 S 形函数。

在连接权值修正时采用随机梯度下降法，当然也可以采用批量梯度下降法。函数 BackpropXOR 是反向传播算法的实现过程，该函数将网络连接权值和训练数据作为输入变量，输出变量为调整后的网络连接权值矩阵。变量 W1 是输入层和隐藏层之间的权值矩阵，W2 是隐藏层和输出层之间的权值矩阵，X 和 D 分别是训练数据对应的输入和正确输出。

```
% The Back-Propagation Method
function [W1, W2] = BackpropXOR(W1, W2, X, D)
    alpha=0.9;
    N=4;
    for k=1:N
        x=X(k, :)';
        d=D(k);
        v1=W1*x;
        y1=Sigmoid(v1);
        v=W2*y1;
        y=Sigmoid(v);
        e=d-y;
        delta=y.*(1-y).*e;
        e1=W2'*delta;
        delta1=y1.*(1-y1).*e1;
        dW1=alpha*delta1*x';
        W1=W1+dW1;
        dW2=alpha*delta*y1';
        W2 =W2+dW2;
    end
end

function y=Sigmoid(x)
    y=1./(1+exp(-x));
end
```

```
% TestBackpropXOR.m
clear all
X=[0 0 1;
    0 1 1;
    1 0 1;
    1 1 1;
   ];
D=[0
    1
    1
    0
   ];
W1=2*rand(4,3)-1;
W2=2*rand(1,4)-1;
for epoch = 1:10000    % train
    [W1 W2] = BackpropXOR(W1, W2, X, D);
end
N=4;    % inference
for k=1:N
    x=X(k, :)';
    v1=W1*x;
    y1=Sigmoid(v1);
    v=W2*y1;
    y=Sigmoid(v)
end
```

程序 TestBackpropXOR.m 为对应的测试程序，训练时调用函数 BackpropXOR.m 10000 次，运行结果为：

$$\boldsymbol{y} = \begin{bmatrix} 0.0060 \\ 0.9888 \\ 0.9891 \\ 0.0134 \end{bmatrix}, \quad \boldsymbol{D} = \begin{bmatrix} 0 \\ 1 \\ 1 \\ 0 \end{bmatrix}$$

程序运行结果表明，多层神经网络解决了单层神经网络无法处理的线性不可分问题。

3）权值调整中的动量法

为进一步提高深度学习算法的稳定性和训练速度，人们常常在 Delta 规则的权值调整公式中加入一个动量项，使得权值在一定程度上沿着某一方向调整，而不是马上改变修改方向，这类似于物理学中动量的概念。加入动量项后，权值调整公式变为：

$$\Delta w = \alpha\delta x$$

$$m = \Delta w + \beta m^{-}$$

$$w = w + m$$

$$m^{-} = m \tag{6.2-21}$$

其中，m^{-} 是前一次迭代的动量；β 是一个小于 1 的正数。下面就来看一下动量公式是如何修改连接权值的。考查动量随迭代次数的变化：

$$m(0) = 0$$

$$m(1) = \Delta w(1) + \beta m(0) = \Delta w(1)$$

$$m(2) = \Delta w(2) + \beta m(1) = \Delta w(2) + \beta\Delta w(1)$$

$$m(3) = \Delta w(3) + \beta m(2) = \Delta w(3) + \beta[\Delta w(2) + \beta\Delta w(1)]$$

$$= \Delta w(3) + \beta\Delta w(2) + \beta^2\Delta w(1)$$

$$\vdots$$

上述步骤表明，前一次的权值调整量都会叠加在每次更新的动量之上，越早的修正量对动量的影响越小。权值修正不会受个别特殊值的影响，改善了网络学习的稳定性。同时，随着权值不断更新，权值修正量会越来越大，网络的学习率也会随之增加。

只需对函数 BackpropXOR 的部分语句进行如下修改即可实现动量算法，算法的运行效果，读者可自行编程测试。

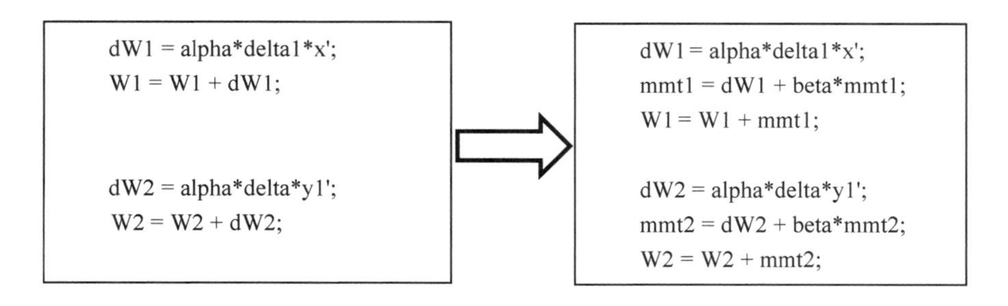
```
dW1 = alpha*delta1*x';
W1 = W1 + dW1;

dW2 = alpha*delta*y1';
W2 = W2 + dW2;
```

```
dW1 = alpha*delta1*x';
mmt1 = dW1 + beta*mmt1;
W1 = W1 + mmt1;

dW2 = alpha*delta*y1';
mmt2 = dW2 + beta*mmt2;
W2 = W2 + mmt2;
```

4）目标函数

目标函数是最优化理论中的一个数学概念。神经网络的监督学习实际上是一个不断调整网络连接权值、减小训练数据误差的过程，因此用来衡量神经网络误差大小的函数称为目标函数。神经网络的误差越大，目标函数的值就越大。对于有监督学习神经网络，目标函数主要有平方误差目标函数和交叉熵目标函数两种基本类型，它们的具体表达式如下：

$$J = \sum_{i=1}^{M} \frac{1}{2}(d_i - y_i)^2 \tag{6.2-22}$$

$$J = \sum_{i=1}^{M} [-d_i \ln(y_i) - (1-d_i)\ln(1-y_i)] \tag{6.2-23}$$

其中，y_i 是输出节点的输出；d_i 是训练数据对应的“正确输出”；M 是输出节点个数。

显然，平方误差目标函数值正比于网络误差。早期的神经网络多采用该函数作为目标函数。前面的 Delta 规则以及反向传播算法都是由该目标函数推导得到的。

对于式(6.2-23)所示的目标函数，大括号中的函数称为交叉熵函数，即：$E = -d\ln(y) - (1-d)\ln(1-y)$。该函数实际上是由如下两个方程合并而成：

$$E = \begin{cases} -\ln(y) & d = 1 \\ -\ln(1-y) & d = 0 \end{cases}$$

由对数的定义知，输出值 y 应该在0到1之间取值。当 $d=1$ 时，如果 y 为1，则目标函数值为0。如果 y 趋于0，则目标函数值飙升。同理，当 $d=0$ 时，如果 y 为0，则目标函数值为0。如果 y 趋于1，则目标函数值飙升。因此，该目标函数值也同样正比于网络误差。交叉熵目标函数与平方误差目标函数相比，对误差更为敏感。因此，由交叉熵目标函数导出的学习规则具有更好的性能。

选择不同的目标函数将会影响到学习规则的计算，也就是说，输出节点的 δ 计算会略有变化。为便于对比，现给出交叉熵驱动的多层神经网络反向传播算法训练步骤(输出节点激活函数采用S形函数)：

①用适当的值对连接权重进行初始化。

②从训练数据(格式为：{输入，正确输出})中取出“输入”数据，并将它输入网络得到网络输出，计算网络输出与“正确输出”之间的误差和输出节点的 $\boldsymbol{\delta}$。

$$\boldsymbol{e} = \boldsymbol{d} - \boldsymbol{y}$$

$$\boldsymbol{\delta} = \boldsymbol{e}$$

③将输出节点的 $\boldsymbol{\delta}$ 向后反传，并计算后续隐藏节点的 $\boldsymbol{\delta}$。

$$\boldsymbol{e}^{(k)} = \boldsymbol{W}^{\mathrm{T}}\boldsymbol{\delta}$$

$$\boldsymbol{\delta}^{(k)} = \varphi'(\boldsymbol{v}^{(k)})\,\boldsymbol{e}^{(k)}$$

④重复步骤③直到 $\boldsymbol{\delta}$ 反传至与输入层紧接的隐藏层。

⑤根据如下学习规则调整连接权值：

$$\Delta w_{ij} = \alpha\,\delta_i\,x_j$$

$$w_{ij} \leftarrow w_{ij} + \Delta w_{ij}$$

⑥对每一个训练数据点重复步骤②~⑤。

⑦重复步骤②~⑥直到神经网络得到充分训练。

注意，此处仅步骤②中 $\boldsymbol{\delta}$ 的计算与前一小节不同，其余步骤完全相同。表面上看，这一差别似乎无关紧要，但它实际上涉及最优化理论中的目标函数问题，此处不再详细讨论，只给出上述算法流程。由于该训练方法具有优越的性能和学习速度，目前大多数深度学习神经网路训练方法都采用交叉熵驱动的学习规则。

4.深度学习

深度学习是一种基于深度神经网络的机器学习技术。自1986年反向传播算法解决了多层神经网络的训练问题之后,很快就遇到了另外一个问题——多层神经网络在处理实际问题方面没有达到预期的效果。人们试图通过增加隐藏层或在隐藏层中增加节点来克服这一问题,但效果并不明显,甚至更差。因此,在此后的20多年里,神经网络的研究陷入了低谷,直到2000年代中期深度学习的出现,为神经网络打开了一扇新的大门。

尽管深度学习在解决实际问题中取得了显著成绩,但实际上在技术层面并没有大的革新,都是一些小的技术改进。多层神经网络无法达到预期效果的主要原因在于网络训练存在如下三个方面的困难:①梯度消失;②过度拟合;③大计算量。

1)梯度消失

在利用反向传播算法训练网络过程中,当输出误差无法到达更远的节点时,就会出现消失梯度。由于输出误差很难到达第一个隐藏层,连接权值就无法调整,因此靠近输入层的隐藏层无法得到适当的训练。如果隐藏层不能得到有效训练,对于深度神经网络来说,增加隐藏层就没有任何意义。

解决梯度消失现象最具代表性的办法是采用线性整流(ReLU)函数作为激活函数。该函数比S形函数具有更好的误差传播能力。线性整流函数可定义为:

$$\varphi(x)=\begin{cases}x, & x>0\\0, & x\leqslant 0\end{cases}=\max(0,x) \tag{6.2-24}$$

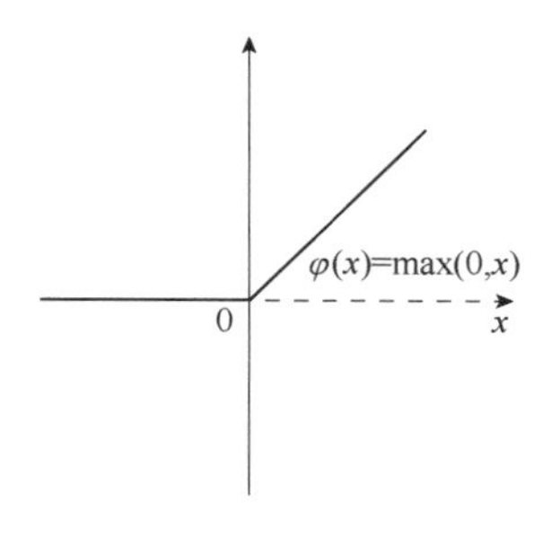

图6.2-20　线性整流函数

图6.2-20为线性整流函数示意图。该函数对负输入产生0,对正输入直接输出相应值,实现起来也非常容易。

S形函数将节点的输出限制在0到1范围内,不考虑输入的大小。而线性整流函数对此没有限制。如此一个简单的改进却能够使得深度神经网络的学习性能得到极大的提高。

反向传播算法需要的另一个要素是ReLU函数的导数,根据ReLU函数的定义,不难得到其导数:

$$\varphi'(x)=\begin{cases}1, & x>0\\0, & x\leqslant 0\end{cases} \tag{6.2-25}$$

此外,交叉熵驱动的学习规则也可以进一步提高深度神经网络的性能,在此不再赘述。

2)过度拟合

深层神经网络的隐藏层越多,连接权就越多,网络变得更加复杂,因此网络就越容易发生过度拟合现象。

解决这一问题的经典做法是随机失活(dropout)法,即在训练中只随机选择一些节点参与训练,而不是整个网络节点。这种方法不但非常有效,而且容易实现。随机失活(dropout)法的基本原理如图6.2-21所示,按一定的比例随机选择一些节点,将它们的输出设置为零以停用这些节点。在训练过程中不断地改变参与训练的节点和权重,就可有效地防止网络的过度拟合。在实际训练中,隐藏层和输入层随机失活的百分比可根据实际情况确定,例如将二者分别设为 50%和 25%。

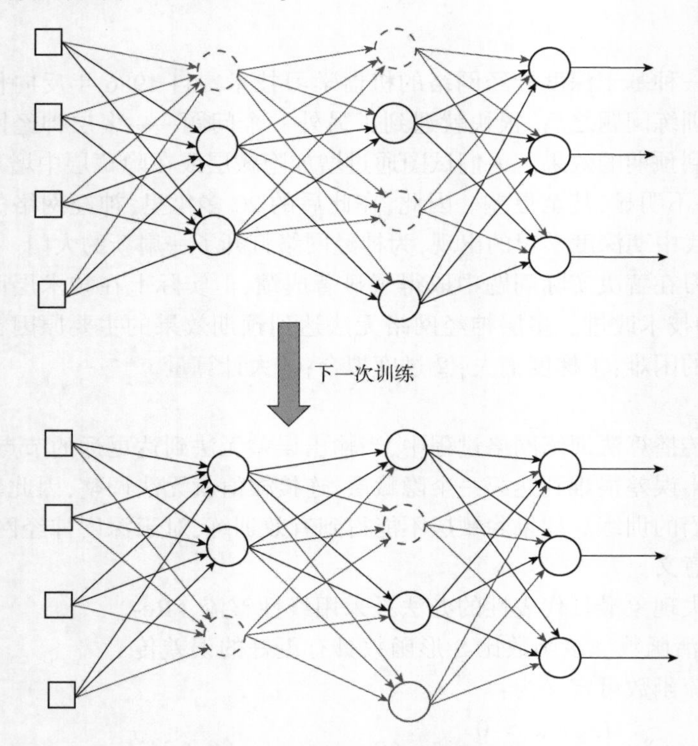

图 6.2-21　节点随机失活训练法示意图

3) 大计算量

网络的权值数量随着隐藏层数目的增加呈几何方式增长,网络训练也就需要更多的训练数据,最终导致更多的计算量。神经网络运算量越大,训练时间越长。计算量问题是神经网络实际发展中一个值得关注的问题。如果一个深度神经网络需要 1 个月的训练时间,那么每年只能对其进行修改 12 次。这种情况下,神经网络很难得到有效的应用。近年来,高性能硬件和并行算法的引入在很大程度上缓解了这个问题。

以上三个方面的技术改进使得深度学习成为机器学习中的典型代表。目前深度学习已在图像识别、语音识别和自然语言处理领域得到广泛应用。

4) 线性整流函数及随机失活算法编程实例

以如图 6.2-22 所示的数字分类问题为例,训练数据是像素为 5×5 的黑白图像,网络训练完成后能够识别图像所示的数字。考虑如图 6.2-23 所示的深度神经网络,该网络包含 3 个隐藏层,每个隐藏层有 20 个节点组成。

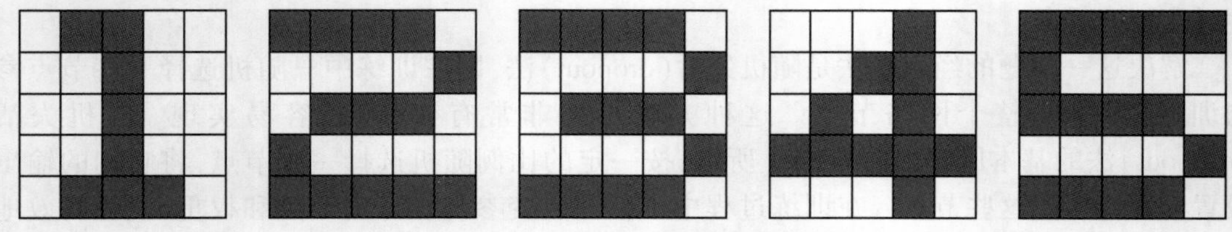

图 6.2-22　数字分类问题的训练数据

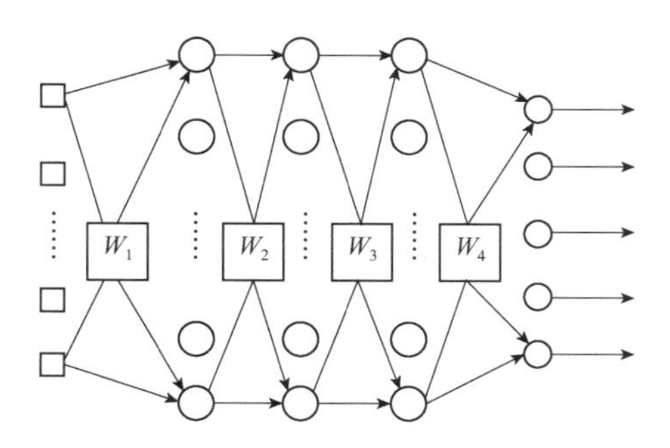

图 6.2-23　含有 3 个隐藏层的深度神经网络

网络有 25 个输入节点用于矩阵输入,5 个输出节点用于 5 个数字分类。隐藏层节点激活函数采用线性整流函数。输出节点激活函数采用归一化指数函数(Softmax function)。

到目前为止,我们讨论的激活函数,包括 S 形函数,只考虑输入的加权和,不考虑来自其他输出节点的输入。这里的归一化指数函数则不仅考虑了输入的加权和,还考虑了其他输出节点的输入。以第 i 个输出节点为例,其对应的归一化指数函数的输出可按下式计算:

$$y_i = \varphi(v_i) = \frac{e^{v_i}}{e^{v_1} + e^{v_2} + \cdots + e^{v_M}} = \frac{e^{v_i}}{\sum_{k=1}^{M} e^{v_k}} \tag{6.2-26}$$

其中,v_i 是第 i 个输出节点对应的输入加权和;M 为输出节点的个数。按照上述定义,归一化指数函数满足如下条件:

$$\varphi(v_1) + \varphi(v_2) + \varphi(v_3) + \cdots + \varphi(v_M) = 1 \tag{6.2-27}$$

由此可见,归一化指数函数将单个输出节点的输出值限制在 0 和 1 之间,该函数更适合于多级分类神经网络。

函数 DeepReLU 是深度神经网络线性整流函数的实现过程,该函数将网络连接权值和训练数据作为输入变量,输出变量为调整后的网络连接权值矩阵。变量 W1、W2、W3、W4 分别是输入层—隐藏层 1、隐藏层 1—隐藏层 2、隐藏层 2—隐藏层 3、隐藏层 3—输出层之间的权值矩阵,X 和 D 分别是训练数据对应的输入和正确输出。该程序输入训练数据,利用 Delta 规则计算权值修正量(dW1、dW2、dW3、dW4)并调整网络权值。训练过程与之前的类似,只是在隐藏层中将原来的 S 形函数用线性整流函数替代,对应的导数也进行了相应的变化。线性整流函数及归一化指数函数对应的 MATLAB 代码如下:

```
function y = ReLU(x)
   y = max(0, x);
end
```

```
function y = Softmax(x)
   ex = exp(x);
   y = ex / sum(ex);
end
```

程序 TestDeepReLU.m 为对应的测试程序,训练时调用函数 DeepReLU.m 10000 次。该程序偶尔会出现训练失败的情况,得到错误的输出结果。其主要原因是由于线性整流函数对网络初始权值比较敏感,为保持算法稳定,在网络训练中需要进一步采用随机失活算法进行训练。

```
% The ReLU function
function [W1, W2, W3, W4] =
DeepReLU(W1, W2, W3, W4, X, D)
  alpha = 0.01;
  N = 5;
  for k = 1:N
    x  = reshape(X(:, :, k), 25, 1);
    v1 = W1*x;
    y1 = ReLU(v1);
    v2 = W2*y1;
    y2 = ReLU(v2);
    v3 = W3*y2;
    y3 = ReLU(v3);
    v  = W4*y3;
    y  = Softmax(v);

    d  = D(k, :)';
    e  = d - y;
    delta = e;

    e3  = W4'*delta;
    delta3 = (v3 > 0).*e3;  % δ_i = φ'(v_i)e_i
    %线性整流函数导数公式
    e2 = W3'*delta3;
    delta2 = (v2 > 0).*e2;
    e1 = W2'*delta2;
    delta1 = (v1 > 0).*e1;

    dW4 = alpha*delta*y3';
    W4  = W4 + dW4;

    dW3 = alpha*delta3*y2';
    W3 = W3 + dW3;

    dW2 = alpha*delta2*y1';
    W2  = W2 + dW2;

    dW1 = alpha*delta1*x';
    W1 = W1 + dW1;
  end
end
```

```
% Test DeepReLU.m
X = zeros(5, 5, 5);
X(:, :, 1) = [ 0 1 1 0 0; 0 0 1 0 0; 0 0 1 0 0;
               0 0 1 0 0; 0 1 1 1 0 ];
X(:, :, 2) = [ 1 1 1 1 0; 0 0 0 0 1; 0 1 1 1 0;
               1 0 0 0 0; 1 1 1 1 1 ];
X(:, :, 3) = [ 1 1 1 1 0; 0 0 0 0 1; 0 1 1 1 0;
               0 0 0 0 1; 1 1 1 1 0 ];
X(:, :, 4) = [ 0 0 0 1 0; 0 0 1 1 0; 0 1 0 1 0;
               1 1 1 1 1; 0 0 0 1 0 ];
X(:, :, 5) = [ 1 1 1 1 1; 1 0 0 0 0; 1 1 1 1 0;
               0 0 0 0 1; 1 1 1 1 0 ];
D = [ 1 0 0 0 0; 0 1 0 0 0; 0 0 1 0 0;
      0 0 0 1 0;0 0 0 0 1 ];

W1 = 2*rand(20, 25) - 1;
W2 = 2*rand(20, 20) - 1;
W3 = 2*rand(20, 20) - 1;
W4 = 2*rand(5, 20) - 1;

for epoch = 1:10000     % train
  [W1, W2, W3, W4] = DeepReLU(W1, W2,
  W3, W4, X, D);
end
N = 5;   % inference

for k = 1:N
  x = reshape(X(:, :, k), 25, 1);
  v1 = W1*x;
  y1 = ReLU(v1);

  v2 = W2*y1;
  y2 = ReLU(v2);

  v3 = W3*y2;
  y3 = ReLU(v3);

  v = W4*y3;
  y = Softmax(v)
end
```

函数 DeepDropout 是深度神经网络随机失活训练算法的实现过程。该函数将网络连接权值和训练数据作为输入变量，输出变量为调整后的网络连接权值矩阵。利用 Delta 规则训练过程中，隐藏层的激活函数采用 S 形函数，输出层的激活函数采用归一化指数函数（Softmax function）。

其中，实现网络节点随机失活功能的函数为 Dropout 函数，对应的 MATLAB 代码如右侧文本框所示。该函数首先产生一个与输入变量 y 同维的元素为 0 的向量 ym，然后根据给定的失活率 ratio 计算存活节点的数量 num 并随机指定存活节点在 ym 中的坐标索引（非零元素的位置），并将相应的坐标位置赋值为 1 / （1−ratio）。

```
function ym = Dropout(y, ratio)
  [m, n] = size(y);
  ym = zeros(m, n);
  num = round(m*n*(1-ratio));
  idx = randperm(m*n, num);
  ym(idx) = 1 / (1-ratio);
end
```

程序 TestDeepDropout.m 为对应的测试程序，训练时调用函数 DeepDropout.m 20000 次。

```
% DeepDropout function
function [W1, W2, W3, W4] =
DeepDropout(W1, W2, W3, W4, X, D)
  alpha = 0.01;
  N = 5;
  for k = 1:N
    x = reshape(X(:, :, k), 25, 1);
    v1 = W1*x;
    y1 = Sigmoid(v1);
    y1 = y1 .* Dropout(y1, 0.2);
    v2 = W2*y1;
    y2 = Sigmoid(v2);
    y2 = y2 .* Dropout(y2, 0.2);
    v3 = W3*y2;
    y3 = Sigmoid(v3);
    y3 = y3 .* Dropout(y3, 0.2);
    v = W4*y3;
    y = Softmax(v);

    d = D(k, :)';
    e = d - y;
    delta = e;

    e3 = W4'*delta;
    delta3 = y3.*(1-y3).*e3;
    e2 = W3'*delta3;
    delta2 = y2.*(1-y2).*e2;
    e1 = W2'*delta2;
    delta1 = y1.*(1-y1).*e1;

    dW4 = alpha*delta*y3';
    W4 = W4 + dW4;
    dW3 = alpha*delta3*y2';
    W3 = W3 + dW3;
    dW2 = alpha*delta2*y1';
    W2 = W2 + dW2;

    dW1 = alpha*delta1*x';
    W1 = W1 + dW1;
  end
end
```

```
% TestDeepDropout.m
X = zeros(5, 5, 5);
X(:, :, 1) = [0 1 1 0 0; 0 0 1 0 0; 0 0 1 0 0;
              0 0 1 0 0; 0 1 1 1 0];
X(:, :, 2) = [1 1 1 1 0; 0 0 0 0 1; 0 1 1 1 0;
              1 0 0 0 0; 1 1 1 1 1];
X(:, :, 3) = [1 1 1 1 0; 0 0 0 0 1; 0 1 1 1 0;
              0 0 0 0 1; 1 1 1 1 0];
X(:, :, 4) = [0 0 0 1 0; 0 0 1 1 0; 0 1 0 1 0;
              1 1 1 1 1; 0 0 0 1 0];
X(:, :, 5) = [1 1 1 1 1; 1 0 0 0 0; 1 1 1 1 0;
              0 0 0 0 1; 1 1 1 1 0];
D = [ 1 0 0 0 0; 0 1 0 0 0; 0 0 1 0 0;
      0 0 0 1 0; 0 0 0 0 1 ];
W1 = 2*rand(20, 25) - 1;
W2 = 2*rand(20, 20) - 1;
W3 = 2*rand(20, 20) - 1;
W4 = 2*rand( 5, 20) - 1;

for epoch = 1:20000    % train
  [W1, W2, W3, W4] = DeepDropout(W1,
W2, W3, W4, X, D);
end

N = 5;   % inference

for k = 1:N
  x = reshape(X(:, :, k), 25, 1);
  v1 = W1*x;
  y1 = Sigmoid(v1);

  v2 = W2*y1;
  y2 = Sigmoid(v2);

  v3 = W3*y2;
  y3 = Sigmoid(v3);

  v = W4*y3;
  y = Softmax(v)
end
```

5.卷积神经网络

卷积神经网络(Convolutional Neural Network,CNN)是一种专门用于图像识别的深层神经网络。实际上卷积神经网络在20世纪80～90年代就已出现,后来由于不适用于复杂图像的处理,曾经被一度遗忘。自2012年以来,卷积神经网络又得到了戏剧性的复兴,目前在大多数计算机视觉领域的应用得到了快速发展。

1)卷积神经网络结构

卷积神经网络不仅是一个具有多个隐藏层的深度神经网络,更是一个模拟大脑视觉皮层处理和识别图像的深层网络。图像识别实质上属于分类问题,因此卷积神经网络的输出层一般采用多级分类神经网络。

在卷积神经网络之前,无论采用何种识别方法,直接利用原始图像进行图像识别的效果都很差。只有对图像进行处理,提取出图像特征之后再进行识别分类才能改善图像识别效果。为此,各种图像特征提取技术应运而生。这些图像特征抽取技术是由特定领域的专家专门设计的,需要消耗大量的成本和时间,且性能水平参差不齐。此外,图像特征提取与机器学习是独立进行的。而卷积神经网络则在训练过程中包含了图像特征抽取,无须手动设计特征提取模块。将手动特征提取设计转化为网络自动化提取是卷积神经网络的主要特点和优势。也就是说卷积神经网络由一个提取输入图像特征的神经网络和另一个对特征图像进行分类的神经网络组成。卷积神经网络结构如图6.2-24所示。

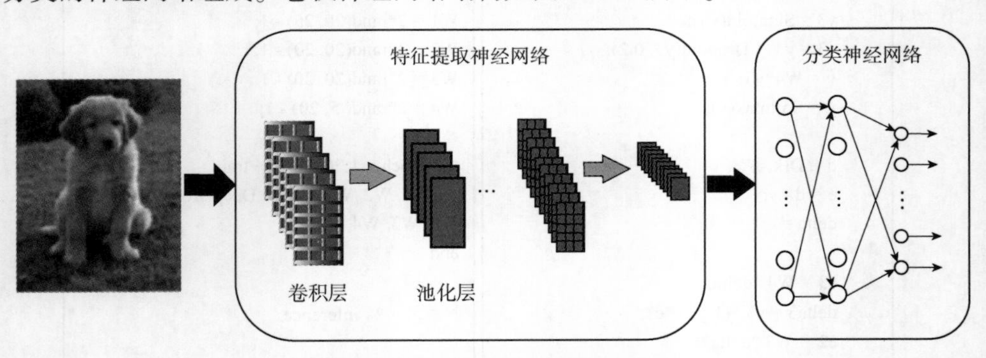

图6.2-24　卷积神经网络典型结构

输入图像进入特征提取网络,提取的特征信号进入分类神经网络。然后,分类神经网络根据图像的特征进行运算并生成输出。特征提取神经网络由卷积层和池化层对组成。卷积层,顾名思义,使用卷积操作转换图像。卷积层也可以看作是一组数字滤波器。池化层将邻近的像素组合成单个像素。因此,池化层降低了图像的维数。

综上所述,卷积神经网络由特征提取网络和分类网络的串行连接组成。通过训练过程,确定两种网络的权重。特征提取层由若干卷积层和池化层对累叠在一起组成。卷积层通过卷积运算对图像进行转换,池化层对图像进行降维。分类网络通常采用普通的多级分类神经网络。

2)卷积层

输入图像通过卷积层后得到的新图像称为特征图。特征图突出了原始图像的独特特征。卷积层的工作方式与其他神经网络层截然不同。卷积层不使用连接权,而是采用图像转换滤波器。称这些滤波器为卷积滤波器。图 6.2-25 给出了卷积层的工作过程,图中 * 代表卷积操作, φ 为激活函数,两种运算符之间的方形灰度图表示卷积滤波器。得到的特征图数量与卷积滤波器的个数相同。

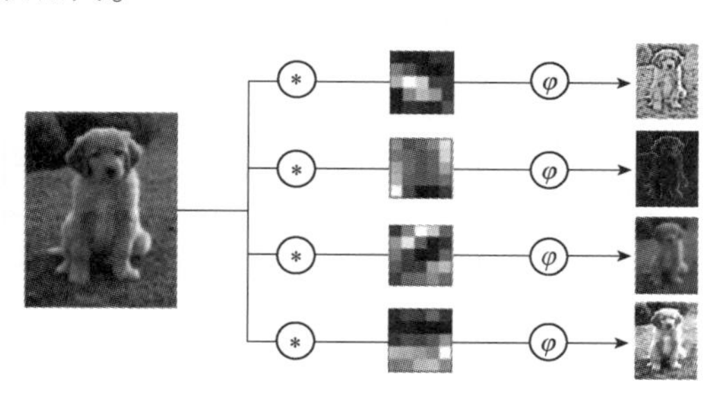

图 6.2-25　卷积层工作原理

在实际应用中,卷积滤波器通常用二维矩阵表示,通常为 5×5 或 3×3 甚至是 1×1 的矩阵。滤波器矩阵的值可通过训练过程确定,类似于普通神经网络的连接权值的更新过程。

为便于理解网络的卷积操作,以一个 4×4 像素的输入图像为例来说明卷积层的工作原理。如图 6.2-26 所示,我们的任务是通过卷积滤波器获取该图像的特征图。

1	1	1	3
4	6	4	8
30	0	1	5
0	2	2	4

图 6.2-26　4×4 像素的图像

现用如下两个滤波器进行操作:

$$\begin{bmatrix} 1 & 0 \\ 0 & 1 \end{bmatrix} \qquad \begin{bmatrix} 0 & 1 \\ 1 & 0 \end{bmatrix}$$

值得注意的是,实际卷积神经网络的滤波器是通过训练过程确定的,而不是人为给定的。

首先从第一个滤波器开始,该滤波器最先选取图像左上角与滤波器大小相同的子矩阵进行卷积运算,如图 6.2-27 所示。

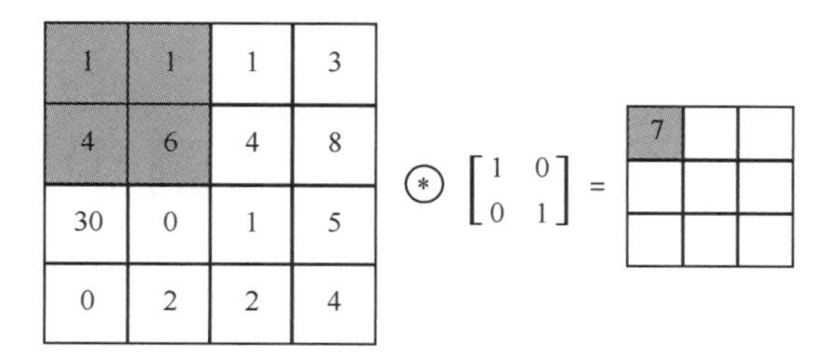

图 6.2-27　从左上角开始卷积操作

卷积运算的结果就是位于两个矩阵相同位置的元素的乘积之和。图 6.2-27 的计算过程如下：

$$(1\times1)+(1\times0)+(4\times0)+(6\times1)=7$$

下一个子矩阵卷积运算如图 6.2-28 所示。

1 1 1 3
4 6 4 8
30 0 1 5
0 2 2 4
1 0
0 1
=
7 5

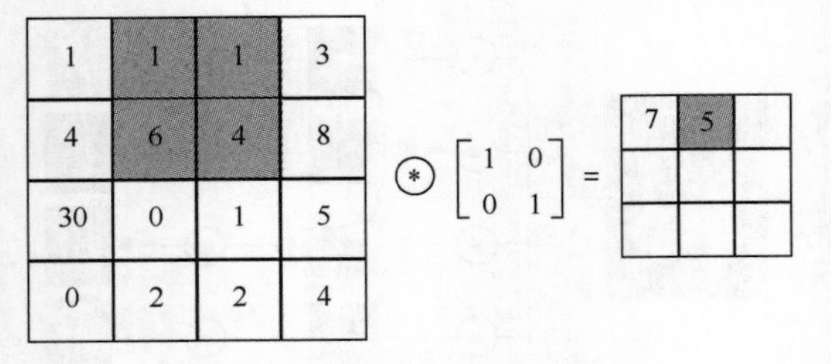

图 6.2-28　第二次卷积运算

同理，第三次卷积运算如图 6.2-29 所示。

1 1 1 3
4 6 4 8
30 0 1 5
0 2 2 4
1 0
0 1
=
7 5 9

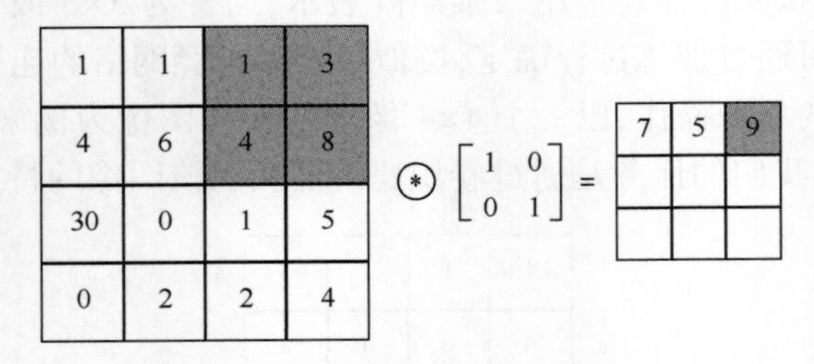

图 6.2-29　第三次卷积运算

图像的第一行卷积运算结束后，接着从第二行最左侧开始进行卷积运算，重复相同的运算过程，直到与该卷积滤波器对应的特征图得到为止。最终与第一个卷积滤波器的对应的特征图如图 6.2-30 所示。

1 1 1 3
4 6 4 8
30 0 1 5
0 2 2 4
1 0
0 1
=
7 5 9
4 7 9
32 2 5

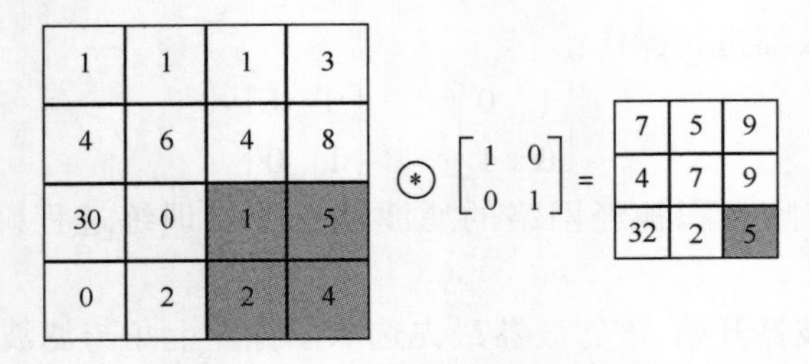

图 6.2-30　第一个卷积滤波器对应的特征图

同样的方式，我们可以得到第二个卷积滤波器对应的特征图，如图 6.2-31 所示。

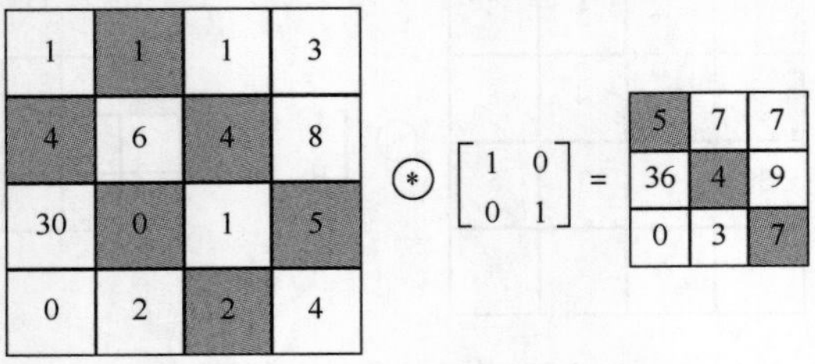

1 1 1 3
4 6 4 8
30 0 1 5
0 2 2 4
1 0
0 1
=
5 7 7
36 4 9
0 3 7

图 6.2-31　第二个卷积滤波器对应的特征图

由上述计算过程可知,卷积层对输入图像进行卷积滤波得到特征图,而特征图又因卷积滤波器的不同而不同。这些特征图再通过对应的激活函数即可得到与卷积层对应的输出。卷积层的激活函数与普通神经网络采用的激活函数一样。可以采用线性整流（ReLU）函数,也可以采用S形函数或正切(tanh)函数。

3)池化层

池化层的作用是通过合并图像特定区域相邻像素的值为单个代表值来减小图像的大小。池化是图像处理领域常用的一种典型技术。在进行池化操作之前应首先确定如何选择池化像素和如何设置池化代表值。相邻像素通常采用一个方阵进行选取、合并,合并的像素数因问题的不同而不同。池化代表值通常被设置为所选像素的平均值或最大值。

为便于理解池化操作,仍以图6.2-26所示的4×4图像为例进行说明。将输入图像的像素组合成一个2×2的矩阵,合并时原始图像中的元素不重叠。输入图像一旦通过池化层,将缩减为一个2×2图像。图6.2-32为原始图像经均值池化和最大值池化后的结果。

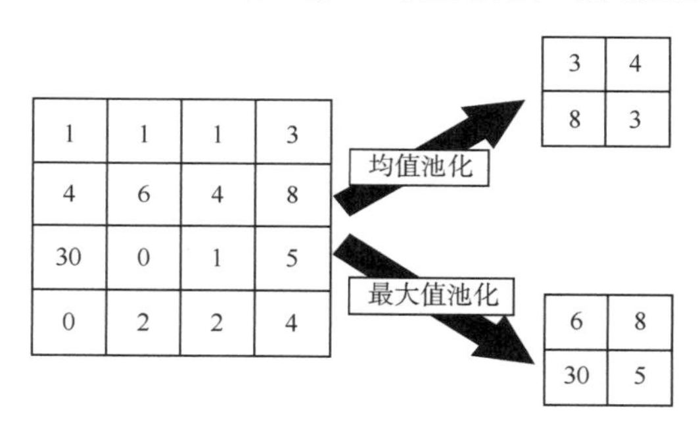

图6.2-32　原始图像经均值池化和最大值池化后的结果

从数学角度讲,池化过程也是一种卷积操作。与卷积层不同的是池化层的卷积操作是静态的,且卷积区域不重叠。池化层在一定程度上补偿了对输入图像中偏心和倾斜物体的识别。另外,池化过程减小了图像的尺寸,这对于减少计算量和防止过度拟合非常有利。

4)卷积神经网络图像识别编程实例

建立卷积神经网络,识别输入图像上所示的数字。训练数据包含10000个手写体数字,其中8000个图像用于网络训练,另外2000个用于网络有效性测试。每个数字图像是一个28×28像素的黑白图像,如图6.2-33所示。

图6.2-33　训练数据中的28×28像素的黑白图像

该问题是将一个 28×28 像素的图像识别为 10 个数字(0~9)之一的多级分类问题。建立一个卷积神经网络对其进行识别,网络输入节点数为 784(=28×28)。其中,特征提取网络包含一个卷积层,卷积层由 20 个 9×9 的卷积滤波器组成。卷积层的输出通过 ReLU 函数,然后进入池化层。池化层采用 2×2 的子矩阵进行均值池化。分类神经网络由 1 个隐藏层和 1 个输出层组成。隐藏层包含 100 个节点,激活函数采用 ReLU 函数。由于网络输出对应 10 个分类等级,所以输出层由 10 个节点组成。输出节点的激活函数采用 Softmax 函数。卷积神经网络的部分参数如表 6.2-2 所示。

卷积神经网络的部分参数 表 6.2-2

层	节点数	激活函数
输入层	28×28	
卷积层	20 个(9×9)卷积滤波器	ReLU 函数
池化层	2×2 子矩阵均值池化	
隐藏层	100	ReLU 函数
输出层	10	Softmax 函数

图 6.2-34 为本例采用的卷积神经网络拓扑结构示意图。尽管网络包含多个层,但只有 3 个层位的连接权值需要通过训练确定。它们分别是 W1、W5 和 W0。W1 为卷积层的连接权值矩阵,起到卷积滤波器的作用。W5 为池化层与隐藏层之间的连接权值矩阵。W0 分为隐藏层与输出层之间的连接权值矩阵。

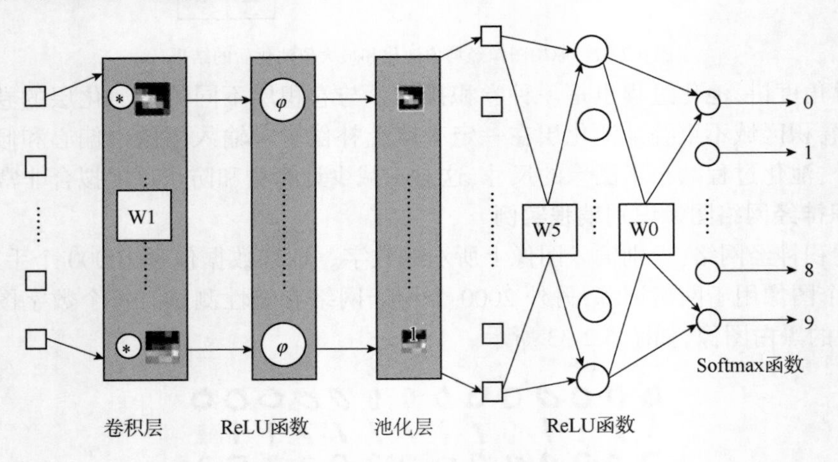

图 6.2-34 卷积神经网络拓扑结构示意图

函数 MnistConv 是反向传播算法网络训练的实现过程。该函数将网络连接权值和训练数据作为输入变量,输出变量为调整后的网络连接权值矩阵。X 和 D 分别是训练数据对应的输入和正确输出。训练时,采用局部批量梯度下降法修改连接权值(代码中的实下划线部分)。同时在训练中还采用了动量法,进一步改善网络的过度拟合现象(代码中的虚下划线部分)。由于卷积神经网络仍采用反向传播算法进行网络训练,所以在学习规则部分,首先需要给出网络训练输出(代码中的网络训练输出)。

得到网络输出之后,接下来是误差的反向传播。本例采用交叉熵目标函数且输出层节

```
% MnistConv
function [W1, W5, Wo] = MnistConv(W1, W5, Wo, X, D)

  alpha = 0.01;
  beta = 0.95;

  momentum1 = zeros(size(W1));
  momentum5 = zeros(size(W5));
  momentumo = zeros(size(Wo));

  N = length(D);
  bsize = 100;
  blist = 1:bsize:(N-bsize+1);

  % One epoch loop
  for batch = 1:length(blist)
    dW1 = zeros(size(W1));
    dW5 = zeros(size(W5));
    dWo = zeros(size(Wo));

    % Mini-batch loop
    begin = blist(batch);
    for k = begin:begin+bsize-1
      % Forward pass = inference
      % 网络训练输出
      x = X(:, :, k);  % Input,   28×28
      y1 = Conv(x, W1);
      % Convolution, 20×20×20
      y2 = ReLU(y1);
      y3 = Pool(y2);     % Pooling, 10×10×20
      y4 = reshape(y3, [], 1);
      v5 = W5*y4;     % ReLU, 2000
      y5 = ReLU(v5);
      v  = Wo*y5;     % Softmax, 10×1
      y  = Softmax(v);
      % 网络训练输出结束

      % One-hot encoding
      d = zeros(10, 1);
      d(sub2ind(size(d), D(k), 1)) = 1;

% Backpropagation
      %误差反向传播
      e = d - y;      % Output layer
      delta  = e;
      e5 = Wo' * delta;  % Hidden(ReLU) layer
      delta5 = (y5 > 0) .* e5;
      e4 = W5' * delta5;     % Pooling layer
      e3 = reshape(e4, size(y3));
      e2 = zeros(size(y2));
      W3 = ones(size(y2)) / (2*2);
      for c = 1:20
        e2(:, :, c) = kron(e3(:, :, c), ones([2 2])) .*
        W3(:, :, c);
      end

      delta2 = (y2 > 0) .* e2;     % ReLU layer
      delta1_x = zeros(size(W1));
      % Convolutional layer
      for c = 1:20
        delta1_x(:, :, c) = conv2(x(:, :),
        rot90(delta2(:, :, c), 2), 'valid');
      end
      %误差反向传播结束

      dW1 = dW1 + delta1_x;
      dW5 = dW5 + delta5*y4';
      dWo = dWo + delta *y5';
    end

    % Update weights
    dW1 = dW1 / bsize;
    dW5 = dW5 / bsize;
    dWo = dWo / bsize;

    momentum1 = alpha*dW1 + beta*momentum1;
    W1 = W1 + momentum1;
    momentum5 = alpha*dW5 + beta*momentum5;
    W5 = W5 + momentum5;
    momentumo = alpha*dWo + beta*momentumo;
    Wo = Wo + momentumo;
  end
end
```

点的激活函数采用归一化指数函数,因此输出节点的 δ 等于网络输出误差。隐藏层节点的激活函数采用 ReLU 函数,对应的代码也与之前的例子一样。隐藏层与池化层之间的连接层仅进行信号的重新排列即可。然后误差依次传过池化层 → ReLU 函数 → 卷积层(见代码 Backpropagation 中的误差反向传播部分)。

函数 MnistConv.m 中分别调用了执行卷积滤波功能的子函数 Conv.m 和池化功能的子函数 Pool.m。两个子函数对应的代码如下:

```
function y = Conv(x, W)

  [wrow, wcol, numFilters] = size(W);
  [xrow, xcol, ~ ] = size(x);

  yrow = xrow - wrow + 1;
  ycol = xcol - wcol + 1;

  y = zeros(yrow, ycol, numFilters);

  for k = 1:numFilters
    filter = W(:, :, k);
    filter = rot90(squeeze(filter), 2);
    y(:,:,k) = conv2(x,filter,'valid');
  end

end
```

```
function y = Pool(x)

% 2×2 mean pooling

   [xrow, xcol, numFilters] = size(x);

  y = zeros(xrow/2,xcol/2,numFilters);
  for k = 1:numFilters
    filter = ones(2)/(2*2);   % for mean
    image = conv2(x(:,:,k),filter, 'valid');
    y(:, :, k) = image(1:2:end, 1:2:end);
  end

end
```

6.机器学习在地球物理反问题中的应用

对于一般正问题已知的地球物理反演问题,将地球物理模型参数和相应的预测数据作为训练数据,即预测数据(输入),模型参数(正确输出),建立网络并对网络进行训练,最后将实测地球物理数据输入网络,得到的输出可认为是该地球物理反问题的估计解。除此之外,地球物理中还有很多问题都可以利用机器学习来解决。为便于理解在地球物理中的应用,现列举几个应用实例供参考。

1)地震资料解释——卷积神经网络识别盐丘边界

地震资料的解释是地震影像资料分析中劳动强度最大的工作之一。地震数据经处理得到二维或三维偏移图像后,资料解释人员的目标是根据偏移图像找到可能的油气位置。解释过程涉及偏移图像与现有测井和地质信息的集成和分析,类似于医生根据 CT(电子计算机断层扫描)影像和医学数据诊断病人。但地震资料解释与医学诊断相比,涉及的信息量更多,包含了从偏移剖面中提取的各类地震属性信息,如果有某些线索没有被注意到或识别错误就可能出现误判。

图 6.2-35 是一个盐丘二维地震偏移剖面,要对烃类盐下成像进行速度建模,首先需要对盐丘边界进行识别和拾取。如果通过人工拾取的话,费时费力。现利用卷积神经网络对盐丘边界进行自动识别。

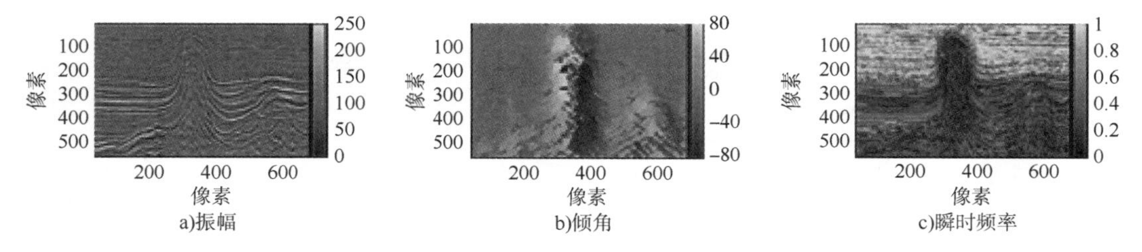

图 6.2-35 盐丘二维地震偏移剖面及由偏移剖面得到的倾角和瞬时频率图像

在盐丘的内部和外部,图像的振幅、倾角和瞬时频率等参数差异显著。因此可根据这些参数进行网络训练。可将图像分解为若干子图,如果子图的中心点位于盐丘体上,则将该子图标记为正子图;反之,将该子图标记为负子图。从原始图中人工抽取 700 个正子图($y=1$)和 700 个负子图($y=0$)分别作为训练数据集(80%)和验证数据集(20%)。

建立如图 6.2-36 所示的卷积神经网络。取 32×32 的子图作为输入和正确输出(子图中心点的标记 $y=1$ 或 0)。网络由 3 个卷积层、3 个池化层、2 个隐藏层和 1 个输出层组成。卷积层和隐藏层的激活函数采用 ReLU 函数。输出节点的激活函数采用 Softmax 函数。第一个卷积层包含 6 个 2×2 的卷积滤波器,第二和第三个卷积层分别包含 12 个和 18 个 2×2 的卷积滤波器。池化层采用 2×2 的子矩阵进行最大值池化。训练结束后,用验证数据集对网络的有效性进行验证,网络的精度达到 98%。图 6.2-37 为卷积神经网络获得的盐丘边界图像,可见盐丘体边界被有效识别。

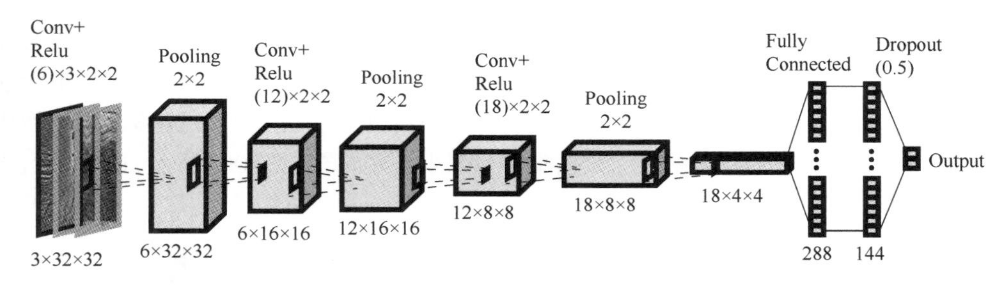

图 6.2-36 采用的卷积神经网络结构示意图

2)卷积神经网络检测岩石裂隙

在地球物理钻井中,岩石裂缝密度的检测是识别破碎带、渗透带和岩性的重要手段。利用钻孔成像工具可以获取井壁全景图像,用来评估断层露头和裂缝的分布。计算和确定裂缝走向对评估场地(特别地震易发区)的地质情况意义重大。然而,人工确定岩石裂隙走向和裂隙密度是一项劳动密集型工作,往往常需要花费几周时间来完成。此时,自动化裂隙检测显得尤为重要。卷积神经网络可以被用来自动检测岩石光学照片中的裂缝。

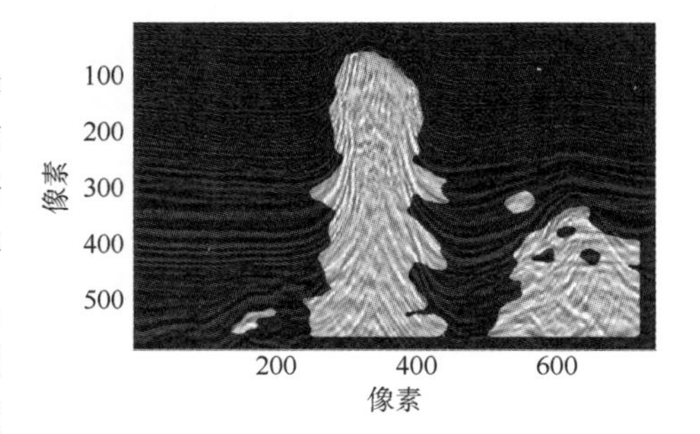

图 6.2-37 卷积神经网络识别的盐丘体边界

建立如图 6.2-38 所示的卷积神经网络。从如图 6.2-39 所示的裂隙图像中各随机取 400 个正($y=1$,有裂隙)负($y=0$,无裂隙)子图分别作为训练数据集(80%)和验证数据集(20%)。

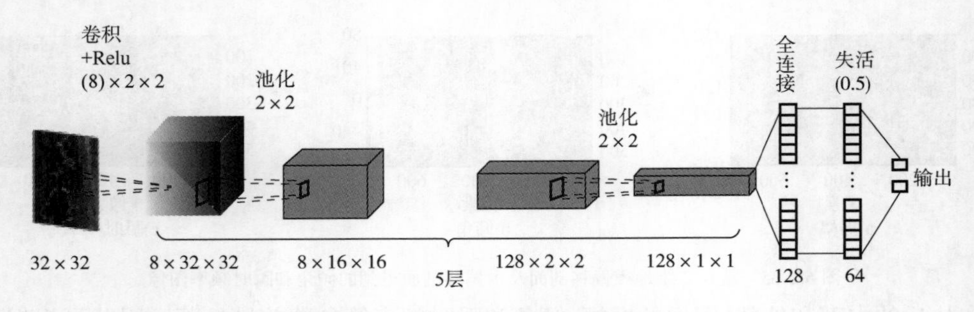

图 6.2-38　采用的卷积神经网络结构示意图

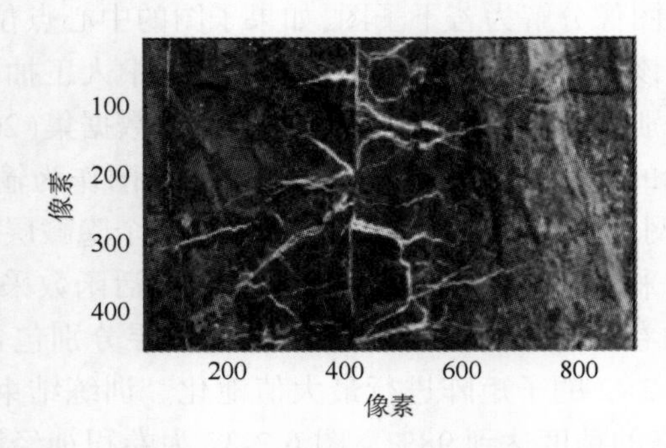

图 6.2-39　岩石裂隙灰度照片

图 6.2-40 为卷积神经网络的检测结果。其中图 6.2-40a）为训练数据中只拾取大裂缝得到的检测结果。亮色条纹和暗色背景分别表示有裂缝和无裂缝。可见大的裂缝可以被正确地从背景图像中识别出来。图像左侧的裂隙没有包含在训练集中，因此在测试集中无法识别。可以通过改变训练数据集来达到对不同目标进行探测的目的。为了能够识别图像中的所有裂隙，将大、小裂隙都包含在训练数据集中，识别结果如图 6.2-40b）所示，此时所有裂缝都能够被识别出来。

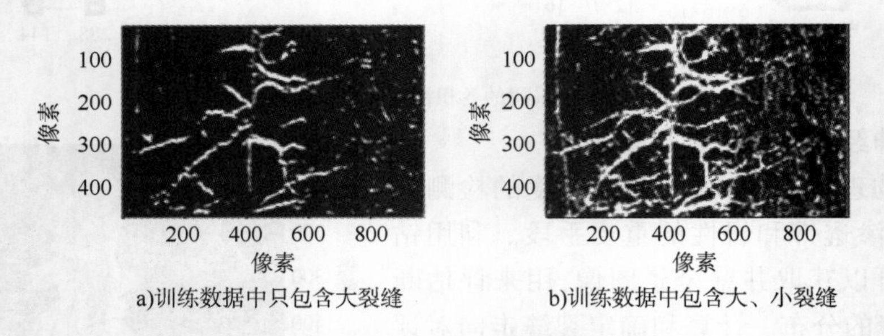

a)训练数据中只包含大裂缝　　b)训练数据中包含大、小裂缝

图 6.2-40　卷积神经网络岩石裂隙检测结果

习　题

1. 为什么说线性反演的方法处理非线性反演问题能否得到真实解，强烈地依赖于初始模型的选择？

2.遗传算法的基本思想是什么？
3.遗传算法的搜索机制是什么？
4.简述基本遗传算法的基本流程步骤。
5.与线性反演方法相比，遗传算法的主要优点有哪些？
6.什么是机器学习？
7.什么是过度拟合？如何克服过度拟合问题？
8.机器学习分为哪几类？对应的训练数据的格式是什么？
9.什么是人工神经网络？
10.人工神经网络算法的基本思想是什么？与线性反演方法相比，其主要优点有哪些？
11.简述神经网络的监督学习的主要步骤。
12.简述单层神经网络的Delta规则训练过程。
13.单层神经网络的局限性是什么？
14.简述反向传播算法的网络训练过程。
15.简述动量法调节网络权值的基本原理。
16.简述交叉熵目标函数驱动的反向传播算法训练过程。
17.什么是深度学习？
18.影响深度神经网络性能的主要因素有哪些？为什么？
19.如何克服梯度消失问题？
20.简述随机失活算法的基本原理。
21.网络误差计算主要有哪几类算法？
22.卷积神经网络由哪两大部分组成？各自的功能是什么？
23.举例说明卷积滤波器是如何执行卷积操作的。
24.举例说明如何进行池化操作。
25.简述人工智能、机器学习和深度学习的区别与联系。
26.什么是学习规则？
27.简述机器学习如何应用于地球物理反演问题。

附录　地球物理反演实验及程序源代码

一、实验目的

1.通过地球物理反演实验,使学生掌握各类反演算法的数学原理。

2.通过编程实现各类常见反演算法,使学生能够将实际地球物理问题转化为数学问题,并能够将求解数学问题和解决实际复杂工程问题联系起来,锻炼学生解决实际复杂工程问题的实践能力。

二、实验要求

1.要求学生掌握第 3 章中的奇异值分解广义逆反演算法;第 4 章中的 Kaczmarz 迭代算法、代数重建技术(ART)、联合迭代重建技术(SIRT)以及共轭梯度线性迭代算法四种线性迭代反演方法;第 5 章中的最速下降法、牛顿法、Levenberg-Marquardt(L-M) 算法三种梯度反演算法的基本原理。

2.要求学生能够在理解反演算法原理的基础上,针对给定的地震层析成像反演问题,参考教材附录反演程序,编制相应的反演程序,对于编程语言没有限制,可采用 C 语言、Fortran 或 MATLAB 等编程工具实现。

3.要求学生对反演问题的解进行分析,总结广义逆反演算法、线性迭代反演算法和梯度类反演算法的特点(优点、局限和适用性)、反演效率、精度等。

三、实验内容——地震层析成像

地震层析成像问题是一个典型的地球物理反演问题。以第一章的地震层析成像问题为例,设研究区域被剖分为 3×3 单位长度的均匀块体(如网格尺寸为 1km),s 为均匀地质体在网格内的慢度,带箭头的虚线表示地震波的射线路径,如附图 1(同图 1.1-1)所示,t 表示地震波走时(数据),试通过各类地球物理反演算法求解该块体的慢度。

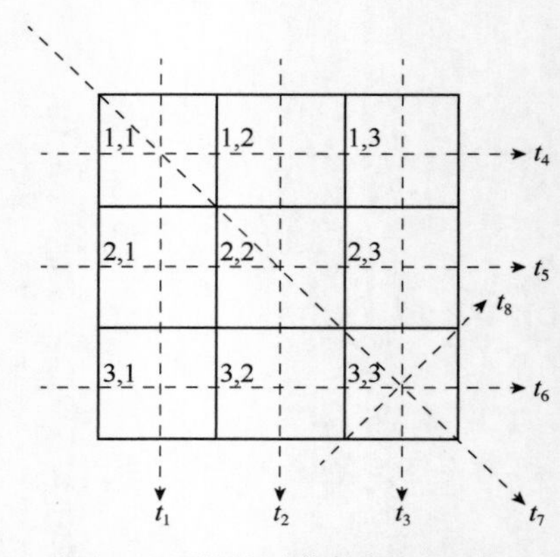

附图 1　地震层析成像射线路径示意图

当每个单元格的慢度为已知时,可根据相应射线的长度计算每条射线的理论走时 t。此时,数据与模型参数之间的函数关系可由下式表示。

$$
\begin{bmatrix}
1 & 0 & 0 & 1 & 0 & 0 & 1 & 0 & 0 \\
0 & 1 & 0 & 0 & 1 & 0 & 0 & 1 & 0 \\
0 & 0 & 1 & 0 & 0 & 1 & 0 & 0 & 1 \\
1 & 1 & 1 & 0 & 0 & 0 & 0 & 0 & 0 \\
0 & 0 & 0 & 1 & 1 & 1 & 0 & 0 & \sqrt{2} \\
0 & 0 & 0 & 0 & 0 & 0 & 1 & 1 & 1 \\
\sqrt{2} & 0 & 0 & 0 & \sqrt{2} & 0 & 0 & 0 & \sqrt{2} \\
0 & 0 & 0 & 0 & 0 & 0 & 0 & 0 & \sqrt{2}
\end{bmatrix}
\begin{bmatrix} s_{11} \\ s_{12} \\ s_{13} \\ s_{21} \\ s_{22} \\ s_{23} \\ s_{31} \\ s_{32} \\ s_{33} \end{bmatrix}
=
\begin{bmatrix} t_1 \\ t_2 \\ t_3 \\ t_4 \\ t_5 \\ t_6 \\ t_7 \\ t_8 \end{bmatrix}
$$

实验的设计思路为：首先给定已知模型，设模型参数矢量为 $\boldsymbol{m} = [0,0,0,0,1,0,0,0,0]^{\mathrm{T}}$，则由 $\boldsymbol{Gm} = \boldsymbol{d}$ 可得下列方程，即根据射线路径可计算每条射线的理论走时 $d = [0,1,0,0,1,0,\sqrt{2},0]^{\mathrm{T}}$。上述过程称为正演，即已知模型参数计算理论数据。

$$
\begin{bmatrix}
1 & 0 & 0 & 1 & 0 & 0 & 1 & 0 & 0 \\
0 & 1 & 0 & 0 & 1 & 0 & 0 & 1 & 0 \\
0 & 0 & 1 & 0 & 0 & 1 & 0 & 0 & 1 \\
1 & 1 & 1 & 0 & 0 & 0 & 0 & 0 & 0 \\
0 & 0 & 0 & 1 & 1 & 1 & 0 & 0 & \sqrt{2} \\
0 & 0 & 0 & 0 & 0 & 0 & 1 & 1 & 1 \\
\sqrt{2} & 0 & 0 & 0 & \sqrt{2} & 0 & 0 & 0 & \sqrt{2} \\
0 & 0 & 0 & 0 & 0 & 0 & 0 & 0 & \sqrt{2}
\end{bmatrix}
\begin{bmatrix} 0 \\ 0 \\ 0 \\ 0 \\ 1 \\ 0 \\ 0 \\ 0 \\ 0 \end{bmatrix}
=
\begin{bmatrix} 0 \\ 1 \\ 0 \\ 0 \\ 1 \\ 0 \\ \sqrt{2} \\ 0 \end{bmatrix}
$$

接下来，把 $d = [0,1,0,0,1,0,\sqrt{2},0]^{\mathrm{T}}$ 作为观测数据，假设模型参数未知，通过不同的反演方法求解模型参数的估计值，即求解反演问题。

采用基于奇异值分解方法的广义逆反演算法、Kaczmarz 迭代算法、代数重建技术（ART）、联合迭代重建技术（SIRT）、共轭梯度法、最速下降法、牛顿法、Levenberg-Marquardt（L-M）梯度算法进行求解。

上述各类地球物理反演算法的数学原理和实现过程可以查阅教材中的相应章节内容。

四、算法程序源代码

程序涉及的参数文件包括：

（1）matrix_a.txt：

```
    8     9     %G 为 8 行 9 列
1 0 0 1 0 0 1 0 0
0 1 0 0 1 0 0 1 0
0 0 1 0 0 1 0 0 1
1 1 1 0 0 0 0 0 0
0 0 0 1 1 1 0 0 0
0 0 0 0 0 0 1 1 1
1.414 0 0 0 1.414 0 0 0 1.414
```

0 0 0 0 0 0 0 0 1.414

(2)vecter_b.txt:

0 1 0 0 1 0 1.414 0

(3)反演参数初始模型文件名:initial_x.txt(选择性参数)。

(4)反演结果数据文件名:result_x.txt。

(5)精度 eps:0.0000001(选择性参数)。

1.基于奇异值分解(SVD)的广义逆G^+法求解地震层析成像问题程序源代码

```
program main
implicit none
character(*),parameter::
file_a='matrix_a.txt',file_b='vecter_b.txt',file_initial='initial_x.txt',file_result='result_x.txt'
integer m, n
real(8), allocatable::a(:,:), b(:), x0(:), x(:) !子程序要求双精度
integer i
open(10,file=file_a,status='old')
    read(10,*) m, n
    allocate(a(m,n),b(m),x0(n),x(n))
    do i = 1, m
       read(10,*) a(i,:)!读取 a
    end do
close(10)
open(10,file=file_b,status='old')
    read(10,*) b!读取 b
close(10)
open(10,file=file_initial,status='old')
    read(10,*) x0!读取 initial_x
close(10)
call agmiv(m,n,a,b,x,1.0d-7)!求解
write(*,*)
open(10,file=file_result)
    do i = 1, n
       write(10,*) x(i)
       write(*,"(a,i0,a,f15.7)") 'x(', i, ')=', x(i)!输出结果
    end do
close(10)
deallocate(a,b,x0,x)
end program
```

```
subroutine agmiv(m,n,a,b,x,eps)
implicit none
integer m, n
real(8) a(m,n),b(m),x(n), eps
real(8) u(m,m), v(n,n), aa(n,m)
integer i, j, k, l, ii
call bmuav(m,n,a,u,v,eps,l) !SVD
if(l.eq.0)then
   k=1
10     if(a(k,k).ne.0.0)then
       k=k+1
       if(k.le.min(m,n)) goto 10
   end if
   k=k-1
   if(k.ne.0) then
       do 40 i=1,n
          do 40 j=1,m
             aa(i,j)=0.0
             do 30 ii=1,k
30               aa(i,j)=aa(i,j)+v(ii,i)*u(j,ii)/a(ii,ii)
40        continue
   end if
   do 80 i=1,n
       x(i)=0.0
       do 70 j=1,m
70        x(i)=x(i)+aa(i,j)*b(j)
80     continue
end if
end subroutine

subroutine bmuav(m,n,a,u,v,eps,l) !SVD，奇异值分解
integer m, n, l
real(8) a(m,n),u(m,m),v(n,n),eps
real(8),allocatable:: s(:),e(:),work(:)
real(8) d,dd,f,g,cs,sn,shh,sk,ek,b,c,sm,sm1,em1
k = max(m,n) + 1
allocate(s(k),e(k),work(k))
```

```
      it=60
      k=n
      if(m-1.lt.n) k=m-1
      l=m
      if(n-2.lt.m) l=n-2
      if(l.lt.0) l=0
      ll=k
      if(l.gt.k) ll=l
      if(ll.ge.1)then
        do 150 kk=1,ll
          if(kk.le.k)then
            d=0.0
            do 10 i=kk,m
10            d=d+a(i,kk)*a(i,kk)
            s(kk)=sqrt(d)
            if(s(kk).ne.0.0)then
              if(a(kk,kk).ne.0.0) s(kk)=sign(s(kk),a(kk,kk))
              do 20 i=kk,m
20              a(i,kk)=a(i,kk)/s(kk)
              a(kk,kk)=1.0+a(kk,kk)
            end if
            s(kk)=-s(kk)
          end if
          if(n.ge.kk+1)then
            do 50 j=kk+1,n
              if((kk.le.k).and.(s(kk).ne.0.0))then
                d=0.0
                do 30 i=kk,m
30                d=d+a(i,kk)*a(i,j)
                d=-d/a(kk,kk)
                do 40 i=kk,m
40                a(i,j)=a(i,j)+d*a(i,kk)
              end if
              e(j)=a(kk,j)
50          continue
          end if
          if(kk.le.k)then
```

```
          do 60 i=kk,m
60           u(i,kk)=a(i,kk)
        end if
        if(kk.le.l)then
          d=0.0
          do 70 i=kk+1,n
70           d=d+e(i)*e(i)
          e(kk)=sqrt(d)
          if(e(kk).ne.0.0)then
            if(e(kk+1).ne.0.0) e(kk)=sign(e(kk),e(kk+1))
            do 80 i=kk+1,n
80             e(i)=e(i)/e(kk)
            e(kk+1)=1.0+e(kk+1)
          end if
          e(kk)=-e(kk)
          if((kk+1.le.m).and.(e(kk).ne.0.0))then
            do 90 i=kk+1,m
90             work(i)=0.0
            do 110 j=kk+1,n
              do 100 i=kk+1,m
100              work(i)=work(i)+e(j)*a(i,j)
110           continue
            do 130 j=kk+1,n
              do 120 i=kk+1,m
120              a(i,j)=a(i,j)-work(i)*e(j)/e(kk+1)
130           continue
          endif
          do 140 i=kk+1,n
140          v(i,kk)=e(i)
        end if
150 continue
end if
mm=n
if(m+1.lt.n) mm=m+1
if(k.lt.n) s(k+1)=a(k+1,k+1)
if(m.lt.mm) s(mm)=0.0
if(l+1.lt.mm)e(l+1)=a(l+1,mm)
```

```
      e(mm)=0.0
      nn=m
      if(m.gt.n) nn=n
      if(nn.ge.k+1)then
        do 190 j=k+1,nn
          do 180 i=1,m
180         u(i,j)=0.0
          u(j,j)=1.0
190     continue
      end if
      if(k.ge.1)then
        do 250 ll=1,k
          kk=k-ll+1
          if(s(kk).ne.0.0)then
            if(nn.ge.kk+1)then
              do 220 j=kk+1,nn
                d=0.0
                do 200 i=kk,m
200               d=d+u(i,kk)*u(i,j)/u(kk,kk)
                d=-d
                do 210 i=kk,m
210               u(i,j)=u(i,j)+d*u(i,kk)
220           continue
            end if
            do 225 i=kk,m
225           u(i,kk)=-u(i,kk)
            u(kk,kk)=1.0+u(kk,kk)
            if(kk-1.ge.1)then
              do 230 i=1,kk-1
230             u(i,kk)=0.0
            end if
          else
            do 240 i=1,m
240           u(i,kk)=0.0
            u(kk,kk)=1.0
          end if
250     continue
```

```
end if
do 300 ll=1,n
   kk=n-ll+1
   if((kk.le.l).and.(e(kk).ne.0.0))then
      do 280 j=kk+1,n
         d=0.0
         do 260 i=kk+1,n
260         d=d+v(i,kk)*v(i,j)/v(kk+1,kk)
         d=-d
         do 270 i=kk+1,n
270         v(i,j)=v(i,j)+d*v(i,kk)
280      continue
   end if
   do 290 i=1,n
290 v(i,kk)=0.0
   v(kk,kk)=1.0
300 continue
do 305 i=1,m
   do 305 j=1,n
305 a(i,j)=0.0
m1=mm
it=60
310 if(mm.eq.0)then
   l=0
   if(m.ge.n)then
      i=n
   else
      i=m
   end if
   do 315 j=1,i-1
      a(j,j)=s(j)
      a(j,j+1)=e(j)
315 continue
   a(i,i)=s(i)
   if(m.lt.n) a(i,i+1)=e(i)
   do 314 i=1,n-1
      do 313 j=i+1,n
```

```
            d=v(i,j)
            v(i,j)=v(j,i)
            v(j,i)=d
313     continue
314 continue
      return
   end if
   if(it.eq.0)then
      l=mm
      if(m.ge.n)then
         i=n
      else
         i=m
      end if
      do 316 j=1,i-1
         a(j,j)=s(j)
         a(j,j+1)=e(j)
316 continue
      a(i,i)=s(i)
      if(m.lt.n) a(i,i+1)=e(i)
      do 318 i=1,n-1
         do 317 j=i+1,n
            d=v(i,j)
            v(i,j)=v(j,i)
            v(j,i)=d
317     continue
318 continue
      return
   end if
   kk=mm
   320 kk=kk-1
   if(kk.ne.0)then
      d=abs(s(kk))+abs(s(kk+1))
      dd=abs(e(kk))
      if(dd.gt.eps*d) goto 320
      e(kk)=0.0
   end if
```

```
 if(kk.eq.mm-1)then
    kk=kk+1
    if(s(kk).lt.0.0)then
       s(kk)=-s(kk)
       do 330 i=1,n
 330      v(i,kk)=-v(i,kk)
    end if
 335 if(kk.ne.m1)then
       if(s(kk).lt.s(kk+1))then
          d=s(kk)
          s(kk)=s(kk+1)
          s(kk+1)=d
          if(kk.lt.n)then
             do 340 i=1,n
                d=v(i,kk)
                v(i,kk)=v(i,kk+1)
                v(i,kk+1)=d
340             continue
          end if
          if(kk.lt.m)then
             do 350 i=1,m
                d=u(i,kk)
                u(i,kk)=u(i,kk+1)
                u(i,kk+1)=d
350             continue
          end if
          kk=kk+1
          goto 335
       end if
    end if
    it=60
    mm=mm-1
    goto 310
end if
ks=mm+1
360 ks=ks-1
if(ks.gt.kk)then
```

```
   d=0.0
   if(ks.ne.mm) d=d+abs(e(ks))
   if(ks.ne.kk+1) d=d+abs(e(ks-1))
   dd=abs(s(ks))
   if(dd.gt.eps*d) goto 360
   s(ks)=0.0
end if
if(ks.eq.kk)then
   kk=kk+1
   d=abs(s(mm))
   if(abs(s(mm-1)).gt.d) d=abs(s(mm-1))
   if(abs(e(mm-1)).gt.d) d=abs(e(mm-1))
   if(abs(s(kk)).gt.d) d=abs(s(kk))
   if(abs(e(kk)).gt.d) d=abs(e(kk))
   sm=s(mm)/d
   sm1=s(mm-1)/d
   em1=e(mm-1)/d
   sk=s(kk)/d
   ek=e(kk)/d
   b=((sm1+sm)*(sm1-sm)+em1*em1)/2.0
   c=sm*em1
   c=c*c
   shh=0.0
   if((b.ne.0.0).or.(c.ne.0.0))then
      shh=sqrt(b*b+c)
      if(b.lt.0.0) shh=-shh
      shh=c/(b+shh)
   end if
   f=(sk+sm)*(sk-sm)-shh
   g=sk*ek
   do 400 i=kk,mm-1
      call sss(f,g,cs,sn)
      if(i.ne.kk) e(i-1)=f
      f=cs*s(i)+sn*e(i)
      e(i)=cs*e(i)-sn*s(i)
      g=sn*s(i+1)
      s(i+1)=cs*s(i+1)
```

```
        if((cs.ne.1.0).or.(sn.ne.0.0))then
          do 370 j=1,n
            d=cs*v(j,i)+sn*v(j,i+1)
            v(j,i+1)=-sn*v(j,i)+cs*v(j,i+1)
            v(j,i)=d
370         continue
        end if
        call sss(f,g,cs,sn)
        s(i)=f
        f=cs*e(i)+sn*s(i+1)
        s(i+1)=-sn*e(i)+cs*s(i+1)
        g=sn*e(i+1)
        e(i+1)=cs*e(i+1)
        if(i.lt.m)then
          if((cs.ne.1.0).or.(sn.ne.0.0))then
            do 380 j=1,m
              d=cs*u(j,i)+sn*u(j,i+1)
              u(j,i+1)=-sn*u(j,i)+cs*u(j,i+1)
              u(j,i)=d
380           continue
          end if
        end if
400 continue
    e(mm-1)=f
    it=it-1
    goto 310
end if
if(ks.eq.mm)then
    kk=kk+1
    f=e(mm-1)
    e(mm-1)=0.0
    do 420 ll=kk,mm-1
      i=mm+kk-ll-1
      g=s(i)
      call sss(g,f,cs,sn)
      s(i)=g
      if(i.ne.kk)then
```

```
          f=-sn*e(i-1)
          e(i-1)=cs*e(i-1)
        end if
        if((cs.ne.1.0).or.(sn.ne.0.0))then
          do 410 j=1,n
            d=cs*v(j,i)+sn*v(j,mm)
            v(j,mm)=-sn*v(j,i)+cs*v(j,mm)
            v(j,i)=d
410         continue
        end if
420 continue
      goto 310
    end if
    kk=ks+1
    f=e(kk-1)
    e(kk-1)=0.0
    do 450 i=kk,mm
      g=s(i)
      call sss(g,f,cs,sn)
      s(i)=g
      f=-sn*e(i)
      e(i)=cs*e(i)
      if((cs.ne.1.0).or.(sn.ne.0.0))then
        do 430 j=1,m
          d=cs*u(j,i)+sn*u(j,kk-1)
          u(j,kk-1)=-sn*u(j,i)+cs*u(j,kk-1)
          u(j,i)=d
430       continue
      end if
450 continue
    goto 310
    contains
    subroutine sss(f,g,cs,sn)
    implicit none
    real(8) f,g,cs,sn,d,r
    if((abs(f)+abs(g)).eq.0.0)then
      cs=1.0
```

```
    sn=0.0
    d=0.0
 else
    d=sqrt(f*f+g*g)
    if(abs(f).gt.abs(g)) d=sign(d,f)
    if(abs(g).ge.abs(f)) d=sign(d,g)
    cs=f/d
    sn=g/d
 end if
 r=1.0
 if(abs(f).gt.abs(g))then
    r=sn
 else
    if(cs.ne.0.0)r=1.0/cs
 end if
 f=d
 g=r
 end subroutine
 end subroutine
!C*****************************************
```

2.Kaczmarz 反演算法求解层析成像问题程序源代码

```
program main
implicit none
character(*),parameter::
file_a='matrix_a.txt',file_b='vecter_b.txt',file_initial='initial_x.txt',file_result='result_x.txt'
integer m, n
real, allocatable::a(:,:), b(:), x0(:), x(:)
integer i
open(10,file=file_a,status='old')
      read(10,*) m, n
      allocate(a(m,n),b(m),x0(n),x(n))
      do i = 1, m
         read(10,*) a(i,:)!读取 a
      end do
close(10)
```

```
open(10,file=file_b,status='old')
    read(10,*) b!读取 b
close(10)
open(10,file=file_initial,status='old')
    read(10,*) x0!读取 initial_x
close(10)
call Kaczmarz(A,X,B,m,n,1.0e-6)!求解
write(*,*)
open(10,file=file_result)
    do i = 1, n
        write(10,*) x(i)
        write(*,"(a,i0,a,f15.7)") 'x(', i, ')=', x(i)!输出结果
    end do
close(10)
deallocate(a,b,x0,x)
end program

SUBROUTINE Kaczmarz(G,MX,D,M,N,EPS)
INTEGER M,N,I,J,its
real,external::norm2
REAL EPS,GGT,Gm
REAL D(1:M),G(1:M,1:N),MX(1:N),MXX(1:N)
MX=0
its=1
DO WHILE((norm2(MATMUL(G,MX)-D,M)>EPS).AND.its<100000)
  its=its+1
  write(*,"('its=',g0,', err= ',g0)")      its, norm2(MATMUL(G,MX)-D,M) !计算误差
  DO I=1,M,1
    GGT=0
    Gm=0
    DO J=1,N
      GGT=GGT+G(I,J)**2
      Gm=Gm+G(I,J)*MX(J)
    ENDDO
    DO J=1,N
      MX(J)=MX(J)-(Gm-D(I))*G(I,J)/GGT
    ENDDO
```

```
   ENDDO
ENDDO
END SUBROUTINE
!C**********求向量范数子函数**********
FUNCTION NORM2(A,M)
IMPLICIT NONE
INTEGER M,I
REAL A(M),NORM2
NORM2=0.
DO I=1,M
   NORM2=NORM2+A(I)**2
ENDDO
ENDFUNCTION
!C*****************************************
```

3.ART 反演算法求解地震层析成像问题程序源代码

```
program main
implicit none
character(*),parameter::
file_a='matrix_a.txt',file_b='vecter_b.txt',file_initial='initial_x.txt',file_result='result_x.txt'
integer m, n
real, allocatable::a(:,:), b(:), x0(:), x(:)
integer i
open(10,file=file_a,status='old')
      read(10,*) m, n
      allocate(a(m,n),b(m),x0(n),x(n))
      do i = 1, m
         read(10,*) a(i,:)!读取 a
      end do
close(10)
open(10,file=file_b,status='old')
      read(10,*) b!读取 b
close(10)
open(10,file=file_initial,status='old')
      read(10,*) x0!读取 initial_x
close(10)
call ART(M,N,A,X,B,1.0e-6,1.0)!求解
```

```
write(*,*)
open(10,file=file_result)
    do i = 1, n
      write(10,*) x(i)
      write(*,"(a,i0,a,f15.7)") 'x(', i, ')=', x(i)!输出结果

    end do
close(10)
deallocate(a,b,x0,x)
end program

SUBROUTINE ART(M,N,A,X,B,EPS,ll)
IMPLICIT NONE
EXTERNAL NORM2
INTEGER M,N,I,J,ITS,NUMBER
REAL A(M,N),X(N),B(M),L
REAL QI,ll
REAL EPS,NORM2
X=0.
ITS=0
DO WHILE(NORM2(MATMUL(A,X)-B,M)>EPS.AND.ITS<100000)
  ITS=ITS+1
  write(*,"('its=',g0,', err= ',g0)")      its, norm2(matmul(a,x)-b,m)    !计算误差
  DO I=1,M
    QI=0.
    DO J=1,N
      IF(ABS(A(I,J))>1E-15) QI=QI+X(J)*ll
    ENDDO
    L=0.0
    NUMBER=0
    DO J=1,N
      IF(ABS(A(I,J))>1.0E-15) THEN
        L=L+A(I,J)
        NUMBER=NUMBER+1
      ENDIF
    ENDDO
    NUMBER=NUMBER*ll
```

```
        DO J=1,N
          IF(ABS(A(I,J))>1.0E-15)    X(J)=X(J)+B(I)/L-QI/NUMBER
        ENDDO
    ENDDO
ENDDO
END SUBROUTINE
!C **********求向量范数子函数 NORM2**********
FUNCTION NORM2(A,M)
IMPLICIT NONE
INTEGER M,I
REAL A(M),NORM2
NORM2=0.
DO I=1,M
    NORM2=NORM2+A(I)**2
END DO
END FUNCTION
!C*****************************************
```

4.SIRT 反演算法求解地震层析成像问题程序源代码

```
program main
implicit none
character(*),parameter::
file_a='matrix_a.txt',file_b='vecter_b.txt',file_initial='initial_x.txt',file_result='result_x.txt'
integer m, n
real, allocatable::a(:,:), b(:), x0(:), x(:)
integer i
open(10,file=file_a,status='old')!读取 a
        read(10,*) m, n
        allocate(a(m,n),b(m),x0(n),x(n))
        do i = 1, m
          read(10,*) a(i,:)
        end do
close(10)
open(10,file=file_b,status='old')!读取 b
        read(10,*) b
close(10)
```

```
open(10,file=file_initial,status='old')!读取 initial_x
    read(10,*) x0
close(10)
call SIRT(M,N,A,X,B,1.0e-6,1.0)!求解
write(*,*)
open(10,file=file_result)
    do i = 1, n
        write(10,*) x(i)
        write(*,"(a,i0,a,f15.7)") 'x(', i, ')=', x(i)!输出结果
    end do
close(10)
deallocate(a,b,x0,x)
end program

SUBROUTINE SIRT(M,N,A,X,B,EPS,ll)
IMPLICIT NONE
EXTERNAL NORM2
INTEGER M,N,I,II,J,K,ITS,NUMBER
REAL A(M,N),X(N),B(M)
REAL QI,L
REAL EPS,NORM2,ll,dm
X=0.
ITS=0
DO WHILE(NORM2(MATMUL(A,X)-B,M)>EPS.AND.ITS<100000)
  ITS=ITS+1
  write(*,"('its=',g0,', err= ',g0)")     its, norm2(matmul(a,x)-b,m)   !计算误差
  DO I=1,M
    QI=0.
    DO J=1,N
      IF(ABS(A(I,J))>1E-15) QI=QI+X(J)*ll
    ENDDO
    L=0.0
    NUMBER=0
    DO J=1,N
      IF(ABS(A(I,J))>1.0E-15) THEN
        L=L+A(I,J)
        NUMBER=NUMBER+1
```

```
        ENDIF
      ENDDO
      NUMBER=NUMBER*ll
      do j=1,n
        k=0
        do ii=1,m
          if(abs(A(ii,j))>1.0e-15) k=k+1
        End do
        dm=0.
        if(abs(A(i,j))>1.0e-15) dm=dm+B(I)/L-QI/NUMBER
        X(J)=X(J)+dm/k
      end do
    ENDDO
ENDDO
END SUBROUTINE
!C*************** 求向量范数子函数 ***************
FUNCTION NORM2(A,M)
IMPLICIT NONE
INTEGER M,I
REAL A(M),NORM2
NORM2=0.
DO I=1,M
  NORM2=NORM2+A(I)**2
ENDDO
ENDFUNCTION
!C******************************************
```

5.共轭梯度法(CG)求解地震层析成像问题程序源代码

```
program main
implicit none
character(*),parameter::
file_a='matrix_a.txt',file_b='vecter_b.txt',file_initial='initial_x.txt',file_result='result_x.txt'
integer m, n
real(8), allocatable::a(:,:), b(:), x0(:), x(:)!子程序要求双精度
integer i
open(10,file=file_a,status='old')!读取 a
```

```
        read(10,*) m, n
        allocate(a(m,n),b(m),x0(n),x(n))
        do i = 1, m
          read(10,*) a(i,:)
        end do
close(10)
open(10,file=file_b,status='old')!读取 b
        read(10,*) b
close(10)
open(10,file=file_initial,status='old')!读取 initial_x
        read(10,*) x0
close(10)
call CG(A,B,X,1.0d-7,M,N)!求解
write(*,*)
open(10,file=file_result)
do i = 1, n
   write(10,*) x(i)
   write(*,"(a,i0,a,f15.7)") 'x(', i, ')=', x(i)!输出结果
end do
close(10)
deallocate(a,b,x0,x)
end program

SUBROUTINE CG(A,B,X,EPS,M,N)
EXTERNAL NORM2
INTEGER M,N,its
REAL(8) A(1:M,1:N),B(M),X(N)
REAL(8) EPS,NORM2
REAL(8),ALLOCATABLE::AA(:,:),AT(:,:),D(:),R(:),P(:),AP(:)
ALLOCATE(AA(N,N),AT(N,M),D(N),R(N),P(N),AP(N))
AT=TRANSPOSE(A)
AA=MATMUL(AT,A)
D=MATMUL(AT,B)
X=0.0
R=D-MATMUL(AA,X)
P=R
its=0
```

```
DO WHILE (NORM2(MATMUL(AA,X)-D,N)>EPS.or.its<N)
  its=its+1
  write(*,"('its=',g0,', err= ',g0)")    its, norm2(matmul(a,x)-b,m)   !计算误差
  AP=MATMUL(AA,P)
  SUM1=0.
  DO I=1,N
    SUM1=SUM1+AP(I)*P(I)
  ENDDO
  ak=sum/sum1
  do i=1,n
    X(i)=X(i)+ak*P(i)
  ENDDO
  R=R-ak*AP
  sum2=NORM2(R,N)
  bk=sum2/sum
  P=R+bk*P
ENDDO
END SUBROUTINE
!C****求向量范数子函数****************************
FUNCTION NORM2(A,M)
IMPLICIT NONE
INTEGER M,I
REAL(8) A(M),NORM2
NORM2=0.
DO I=1,M
  NORM2=NORM2+A(I)**2
ENDDO
ENDFUNCTION
!C**********  误差函数  **********
SUBROUTINE OUT_ERROR(ZX,X,N)
IMPLICIT NONE
INTEGER N,I
REAL(8) ZX(N),X(N),error
error=0.
DO I=1,n
  error=error+(ZX(I)-X(I))**2
ENDDO
```

```
ERROR=SQRT(ERROR/N)
PRINT*,"均方根误差为:"
write(*,*) error
end subroutine
!C****************************************
```

6.最速下降法求解地震层析成像问题程序源代码

```
program main
implicit none
character(*),parameter::
file_a='matrix_a.txt',file_b='vecter_b.txt',file_initial='initial_x.txt',file_result='result_x.txt'
integer m, n
real, allocatable::a(:,:), b(:), x0(:), x(:)
integer i
open(10,file=file_a,status='old')!读取 a
    read(10,*) m, n
    allocate(a(m,n),b(m),x0(n),x(n))
    do i = 1, m
      read(10,*) a(i,:)
    end do
close(10)
open(10,file=file_b,status='old')!读取 b
    read(10,*) b
close(10)
open(10,file=file_initial,status='old')!读取 initial_x
    read(10,*) x0
close(10)
call steepest(a,b,x0,x,m,n)!求解
write(*,*)
open(10,file=file_result)
    do i = 1, n
      write(10,*) x(i)
      write(*,"(a,i0,a,f15.7)") 'x(', i, ')=', x(i)!输出结果
    end do
close(10)
deallocate(a,b,x0,x)
end program
```

```
subroutine steepest(a,b,x0,x,m,n)
implicit none
integer, intent(in)::m, n
real, intent(in):: a(m,n), b(m), x0(n)
real,intent(out):: x(n)
real, parameter:: EPS = 1.0e-8
real c(n,n), d(n), g(n)
real p, q
integer its, i, j, k
c = 0.0
do i = 1, n
   do j = i, n
      do k = 1, m
         c(i,j)=c(i,j)+a(k,i)*a(k,j) !c=ATA
      end do
      c(j,i) = c(i,j)
   end do
end do
d = 0.0
do i = 1, n
   do j = 1, m
      d(i)=d(i)+a(j,i)*b(j)!d=ATB
   end do
   do j = 1, n
      d(i) = d(i) - c(i,j)*x0(j) !d=delta(d)
   end do
end do
x = 0
do its = 1, 10000
   do i = 1, n
      g(i) = 0
      do j = 1, n
         g(i) = g(i) + c(i,j)*x(j)
      end do
      g(i) = g(i) - d(i)   !计算误差
   end do
```

```
    write(*,"('its=',g0,' ,RMS=',g0)") its, norm2(g)
    do i = 1, n
       g(i) = 0
       do j = 1, n
          g(i) = g(i) - c(i,j)*d(j)
          do k = 1, n
             g(i) = g(i) + c(i,j)*c(j,k)*x(k) !计算梯度 g
          end do
       end do
    end do
    q = 0.0
    do i = 1, n
       p = 0.0
       do j = 1, n
          p = p + c(j,i)*g(j)
       end do
       q = q + p*p   !计算步长
    end do
    p = 0.0
    do i = 1, n
       p = p + g(i)*g(i)
    end do
    if(abs(q)<EPS.and.abs(p)<EPS) exit
    p = p / q !步长
    x = x - p*g   !更新 x
    q = 0.0
    do i=1,n
       q = q + g(i)*g(i)
    end do
    q = p*q   !更新量
    if(q<EPS) exit
  end do
  x = x + x0
  end subroutine
  !C****************************************
```

7.牛顿法求解地震层析成像问题程序源代码

```
program main
implicit none
character(*),parameter::
file_a='matrix_a.txt',file_b='vecter_b.txt',file_initial='initial_x.txt',file_result='result_x.txt'
integer m, n
real(8), allocatable::a(:,:), b(:), x0(:), x(:)!子程序要求双精度
integer i
open(10,file=file_a,status='old')!读取 a
read(10,*) m, n
allocate(a(m,n),b(m),x0(n),x(n))
do i = 1, m
   read(10,*) a(i,:)
end do
close(10)
open(10,file=file_b,status='old')!读取 b
read(10,*) b
close(10)
open(10,file=file_initial,status='old')!读取 initial_x
read(10,*) x0
close(10)
call newton(a,b,x0,x,m,n)!求解
write(*,*)
open(10,file=file_result)
do i = 1, n
   write(10,*) x(i)
   write(*,"(a,i0,a,f15.7)") 'x(', i, ')=', x(i)!输出结果
end do
close(10)
deallocate(a,b,x0,x)
pause
end program

subroutine newton(a,b,x0,x,m,n)
implicit none
integer, intent(in)::m, n
```

```
real(8), intent(in):: a(m,n), b(m), x0(n)
real(8),intent(out):: x(n)
real(8), parameter:: EPS = 1.0d-8
real(8) c(n,n), d(n), g(n), h(n,n)
real(8) p, q
integer its, i, j, k
c = 0.0
do i = 1, n
   do j = i, n
      do k = 1, m
         c(i,j)=c(i,j)+a(k,i)*a(k,j) !c=ATA
      end do
      c(j,i) = c(i,j)
   end do
end do
d = 0.0
do i = 1, n
   do j = 1, m
      d(i)=d(i)+a(j,i)*b(j)!d=ATB
   end do
   do j = 1, n
      d(i) = d(i) - c(i,j)*x0(j) !d=delta(d)
   end do
end do
h = matmul(c,c)
call BRINV(h,n,i) !求逆
x = 0
do its = 1, 10000
   do i = 1, n
      g(i) = 0
      do j = 1, n
         g(i) = g(i) + c(i,j)*x(j)
      end do
      g(i) = g(i) - d(i)   !计算误差
   end do
   write(*,"('its=',g0,', err= ',g0)")      its, norm2(g)
   do i = 1, n
```

```
        g(i) = 0
        do j = 1, n
          g(i) = g(i) - c(i,j)*d(j)
          do k = 1, n
            g(i) = g(i) + c(i,j)*c(j,k)*x(k) !计算梯度 g
          end do
        end do
      end do
      g = matmul(h,g)
      x = x - g   !更新 x
      q = 0.0
      do i=1,n
        q = q + g(i)*g(i)   !更新量
      end do
      if(q<EPS) exit
    end do
    x = x + x0
    end subroutine

    subroutine BRINV(a,n,L)
    implicit none
    integer, intent(in):: n
    integer, intent(out):: L
    real(8), intent(inout):: a(n,n)
    integer is(n), js(n), i, j, k
    real(8) t, d
    L = 1
    do k = 1, n
      d=0.0
      do i=k,n
        do j=k,n
          if(abs(a(i,j))>d) then
            d=abs(a(i,j))
            is(k)=i
            js(k)=j
          end if
        end do
```

```
end do
if(d<1.0e-20)then
   L = 0
   a = 0.0
   write(*,"(1x,'err* *not inv')")
   return
end if
do j=1,n
   t=a(k,j)
   a(k,j)=a(is(k),j)
   a(is(k),j)=t
end do
do i=1,n
   t=a(i,k)
   a(i,k)=a(i,js(k))
   a(i,js(k))=t
end do
a(k,k)=1.0/a(k,k)
do j=1,n
   if(j.ne.k)then
      a(k,j)=a(k,j)*a(k,k)
   end if
end do
do i=1,n
   if(i.ne.k)then
      do j=1,n
         if(j.ne.k)then
            a(i,j)=a(i,j)-a(i,k)*a(k,j)
         end if
      end do
   end if
end do
do i=1,n
   if(i.ne.k)then
      a(i,k)=-a(i,k)*a(k,k)
   end if
end do
```

```
end do
do k=n,1,-1
   do j=1,n
      t=a(k,j)
      a(k,j)=a(js(k),j)
      a(js(k),j)=t
   end do
   do i=1,n
      t=a(i,k)
      a(i,k)=a(i,is(k))
      a(i,is(k))=t
   end do
end do
end subroutine
!C****************************************
```

8.Levenberg-Marquardt（L-M）法求解地震层析成像问题程序源代码

```
program main
implicit none
character(*),parameter::
file_a='matrix_a.txt',file_b='vecter_b.txt',file_initial='initial_x.txt',file_result='result_x.txt'
integer m, n
real, allocatable::a(:,:), b(:), x0(:), x(:)
integer i
open(10,file=file_a,status='old')!读取 a
read(10,*) m, n
allocate(a(m,n),b(m),x0(n),x(n))
do i = 1, m
   read(10,*) a(i,:)
end do
close(10)
open(10,file=file_b,status='old')!读取 b
read(10,*) b
close(10)
open(10,file=file_initial,status='old')!读取 initial_x
read(10,*) x0
```

```
close(10)
call LM(a,b,x0,x,m,n)!求解
write(*,*)
open(10,file=file_result)
do i = 1, n
   write(10,*) x(i)
   write(*,"(a,i0,a,f15.7)") 'x(', i, ')=', x(i)!输出结果
end do
close(10)
deallocate(a,b,x0,x)
pause
end program

subroutine LM(a,b,x0,x,m,n)
implicit none
integer, intent(in)::m, n
real, intent(in):: a(m,n), b(m), x0(n)
real,intent(out):: x(n)
real, parameter:: EPS = 1.0e-8
real c(n,n), d(n), g(n)
real(8) h0(n,n), h(n,n)
real beta,p, q
integer its, i, j, k
c = 0.0
do i = 1, n
   do j = i, n
      do k = 1, m
         c(i,j)=c(i,j)+a(k,i)*a(k,j) !c=ATA
      end do
      c(j,i) = c(i,j)
   end do
end do
d = 0.0
do i = 1, n
   do j = 1, m
      d(i)=d(i)+a(j,i)*b(j)!d=ATB
   end do
```

```
    do j = 1, n
      d(i) = d(i) - c(i,j)*x0(j) !d=delta(d)
    end do
  end do
  h0 = matmul(c,c)
  x = 0
  do its = 1, 10000
    do i = 1, n
      g(i) = 0
      do j = 1, n
        g(i) = g(i) + c(i,j)*x(j)
      end do
      g(i) = g(i) - d(i)   !计算误差
    end do
    write(*,"('its=',g0,', err= ',g0)")     its, norm2(g)
    do i = 1, n
      g(i) = 0
      do j = 1, n
        g(i) = g(i) - c(i,j)*d(j)
        do k = 1, n
          g(i) = g(i) + c(i,j)*c(j,k)*x(k)   !计算梯度
        end do
      end do
    end do
    beta = max(1.0-its*0.01,0.0)
    h = h0
    do i = 1, n
      h(i,i) = h(i,i) + beta
    end do
    call BRINV(h,n,i) !求逆
    g = matmul(h,g)
    x = x - g   !更新 x
    q = 0.0
    do i=1,n
      q = q + g(i)*g(i)   !更新量
    end do
    if(q<EPS) exit
```

```
end do
x = x + x0
end subroutine

subroutine BRINV(a,n,L)
implicit none
integer, intent(in):: n
integer, intent(out):: L
real(8), intent(inout):: a(n,n)
integer is(n), js(n), i, j, k
real(8) t, d
L = 1
do k = 1, n
   d=0.0
   do i=k,n
      do j=k,n
         if(abs(a(i,j))>d) then
            d=abs(a(i,j))
            is(k)=i
            js(k)=j
         end if
      end do
   end do
   if(d<1.0e-20)then
      L = 0
      a = 0.0
      write(*,"(1x,'err* *not inv')")
      return
   end if
   do j=1,n
      t=a(k,j)
      a(k,j)=a(is(k),j)
      a(is(k),j)=t
   end do
   do i=1,n
      t=a(i,k)
      a(i,k)=a(i,js(k))
```

```
        a(i,js(k))=t
      end do
      a(k,k)=1.0/a(k,k)
      do j=1,n
        if(j.ne.k)then
          a(k,j)=a(k,j)*a(k,k)
        end if
      end do
      do i=1,n
        if(i.ne.k)then
          do j=1,n
            if(j.ne.k)then
              a(i,j)=a(i,j)-a(i,k)*a(k,j)
            end if
          end do
        end if
      end do
      do i=1,n
        if(i.ne.k)then
          a(i,k)=-a(i,k)*a(k,k)
        end if
      end do
    end do
    do k=n,1,-1
      do j=1,n
        t=a(k,j)
        a(k,j)=a(js(k),j)
        a(js(k),j)=t
      end do
      do i=1,n
        t=a(i,k)
        a(i,k)=a(i,is(k))
        a(i,is(k))=t
      end do
    end do
    end subroutine
    !C****************************************
```

参 考 文 献

[1] SCHUSTER G T. Lecture notes on machine learning methods in geosciences[Z]. 2019.

[2] HOLLAND J H. Adaptation in natural and artificial systems[M]. Ann Arbor: University of Michigan Press, 1975.

[3] SCALES J A, SMITH M L, TREITEL S. Introductory geophysical inverse theory[M]. [S.l.]: Samizdat Press, 2001.

[4] SEN M K,STOFFA P L. Global optimization methods in geophysical inversion[M]. Cambridge: Cambridge University Press, 2013.

[5] MICHAEL S Z. Geophysical inverse theory and regularization problems[M]. Amsterdam: Elsevier Science,2002.

[6] PARKERR L. Geophysical inverse theory[M]. New Jersey: Princeton University Press,1994.

[7] KIM P. MatLab deep learning with machine learning, neural networks and artificial intelligence [M]. New Youk:A press, 2017.

[8] RICHARD C, BRIAN B, CLIFFORD H T. Parameter estimation and inverse problems [M]. Amsterdam: Elsevier Academic Press Publications,2013.

[9] ZHDANOV M S.地球物理反演理论与应用[M].底青云,薛国强,李貅,等,译.北京:科学出版社,2018.

[10] MENKE WM.地球物理数据分析离散反演理论[M].邹志辉,张建中,译.北京:科学出版社,2019.

[11] MENKE W. Geophysical data analysis: discrete inverse theory[M]. Salt Lake City:American Academic Press, 2012.

[12] YOSEP E S. Improving the uniqueness of shear wave velocity profiles derived from the inversion of multiple-mode surface wave dispersion data[D]. Lexington: Kentucky University, 2006.

[13] 傅淑芳,朱仁益.地球物理反演问题[M].北京:地震出版社,1998.

[14] 邵军力,张景,魏长华.人工智能基础[M].北京:电子工业出版社,2000.

[15] 王家映.地球物理反演理论[M].北京:高等教育出版社,2002.

[16] 王彦飞.地球物理数值反演问题[M].北京:高等教育出版社, 2011.

[17] 徐果明.反演理论及其应用[M].北京:地震出版社,2003.

[18] 徐士良.Fortran 常用算法程序集(第二版)[M].北京:清华大学出版社,1995.

[19] 姚姚.地球物理反演基本理论与应用方法[M].武汉:中国地质大学出版社,2002.

[20] 杨文采.地球物理反演的理论和方法[M].北京:地质出版社,1997.

[21] 张文修,梁怡.遗传算法的数学基础[M].西安:西安交通大学出版社,2000.

[22] 朱光明,李庆春.数字信号分析与处理[M].陕西人民教育出版社,2003.

[23] GORDON R, BENDER R, HERMAN G. Algebraic Reconstruction Techniques (ART)

for Three-dimensional Electron icroscopy and X-ray Photography [J]. Journal of Theoretical Biology, 1970, 29: 471-481.

[24] KACZMARZ S. Angenaherte Auflosung von Systemen Linearer Gleichungen[J]. Bulletin de Academie Polonaise des Sciences et Lettres, 1937, 35: 355-357.

[25] 陈建安,郭大伟,徐乃平,等.遗传算法理论研究综述[J].西安电子科技大学学报,1998(03):99-104.

[26] 高艳霞,刘峰,王道洪.改进型遗传算法及其应用研究[J].上海大学学报,2004(10):249-253.

[27] 刘峰,刘贵忠,张茁生.遗传算法的 Markov 链分析与收敛速度估计[J].系统工程学报,1998(04):81-87.

[28] 彭宏,欧庆铃,刘晓斌.遗传算法的 Markov 链分析[J].华南理工大学学报(自然科学版),1998(08):1-4.

[29] 师五喜,徐兆强.遗传算法的数学基础与一个算例[J]. 甘肃高师学报,1998(03):19-23.

[30] 徐宗本,聂赞坎,张文修.关于遗传算法公理化模型的进一步结果[J].工程数学学报,2001(01):1-11.

[31] 徐宗本,聂赞坎,张文修.遗传算法的几乎必然强收敛性——鞅方法[J].计算机学报,2002(08):785-793.

[32] 徐宗本,聂赞坎,张文修.父代种群参与竞争遗传算法几乎必然收敛[J].应用数学学报,2002(01):167-175.

[33] 徐宗本,高勇.遗传算法过早收敛现象的特征分析及其预防[J].中国科学(E),1996,26(04):364-375.

[34] 徐宗本,陈志平,章祥荪.遗传算法基础理论研究的新发展[J].数学进展,2000(01):97-114.

[35] 姚文俊.遗传算法及其研究进展[J].计算机与数字工程,2004,32(04):41-43.

[36] 张文修,徐宗本,聂赞坎,等.遗传算法的概率收敛定理[J].工程数学学报,2001(04):1-11.

[37] 周昕,凌兴宏.遗传算法理论及技术研究综述[J].计算机与信息技术,2010(04):37-39,43.